生产测井油气水多相流测量方法与传感技术研究

孔令富　刘兴斌　李英伟　著

科学出版社

北京

内 容 简 介

油气水多相流普遍存在于油田开发中后期的油井中，其流动参数的准确测量对石油生产过程控制及资源合理开发具有重要意义，但油气水多相流的复杂性和随机性致使其参数检测的难度很大。本书全面系统地介绍了油田生产测井油气水多相流电导传感技术、光纤传感技术和电磁传感技术。全书共 12 章，第 1 章介绍了油气水多相流参数检测技术的国内外研究现状，第 2~5 章介绍了电导法油气水多相流持水率和流量测量技术，第 6~8 章介绍了光纤探针油气水多相流持气率测量技术，第 9~12 章介绍了电磁法油气水多相流流量测量技术。

本书可供从事油田测井、物联网行业的广大技术人员阅读参考，也可作为研究生和高年级本科生的教材。

图书在版编目 (CIP) 数据

生产测井油气水多相流测量方法与传感技术研究/孔令富，刘兴斌，李英伟著. —北京：科学出版社，2017.3
ISBN 978-7-03-052050-0

Ⅰ. ①生… Ⅱ. ①孔… ②刘… ③李… Ⅲ. ①油气田—生产测井—测量方法—研究 Ⅳ. ①TE151

中国版本图书馆 CIP 数据核字 (2017) 第 047632 号

责任编辑：任 静 / 责任校对：桂伟利
责任印制：张 倩 / 封面设计：迷底书装

科 学 出 版 社 出版
北京东黄城根北街 16 号
邮政编码：100717
http://www.sciencep.com

北京通州皇家印刷厂 印刷
科学出版社发行 各地新华书店经销
*
2017 年 3 月第 一 版 开本：720×1 000 1/6
2017 年 3 月第一次印刷 印张：17
字数：326 000
定价：**105.00 元**
（如有印装质量问题，我社负责调换）

前　言

　　相的概念是指流动系统中具有相同成分和物理化学性质的均匀物质部分，各相之间有明显可分的界面，当流体中同时存在不同相成分时就形成了多相流。在石油、化工、冶金、电力等行业中普遍存在多相流问题，并对多相流的计量及控制提出了非常高的要求，发展多相流检测技术是现代工业发展的迫切需要。在石油工业中，对石油和天然气从地下储层到地面处理设备的整个系统来说，多相流动贯穿其生产过程的始终；管道内的流体一般为油水两相流或油气水三相流，其流动形式可能是垂直流、水平流或倾斜流。中国多数油田为陆相沉积，具有低孔、低渗和多层系等特点，由于长期注水开发，油井产液含水率不断上升。以大庆油田为例，目前正在生产的油井约四万余口，2007 年其主力油田的综合含水率已达 91%。由于综合含水率的增长将严重影响油田的可持续发展，因此在这种情况下，必须对油井进行动态监测，即测量油井中多相流体的流动参数，及时了解和掌握各产层的生产状况，以对地下储层进行压裂或堵水，合理调整油井的开发方案，使油井处于正常或最佳生产状况，最终达到提高油井开发效率和提高原油采收率的目的，并延长油田开采寿命。

　　随着我国各大油田纷纷进入中晚期开发阶段，多数油井由自喷转向机械采油。根据抽油机井工艺要求，测井仪器只能通过油管和套管之间的环形空间进入需要测试的目的产层，此时要求仪器的最大外径不能超过 28mm。苛刻的井下条件使大多数在地面上应用得非常成熟的流量和流体组分测量技术难以直接推广到油井井下，给井下仪器的传感器、电路及其他辅助装置设计都带来了极大困难。另外，油井井内温度和压力较高且变化范围较大，温度从几十摄氏度变化到上百摄氏度，压力从几兆帕变化到几十兆帕，要求测井仪器必须耐高温、耐高压；而且此时油、气、水的物性参数也会沿井深变化，导致油井内多相流体的流动状态复杂多变，进一步加大了测量难度。对抽油机井来说，其井内流体总流量会随着抽油机的冲次呈规律变化，即上冲次流量增大、下冲次流量减小；含水率也是随着冲次变化的，且其变化规律要复杂得多，与地层的供液能力、抽油泵的抽吸能力、油水的比重和黏度等因素有关；致使井下油水多相流体参数检测的难度很大。尽管目前国内外学者做了大量的研究工作，但迄今为止商品化的多相流工业仪表为数很少，油井多相参数检测技术仍是一个亟待发展和探索研究的领域。

　　自 2000 年开始，燕山大学孔令富课题组受大庆油田有限责任公司委托，进行油气水多相流参数检测设备开发，目前已成功研制集流型电导式持水率测井仪、集流型电导式相关流速测井仪、集流型蓝宝石光纤探针持气率测井仪，小管径电磁流量测井仪、电磁相关流量测井仪，形成并完善了油田产出剖面测井技术系列。这些设备较好地解决了中国陆上高含水油田测井难题，目前已在大庆油田大规模推广应用，成为产液剖面测井的主导技术。本书正是课题组 15 年来工作成果的总结，详细介绍了油田生产测井油气水多相流电导测量技术、光纤测量技术和电磁测量技术。全书共 12 章，第 1 章介绍了油气水多相流参数检测技术的国内外研究现状，第 2～5 章介绍了电导法油气水多相流持水率和流量测量技术，第 6～8 章介绍了光纤探针油气水多相流持气率测量技术，第 9～12 章介绍了电磁法油气水多相流流量测量技术。

　　本书撰写由孔令富、刘兴斌和李英伟共同完成，全书由大庆油田有限责任公司副总工程师谢荣华主审。孔令富老师的博士研究生王月明和杜胜雪参与了本书第 9～12 章内容的撰写。另外，在本书编写过程中，得到了大庆油田有限责任公司测试技术服务分公司蔡兵主任、李凯峰高工、胡金海高工、张玉辉高工、黄春辉高工、王延军高工，燕山大学信息科学与工程学院练秋生教授、胡正平教授、李林副教授、于莉娜高级实验师的大力支持和帮助，在此向他们表示衷心的感谢。

　　由于作者水平有限，书中难免会有疏漏和不妥之处，恳请广大读者给予批评指正。

目　　录

第 1 章　油气水多相流参数检测技术概述

多相流为具有两种或两种以上不同"相"物质混合在一起同时流动的流体。目前，在化工、石油、冶金、环保和轻工等行业许多生产场合与设备中涉及的多相流流动工况十分普遍，多相流涉及范围的广泛性及对其性能研究的重要性推动了多相流技术研究工作的深入开展[1]。多相流流体体系情况极其复杂，要理解现象，获得概念，建立模型并进行过程的预测、设计和控制，首先要解决的就是多相流的检测技术问题。多相流流动是一种复杂的多变量随机流动过程，因此多相流被称为"难测流体"[2]。多相流测量的对象主要包括流体的流量、分相含率等技术参数，随着生产要求的提高，检测所涉及多相流的各种技术参数将对进一步改善相应生产过程的质量和各种性能指标具有重要意义[3]。正因如此，目前对于多相流参数检测技术的研究已成为国内外科技人员竞相探索的热点课题[4,5]。

石油是当今世界上最为重要的能源之一，石油工业的发展关系到其他工业现代化的进程[6]。油气水多相流流动就是石油工业中一种非常典型的多相流，本书研究生产测井中的油气水多相流主要以油气水三相流为主体的多相流流体，这里的油相是指油井产出液中的液烃相，气相是指天然气、轻烃、非轻烃气体，水相是指含有极少量固相物质（如砂、铁、镍等）的矿化水[7]，在石油合理开采过程中需要随时监控每口油井的生产动态，其目的就是要对油井产出液及各分相流量、含率进行连续地计量进而提供地层油气含量，监测油井和油藏动态特性等反映石油生产状况的各种信息，以保证优化生产和稳定生产。油气水多相流参数检测技术是石油产出剖面测井应用最广泛的一种，也是测井工业中最热门的课题之一[8]。

1.1　电导传感器多相流测量技术研究现状

由于多相流体各相之间通常具有不同的电学特性，据此人们设计出了大量基于电学敏感特性的电导传感器。其中，非侵入式电导传感器一般用于对流体的空间平均分布特性进行测量，如流体的空隙率；局部插入式电导传感器通常用于测量流体的局部特征量，包括环状流的液膜厚度、泡状流分散相泡径尺寸等；集流插入式电导传感器适用于流体流速较低的情况，通过采用集流的方法来减少各相之间滑脱速度对测量结果的影响，可以较精确地测量泡状流分散相含率及流体流动速度等参数。本节主要根据电导传感器中敏感电极的具体实现形式，将其划分为多探针电导传感器、截面多极电导传感器和纵向多极电导传感器；除此之外，还有半圆环电极传感器[9,10]、平板电极传感器[11]和截面圆环电极传感器[12]。

1.1.1　多探针电导传感器

多探针电导传感器广泛应用于气液两相流局部流动速度和局部分相含率的测量中，其检测的实质是令待测气泡与作为检测元件的探针发生碰撞，从而使探针输出一系列反映气泡大小的电脉冲信号。Lucas 等[13]使用双探针电导传感器对气液两相流的含气率进行了测量，并通过记录气泡到达两个探针间的时间差，近似估算出了流体的速度剖面。Takamasa 等[14]使用双探针电导传感器对小直径管道内泡状流型的转换界面进行了研究。Kim 等[15]对小型四探针电导传感器结构进行优化，以精确测量各种两相泡流的局部参数。Jeong 等[16]使用四探针电导传感器对气水两相流进行测量，得到了泡状流型、段塞流型和乳沫流型间的转换界面。Mishra 等[17]和 Lucas 等[18]使用一种正交四探针传感器对气液两相流的局部气相速度进行了测量，并根据电导探针的输出信号提出了新的测量模型。Panagiotopoulos 等[19]采用旋转双探针的方法模拟了四探针的测量效果，为多探针传感器结构设计提供了一条新途径。探针法的主要缺点是只能对流体局部信息进行测量，且结果受两相流流型影响大。

1.1.2　截面多极电导传感器

截面多极电导传感器主要用于电阻层析成像（electrical resistance tomography，ERT）技术中，以对流场的电阻信息进行检测。ERT 技术的物理基础是：不同的介质具有不同的电导率，判断出敏感场中的电导率分布就可知道流场中介质分布的实际情况。使用 ERT 技术的前提是流场中的离散相介质的电导率很小，而连续相介质的电导率却很高，以使敏感场内的电流有绕过离散相的趋势，此时测量数据能够反映敏感场内介质的分布情况；目前该技术的主要缺点是传感器结构复杂、工艺实现困难，且运算数据量大，不利于两相流的在线实时测量。

Tan 等[20]在圆形管道内表面平滑镶嵌 16 片金属电极，组成截面 16 电极电导传感器；采用 20kHz 交流电流源对各电极进行交替旋转激励，以在管道截面上产生交替变换的电场，通过旋转扫描测量其他电极上的电压数据，得到流场中电阻率的分布信息；之后在测量数据中直接提取流体流动特征量，实现气液两相流流型的辨识。刘铁军等[21]采用双极性脉冲电流源来驱动截面 16 电极电导传感器，避免了直流激励下的介质电极化现象，实现了每秒 30 帧的实时成像。Razzak 等[22]在垂直管道内轴向一定距离处各安装 8 片金属电极，组成双面 8 电极电导传感器，通过计算上下游传感器输出信号的互相关函数，得到了气液固三相流中非导电相的传播速度。最近，Pakzad 等[23]采用四面 16 电极电导传感器对三维流场进行了测量。

1.1.3 纵向多极电导传感器

由于环形电极具有安装方便、实现简单的优点，近年来得到了广泛应用。Lucas 等[24]在微型绝缘探棒上镶嵌六个微小环形电极，构成外流式局部电导传感器，对液固两相流体进行了测量。Fossa 等[25]采用内流式环形电导传感器对气液两相水平间歇流进行了测量，并讨论了电极结构尺寸对流体平均空隙率测量结果的影响。最近，Fossa 等[26]又采用轴向排列的四组环形电导传感器对液固流化床中液相和固相的分布进行了测量。

针对油水两相流测量问题，Jin 等[27]提出一种非集流纵向多极阵列电导传感器，其由八个环形电极组成；其中，E1-E2 为激励电极，C1-C2 为上游相关电极，C3-C4 为下游相关电极，H1-H2 为含水率测量电极；在激励电极的作用下，各测量电极敏感于传感器内部流体的分布信息；采用有限元法对相含率测量电极和相关流速测量电极进行了优化，但由于其传感器内径为 125mm，在油井井下应用时遇到困难。为满足机采油井实际测量的需要，胡金海等[28-31]提出一种外径仅为 28 mm 且能同时测量油水两相流流量和含水率的集流型 6 电极电导式传感器，并在大庆油田产液剖面测井中得到了广泛应用；刘兴斌[32]采用数学物理方法求解了传感器内部的敏感场分布，确定了测量电极的放置范围；但是目前对该传感器的响应特性、空间灵敏度特性和空间滤波特性均缺乏深入考察，阵列电极的几何结构和空间排列还有待进一步研究。

1.2 油气水三相流持气率测量技术研究现状

由于油气水三相流本身流动的复杂性，无法用理论方法直接推导出流体的持气率，目前获取多相流持气率的有效手段是实验测量，常用的测量方法有快关阀门法、压差密度法、层析成像法、高速摄像技术、射线衰减法、超声波法、微波法、电容法、电导法及光纤探针法等[33-35]。

1.2.1 非光学传感持气率测量技术

快关阀门法作为目前多相流持气率测量的常用方法之一，Colombo 等[36]和Wang 等[37]将快关阀门方法应用于气液两相流测量中，该方法是对测量油气水三相流动管内截面平均持气率的有效方法，当油气水三相流在管内的流动达到稳定时，快速、同步关闭测量试验管段两端的两个阀门，通过一定时间的静态气液分离，便可求出油气水三相流测量管内两阀间的平均体积含气率，该方法容易操作、准确性高、可重复试验，但无法实现对油井井下测量管内截面持气率的在线实时测量，所以运用于实际工程中具有一定的局限性。层析成像法[38]是一种新型的工业过程检测技术，利用油气水各相不同的介电常数和含量，得到不同等价介电常数，将测量得到的信息进行图像重建来测得各相含量，缺点是系统的实时性、测量精度和图像质量比较差，工业应用有一定局限。高速摄影技术[39]具有分辨率高、信息量采集大、不干扰井下流体的优势，测量结果经过计算机处理后用图像的形式表现出来，但是井下流体为多种物质混合，具有不透明性，这限制了高速摄影法的使用。γ射线衰减法[40]是一种新型的工业过程检测技术，根据康普顿散射理论以非接触的形式测量油气水三相流中的含气率等参数，这种方法具有不干扰、测量精度较高、稳定性好的特点，缺点是存在射线辐射、造价高、使用和维修困难。微波法[41]应用于油气水三相流检测中，主要基于不同相态对微波能量吸收级别不同，具有非侵入性，但微波传感器不太适用于复杂环境，且造价高。

电导探针法测量持气率原理是基于液相与气相导电率不同这一特性。当很细电导探针敏感区插入气液两相混合物中时，若探针的接触面落在气相中，探针经测量电路后输出一高电平信号；若落在液相中，则输出一低电平信号。管内流体中某点的持气率实际上就是该点在任意时刻出现气相的概率，因此，电导探针法测得的持气率只是局部某点的时间平均持气率。Ceccio 等[42]采用单头电导探针测量两相流的局部空隙率和气泡频率；Bloch 等[43]将电导探针应用于大直径气泡塔中，以对其含气量进行测量；孙科霞等[44]采用双头电导探针在单头性能基础上还可测量气泡速度、气泡尺寸、界面浓度等局部统计参数。但影响电导探针法测量精度主要有响应滞后、气泡变形等因素，且该方法测量误差较大、传感器易腐蚀、使用寿命周期短，其综合性能较差。

1.2.2　光纤传感器持气率测量技术

光纤传感技术是近几十年来迅速兴起的一种新型监测技术。光纤传感器是近几年正在研发的新型传感器，它可集信息"传"与"感"于一体，与传统传感器相比具有如防爆、抗电磁干扰、电绝缘性好、耐腐蚀、耐高温高压、体积小、重量轻、灵活方便、灵敏度高等优点[45,46]，特别适用于恶劣环境下。针对传统的电子传感器无法运用于井下如高温高压、腐蚀、狭小空间等恶劣环境下的工作缺陷，进一步发展出光纤探针测量法。光纤探针法的测量原理基于气相和液相对光的折射率不同，当光入射到两种介质分界面上的时候，分成两部分：一部分反射回原来介质（假定介质的折射率为 n_1），另一部分折射入另一介质（假定介质的折射率为 n_2）。它们之间的相对强度取决于两种介质的折射率。对于油气水三相流体而言，由于三种介质光学折射率差异较大，因而多相流体折射率会随着各相比例改变而发生变化[47,48]。当光纤探针敏感探头接触为气相时，光在光纤探针敏感探头上产生反射现象；当光纤探针敏感探头接触水或油相时，光经敏感探头被折射入水或油相中。随着流体动态变化通过检测经敏感探头反射回接收端光线强度变化而产生高低电信号来分辨光纤探针敏感探头是处于气相还是液相，从而根据产生的连续变化的电压信号测量局部截面持气率。

目前国内外有很多学者采用光纤探针法对多相流进行测量，幸奠川等[49]用光纤探针法得出了倾斜管两相泡状流的空泡份额与斜角的关系；刘国强等[50]采用双头光纤探针对内径为 50mm 竖直圆管内空气-水两相泡状流界面参数径向分布特性进行了实验研究。Mena 等[51]采用光纤探针对气液固三相流进行测量，以分析气泡的流动状态；Pjontek 等[52]和 Higuchi 等[53]将光纤探针应用于大直径气泡塔中，以对其含气量进行测量；Sakamoto 等[54]采用光纤探针对气液两相流进行测量，研究了探针输出信号的处理算法，提高了持气率估计的精度；但是这些光纤探针的尺寸较大，且均采用全光纤传输，不适合国内油井井下生产测井使用。孔令富、李英伟等[55-57]研制了一种适合油井井下应用的蓝宝石光纤探针，并应用到冀东油田、大庆油田进行油气水三相流持气率测量；该光纤探针解决了传统光纤传感器在油井井下应用时存在的易粘油、易腐蚀、响应幅度低、易受噪声干扰等缺点，其持气率测量精度较高，可以满足油田现场应用的要求。

1.3　电磁流量测量技术研究现状

电磁流量计[58]是基于电磁感应定律来测量导电性流体体积流量的仪表，其由核心部件电磁传感器辅以相应的外围电路和其他模块组成。电磁流量计宏观上把流体流动看成是导体做切割磁力线运动，其可在层流、紊流、脉动流以及产生流线振动等情况下对单相流体的流量进行准确测量[59]。由于电磁流量计管道内部光滑无阻流部件，其不会干扰流体流动，不会产生压力损失，且测量结果与被测流体的温度、黏度、压力等物理参数没有关系[60]，因此在钢铁冶金、石油化工、农业灌溉、城市给排水等领域电磁流量计都有着广泛的应用。

1.3.1　电磁传感器建模仿真及结构优化技术

研究人员不断采用各种方法对电磁传感器励磁部件进行建模仿真，并探索其结构优化方法[61]。乔旭彤等[62]采用有限元计算方法，在三维情况下就不同轴向长度线圈所产生的激励磁场的平行程度作分析和比较，提出了判别激励磁场平行程度的指标。胡亮等[63]利用电磁传感器磁场的交变特性，通过测量电磁感应所产生的其他物理量间接获取电磁传感器有效区域内的磁场信息，从而实现了电磁流量计的干标定。邬惠峰等[64]利用有限元方法建立了电磁传感器场路耦合模型，根据有限元数值分析功能求解感应电势信号，模拟了电磁流量计的动态性能。金宁德等[65]分析了电磁传感器的磁场分布特性，研究了仪器偏心及流体磁导率变化等因素对磁场分布的影响，在此基础上，重点考察了流速剖面分布与传感器输出响应特性之间的关系。赵琛等[66,67]

对电磁传感器不同线圈形状进行了仿真，根据矩形线圈的磁场计算方法，延伸出了鞍状线圈的近似模型，并对其权重函数进行了求解。Cao 等[68]对电磁传感器线圈形状进行了优化，减小了流体流动剖面对测量结果的影响。Kong 等[69-72]使用有限元的分析方法，建立了电磁传感器圆形、矩形和鞍状线圈的磁场模型，并对其在油水两相流下产生的感应电动势进行了仿真计算，分析了传感器的响应特性。王乐等[73]使用 ANSYS 有限元仿真软件，得到了不同铁芯结构参数时电磁传感器内部磁场的分布，并对仿真结果进行分析、处理、权衡后给出了电磁传感器铁芯的最优结构参数。

针对两电极电磁传感器在非轴对称管流中测量精度差的问题，人们开始了多电极电磁传感器的研究。O'Sullivan[74]提出了用于医学上血液测量的 6 电极电磁传感器，验证了在非对称流下多电极电磁传感器的信噪比和测量精度明显优于两电极电磁传感器。Horner 等[75]通过沿管壁对多电极电磁传感器产生的感应电动势进行积分的方法，得到了非轴对称流平均流动速度的表达式。Xu 等[76]研究了一种内含 16 个检测电极和两对励磁线圈的多电极电磁传感器，其可从多角度、多位置测量单相流体的流动速度，并推导出适合该传感器的弦端压差平均流速测量法。赵宇洋等[77]基于区域权函数概念设计多电极电磁传感器，通过测量管道截面不同位置的弦端电压，计算各区域的轴向平均速度，实现了速度分布与体积流量的测量，提高了对单相非轴对称流和固液两相流的测量精度。张宏建等[78]针对工业应用的特点，研制了一个 8 电极的电磁流量计，并进行了理论和实验研究，结果表明该流量计可以降低流速分布不对称对测量结果的影响，在低流速时明显地提高了测量精度。杜胜雪等[79,80]采用有限元方法，对三对电极电磁传感器的电流密度进行数值仿真，分析比较气泡大小、形状不同时电流密度的分布情况；提出 2 个描述权重函数分布均匀度的指标，并在电极数目和位置不同情况下对权重函数的分布情况进行分析比较，对三对电极的位置进行了优化。

1.3.2　电磁流量计在油田生产测井中的应用

近年来，电磁流量计已开始应用于高含水油田注水井、注聚井的注入剖面测井中。岑大刚等[81]研制了一种井下存储式电磁流量计，其具有启动排量小、采用普通电池供电、无机械活动部件等优点，已经用于注水井分层注水量的测量和验漏。在三次采油中，注聚合物驱油被作为提高原油采收率的一个重要手段。由于电磁流量计对注入液的密度和黏度不敏感，所以它能够较好地解决聚合物注入剖面的分层流量测量问题，并且不影响注入方式、注入状态，具有测井实效高、可靠耐用等优点，测井成功率高于 90%[82]。

目前，大庆油田已经开展了将电磁流量计应用于产出剖面测井油水两相流流量测量的实验研究[83,84]。垂直上升管模拟井动态实验结果表明，当油水两相流含水率高于 60%、流量高于 47m³/d 时，或当含水率高于 50%、流量高于 70m³/d 时，电磁流量计误差小于±5%，说明其适合于高含水高流量条件下油水两相流流量的测量。垂直自喷井现场试验结果表明，伞集流电磁流量计（通过伞集流，大大提高了流过传感器管道内流体的流速）适用于高含水油井油水两相流的流量测量，测井结果具有较好的重复性及可靠性；但在返砂严重或产气严重的高含水油井中进行测试时，仪器响应频率数据波动很大，不适合使用电磁流量计进行测试。分析原因，当流体含水率较低或含气率较大时，流体中非导电介质的含量相对较高，这些非导电介质在管道中分布的随机性导致了电磁传感器的权重函数发生变化，进而导致传感器检测电极输出信号发生波动，使得电磁流量计测量误差增加，尤其当被测流体流动速度较低时，电磁流量计测量的误差更大。因此，传统电磁流量计并不适合油井井下油气水三相流流量的测量。

1.4　相关流量测量技术研究现状

相关流量测量技术是在 20 世纪 60 年代中期发展起来的一种以互相关算法为基础的流量测量技术，其本质是通过对上下游两路流体流动信号进行互相关运算，以求得流体的流动速度，进而折算出流体的体积流量。

1.4.1　相关测量技术在多相流流量测量中的应用

根据流体内部流动信号传感方式的不同，人们发展了多种不同形式的相关流量测量方法。Gurau 等[85]采用热线风速仪对气水两相流的液相速度和气相速度进行相关测量。蒋泰毅等[86]利用静电传感器和相关技术对气固两相流流速进行了测量。高翔等[87]研究了基于相关技术的同位素示踪流量测量方法，并结合频谱分析进一步提高了流量测量的精度和效率。在油田生产测井中，张耀文等[88]利用 γ 射线探测仪和相关技术进行注入剖面测井，测量注入流体的流量。刘兴斌等[89]首次将相关技术与电导传感相结合，提出电导相关传感器，建立了其敏感场分布的理论模型，并将其应用于高含水油井流量的测量。在此基础上，赵鑫等[90]对纵向多电极电导相关传感器的结构进行了仿真优化，Li 等[91]采用数据融合方法对阵列式电导相关传感器输出数据进行多通道时延估计，进一步提高了油水两相流流量测量的精度。目前电导相关传感器已广泛应用于石油生产测井中，其在涡轮传感器无法测量的出砂井油水两相流流量中具有优势，但测量结果的异常点较多，且在一定程度上会受到流量测量上限的限制[92]。谢荣华等[93]采用热示踪相关法测量水平井油水两相流的流量，由于流体放热时间对测量精度的影响较大，所以该方法仅适合于测量低流速流体的流量。

1.4.2　电磁传感与相关技术结合的流量测量方法

由于电磁传感器可准确测量单相流体的瞬时流速，因此结合相关测量技术，可对单相流体进行相关测速。Adamovskii 等[94]使用两个电磁传感器对应用于大型核设施钠冷却剂的测量信号进行互相关运算，得到了钠冷却剂的流动速度。Yutaka[95]结合电磁传感器与互相关运算，采用一对检测电极获取测量信号并进行相关运算，提高了流量测量的精度。李小京等[96]针对电磁传感器在低流速测量时信号被噪声湮没从而不能准确测量的问题，将测量信号与延时半个周期后的测量信号进行相关运算，滤掉了噪声干扰，提高了流量计输出信号的信噪比。管军[97]将相关检测技术引入电磁流量计，其对含有噪声的流量测量信号与一个由系统生成的和测量信号同频的方波信号进行互相关运算，从而扩展了流量测量的下限。以上这些研究的测量对象均为单相流介质，为了避免两个电磁传感器励磁线圈所产生两个激励磁场的相互干扰，需要将这两个电磁传感器安置在距离较远的位置；由于单相流体组成成分单一，流动状态比较稳定，因此虽然上下游检测电极相距较远，但测得的信号仍具有一定的相关性，进而可以进行单相相关测速。但当待测流体为油气水三相流时，流体流动状态复杂，各分相含率随机多变，导致相距较远的上下游检测电极所测得流体流动信号的相关性很差，大大降低了流量测量结果的可信度，因此简单地将传统电磁传感器结合互相关运算并不能很好地解决油气水三相流流量测量问题。针对该问题，孔令富、王月明[98-100]提出一种新型油气水三相流流量测量传感器-电磁相关传感器，不同于传统传感器，电磁相关传感器设计有一对长型励磁结构，为其提供工作磁场，在励磁结构覆盖的磁场空间中传感器测量管道的轴向截面上分别安装上下游检测电极。当油气水三相流流过测量管道时，传感器上下游检测电极分别得到具有一定内在关系的油气扰动感应信号，借助互相关算法即可得到反映流体从上游电极流到下游电极的渡越时间，进而得到油气水三相流的流动速度与流量。

参 考 文 献

[1] 卢佩, 侯北平. 基于信息融合的两相流流型识别. 仪器仪表学报, 2001, 22(3): 299-300.

[2] 马龙博, 郑建英, 张宏建. 基于部分分离法的油气水三相流量测量的研究. 高校化学工程学报, 2009, 23(4): 587-592.

[3] Thorn R, Johansen G A, Hjertaker B T. Three-phase flow measurement in the petroleum industry. Measurement Science and Technology, 2013, 24(1): 1-17.

[4] Kesana N R, Grubb S A, Mclaury B S. Ultrasonic measurement of multiphase flow erosion patterns in a standard elbow. Journal of Energy Resources Technology, Transactions of the ASME, 2013, 135 (3): 1-11.

[5] Leeungculsatien T, Lucas G P. Measurement of velocity profiles in multiphase flow using a multielectrode electromagnetic flow meter. Flow Measurement and Instrumentation, 2013, 31: 86-95.

[6] 金宁德, 李伟波. 非线性时间序列的符号化分析方法研究. 动力学与控制学报, 2004, 24(7): 1-10.

[7] 付玉红, 曲明艺, 卢日新. 油气水多相流在线测量技术的研究与现场应用. 仪器仪表学报, 2002, 23(3): 42-43.

[8] Li Y W, Xie N, Kong L F. Chaotic recurrence analysis of oil-gas-water three phase flow in vertical upward pipe. Information Technology Journal, 2011, 10 (12): 2350-2356.

[9] Lucas G P, Albusaidi K. An axial scanning system for investigating vertical gas-liquid flows in the slug and bubbly-slug transition regimes. Flow Measurement and Instrumentation, 1998, 9(3): 171-181.

[10] Song C H, Chung M K, No H C. Measurements of void fraction by an improved multi-channel conductance void meter. Nuclear Engineering and Design, 1998, 184(2-3): 269-285.

[11] Yang H C, Kim D K, Kim M H. Void fraction measurement using impedance method. Flow Measurement and Instrumentation, 2003, 14(4-5): 151-160.

[12] Brunazzi E, Galletti C, Paglianti A, et al. An impedance probe for the measurements of flow characteristics and mixing properties in stirred slurry reactors. Chemical Engineering Research and Design, 2004, 82(9): 1250-1257.

[13] Lucas G P, Mishra R, Panayotopoulos N. Power law approximations to gas volume fraction and velocity profiles in low void fraction vertical gas-liquid flows. Flow Measurement and Instrumentation, 2004, 15(5-6): 271-283.

[14] Takamasa T, Goto T, Hibiki T, et al. Experimental study of interfacial area transport of bubbly flow in small-diameter tube. International Journal of Multiphase Flow, 2003, 29(3): 395-409.

[15] Kim S, Fu X Y, Wang X, et al. Development of the miniaturized four-sensor conductivity probe and the signal processing scheme. International Journal of Heat and Mass Transfer, 2000, 43(22): 4101-4118.

[16] Jeong J J, Ozar B, Dixit A, et al. Interfacial area transport of vertical upward air-water two- phase flow in an annulus channel. International Journal of Heat and Fluid Flow, 2008, 29(1): 178-193.

[17] Mishra R, Lucas G P, Kieckhoefer H. A model for obtaining the velocity vectors of spherical droplets in multiphase flows from measurements using an orthogonal four-sensor probe. Measurement Science and Technology, 2002, 13(9): 1488-1498.

[18] Lucas G P, Mishra R. Measurement of bubble velocity components in a swirling gas-liquid pipe flow using a local four-sensor conductance probe. Measurement Science and Technology, 2005, 16(3): 749-758.

[19] Panagiotopoulos N, Lucas G P. Simulation of a local four-sensor conductance probe using a rotating dual-sensor probe. Measurement Science and Technology, 2007, 18(8): 2563-2569.

[20] Tan C, Dong F, Wu M M. Identification of gas-liquid two-phase flow regime through ert-based

measurement and feature extraction. Flow Measurement and Instrumenta- tion, 2007, 18(5-6): 255-261.

[21] 刘铁军, 黄志尧, 王保良, 等. 基于双极性脉冲电流技术的电阻层析实时成像系统. 传感技术学报, 2005, 18(1): 66-69.

[22] Razzak S A, Barghi S, Zhu J X. Electrical resistance tomography for flow characterization of a gas-liquid-solid three-phase circulating fluidized bed. Chemical Engineering Science, 2007, 62(24): 7253-7263.

[23] Pakzad L, Ein-Mozaffari F, Chan P. Using electrical resistance tomography and computational fluid dynamics modeling to study the formation of cavern in the mixing of pseudoplastic fluids possessing yield stress. Chemical Engineering Science, 2008, 63(9): 2508-2522.

[24] Lucas G P, Cory J C, Waterfall R C. A six-electrode local probe for measuring solids velocity and volume fraction profiles in solids-water flows. Measurement Science and Technology, 2000, 11(10): 1498-1509.

[25] Fossa M, Guglielmini G, Marchitto A. Intermittent flow parameters from void fraction analysis. Flow Measurement and Instrumentation, 2003, 14(4-5): 161-168.

[26] Fossa M, Pieta D D, Priarone A. Measurement of flow parameters in solid-liquid slugging fluidised beds. Flow Measurement and Instrumentation, 2007, 18(1): 12-17.

[27] Jin N, Wang J, Xu L J. Optimization of a conductance probe with vertical multi-electrode array for the measurement of oil-water two-phase flow. Proceedings of Second International Conference on Machine Learning and Cybernetics, Xi'an, China, 2003: 899-905.

[28] 胡金海, 刘兴斌, 黄春辉, 等. 一种同时测量流量和含水率的电导式传感器. 测井技术, 2002, 26(2): 154-157.

[29] Hu J H, Liu X B, Zhang Y H, et al. The application of cross-correlation technique based on conductance sensor in production wells. The 4th International Symposium on Measurement Techniques for Multiphase Flows, Hangzhou, China, 2004: 573-578.

[30] Liu X B, Hu J H, Huang C H, et al. Conductance sensor for measurement of the fluid water cut and flowrate in production wells. The 5th International Symposium on Measurement Techniques for Multiphase Flows, Aomen, China, 2006: 440-443.

[31] 胡金海, 刘兴斌, 黄春辉, 等. 相关流量计水平条件下两相流实验效果分析. 测井技术, 2006, 30(1): 54-56.

[32] 刘兴斌. 多相流测井方法和新型传感器研究[博士学位论文]. 哈尔滨: 哈尔滨工业大学, 1996: 46-68

[33] 凌王翔. 油气水多相测量技术的研究[硕士学位论文]. 杭州: 浙江大学, 2008.

[34] 宋华军, 戴永寿, 杨涛, 等. 天然气管道积液红外成像检测方法[J]. 天然气工业, 2012, 32(5): 62-65.

[35] Shen X Z, Kaichiro M, Hideo N. Error reduction, evaluation and correction for the intrusive optical four-sensor probe measurement in multi-dimensional two-phase flow. International Journal of Heat and Mass Transfer, 2008, 51(3): 882-895.

[36] Colombo L P M, Guilizzoni M, Sotgia G M, et al. Influence of sudden contractions on in situ volume fractions for oil-water flows in horizontal pipes. International Journal of Heat and Fluid Flow, 2015, 53: 91-97.

[37] Wang W, Gong J, Angeli P. Investigation on heavy crude-water two phase flow and related flow characteristics. International Journal of Multiphase Flow, 2011, 37(9): 1156-1164.

[38] Li Y, Yang W, Xie C, et al. Gas-oil-water flow measurement by electrical capacitance tomography. Measurement Science and Technology, 2013, 24(7): 074001.

[39] 张一夫, 倪景峰, 李维仲. 竖直楔形流道的单气泡上升过程的实验研究. 实验流体力学, 2013, 27(4): 50-56.

[40] Roshani G H, Feghhi S A H, Mahmoudi-Aznaveh A, et al. Precise volume fraction prediction in oil-water-gas multiphase flows by means of gamma-ray attenuation and artificial neural networks using one detector. Measurement, 2014, 51(5): 34-41.

[41] 谭超, 董峰. 多相流过程参数检测技术综述. 自动化学报, 2013, 39(11): 1923-1932.

[42] Ceccio S L, George D L. A review of electrical impedance techniques for the measurement of multiphase flows. Fluid Engineering, 2006, 118(2): 391-399.

[43] Bloch G, Zander H, Wunderlich B, et al. Axial and radial dispersion in a large-diameter bubble column reactor at low height-to-diameter ratios. Chemie Ingenieur Technik, 2015, 87(6): 756-761.

[44] 孙科霞, 陈学俊, 张鸣远, 等. 应用双头电导探针技术测量气液两相相泡状局部参数. 计量学报, 1999, 20(4): 297-303.

[45] 庄须叶, 黄涛, 邓勇刚, 等. 光纤传感器技术在油田开发中的应用进展. 西南石油大学学报, 2012, 34(2): 161-172.

[46] 庄须叶, 吴一辉, 王淑荣, 等. 新结构 D 形光纤消逝场传感器. 光学精密工程, 2008, 16(10): 1936-1941.

[47] 张向林, 陶果, 刘新茹. 光纤传感器在油田开发测井中的应用. 测井技术, 2006, 30(3): 267-269.

[48] 唐人虎, 陈听宽, 罗毓珊, 等. 高温高压下用光纤探针测量截面含汽率的实验研究. 化工学报, 2001, 52(6): 560-562.

[49] 幸奠川, 孙立成, 阎昌琪, 等. 竖直圆管内泡状流空泡份额径向分布实验研究. 原子能科学技术, 2013, 47(2): 233-237.

[50] 刘国强, 孙立成, 阎昌琪, 等. 竖直圆管内泡状流界面参数分布特性. 原子能科学技术, 2014, 48(07): 1176-1181.

[51]　Mena P, Rocha F, Teixeira J. Measurement of gas phase characteristics using a monofibre optical probe in a three-phase flow. Optik. Chemical Engineering Science 2008, 63(16): 4100-4115.

[52]　Pjontek D, Parisien V, Macchi A. Bubble characteristics measured using a monofibre optical probe in a bubble column and freeboard region under high gas holdup conditions. Chemical Engineering Science, 2014, 111(8): 153-169.

[53]　Higuchi M, Saito T. Quantitative characterizations of long-period fluctuations in a large-diameter bubble column based on point-wise void fraction measurements. Chemical Engineering Journal, 2010, 160(1): 284-292.

[54]　Sakamoto A, Saito T. Robust algorithms for quantifying noisy signals of optical fiber probes employed in industrial-scale practical bubbly flows. International Journal of Multiphase Flow. 2012, 41(1): 77-90.

[55]　于莉娜, 杜胜雪, 李英伟, 等. 基于蓝宝石光纤探针的油气水三相流含气率测量方法. 测井技术, 2014, 38(02): 139-143.

[56]　牟海维, 刘文嘉, 孔令富, 等. 光纤持气率计在气/水两相流中响应规律的实验研究. 光学仪器. 2012, 34(5): 66-69.

[57]　康静. 油井井下阵列光纤探针传感器结构优化技术研究[硕士学位论文]. 秦皇岛: 燕山大学, 2014.

[58]　Sharma V, Vijaya Kumar G. Modeling of permanent magnet flowmeter for voltage signal estimation and its experimental verification. Flow Measurement and Instrumentation, 2012, 28(12): 22-27.

[59]　Lu B, Xu L W, Zhang X Z. Three-dimensional MHD simulations of the electromagnetic flowmeter for laminar and turbulent flows. Flow Measurement and Instrumentation, 2013, 33: 239-243.

[60]　Zhang X Z, Zhao L R, Liu J. Experiment on water-gas two-phase flow measurement by an electromagnetic flow meter. Applied Mechanics and Materials, 2013, 401: 1040-1043.

[61]　Friedrichs R, Weiss E C. Simulation of electromagnetic flow meters using the boundary element method. Proceedings SENSOR, 2013, 2013: 198-203.

[62]　乔旭彤, 徐立军, 董峰. 多电极电磁流量计励磁线圈的优化与设计. 仪器仪表学报, 2002, (z2): 867- 869.

[63]　胡亮, 邹俊, 谢海波, 等. 包含电极尺寸及位置信息的电磁流量计干标定模型. 机械工程学报, 2009, 45(6): 88-94.

[64]　邬惠峰, 严义, 吴红娉. 基于 ANSYS 的电磁流量计建模研究. 仪器仪表学报, 2008, 29(2): 372-376.

[65]　金宁德, 宗艳波, 郑桂波, 等. 注聚井中电磁流量计测量特性. 石油学报, 2009, 30(2): 308-311.

[66] 赵琛, 李斌, 陈文建. 电磁流量传感器鞍状励磁线圈磁场分布的计算方法. 上海大学学报(自然科学版), 2008, 14(1): 31-35.

[67] Yin S Y, Li B. A new approach for solving weight functions of electromagnetic flowmeters using resistive network modeling. Journal of Applied Mathematics, 2013, 2013: 1-7.

[68] Cao Z, Song W, Peng Z C, et al. Coil shape optimization of the electromagnetic flowmeter for different flow profiles. Flow Measurement and Instrumentation, 2014, 40: 256-262.

[69] Kong L F, Du S X, Li Y W. Study on the distribution of the magnetic field of circular and square exiting coils in electromagnetic flow meter. International Journal of Computer Science Issues, 2013, 10(1): 278-284.

[70] 杜胜雪, 孔令富, 李英伟. 电磁流量计矩形与鞍状线圈磁场的数值仿真. 计量学报, 2016, 37(1): 38-42.

[71] 孔令富, 王月明, 李英伟. 两相流下电磁流量计感应电势仿真研究. 计量学报, 2013, 05: 12-13.

[72] Li Y W, Xing K, Yu L, et al. Response characteristic of small diameter electromagnetic flow meter with 3D model. International Journal of Applied Mathematics and Statistics, 2013, 45(15): 44-51.

[73] 王乐, 刘兴斌, 张玉辉, 等. 井下集流式电磁流量计铁芯结构优化设计. 石油仪器, 2011, 25(1): 18-20.

[74] O'Sullivan V T. Performance of an electromagnetic flowmeter with six point electrodes. Journal of Physics E: Scientific Instruments, 1983, 16(12): 1183.

[75] Horner B, Mesch F. An induction flowmeter insensitive to asymmetric flow profiles. ECAPT95-Process Tomography: Implementation for Industrial Process, Bergen, 1995: 321-330.

[76] Xu L J, Li X M, Dong F, Wang Y, et al. Optimum estimation of the mean flow velocity for the multi- electrode inductance flowmeter. Measurement Science and Technology, 2001, 12(8): 1139.

[77] 赵宇洋, 张涛. 基于区域权函数理论的多电极电磁流量计电极设计. 传感器与微系统, 2014, 33(2): 94-97.

[78] 张宏建, 管军, 胡赤鹰. 基于电磁感应原理的多电极流量测量方法. 计量学报, 2004, 25(1): 43-46.

[79] 杜胜雪, 孔令富, 李英伟, 等. 气泡对多电极电磁流量计电流密度影响的数值仿真. 中国科技论文, 2015, 10(8), 971-974.

[80] 孔令富, 杜胜雪, 李英伟. 多电极电磁流量计权重函数的仿真研究. 计量学报, 2015, 36(1), 58-62.

[81] 岑大刚, 黄诚献, 黎克江, 等. 井下存储式电磁流量计. 测井技术, 1999, 23(2), 133-138.

[82] 吕殿龙, 魏云飞, 韦旺. 电磁流量计及其在聚驱测井中的应用. 石油仪器, 2001, 15(3), 34-36.

[83] 张玉辉, 刘兴斌, 单福军, 等. 电磁法测量高含水油水两相流量实验研究. 测井技术, 2011,

35(3): 206-209.

[84] 张玉辉, 刘兴斌, 胡金海, 等. 用于油水两相流流量测量的分流式电磁流量计. 测井技术, 2013, 37(1): 21-23, 27.

[85] Gurau B, Vassallo P, Keller K. Measurement of gas and liquid velocities in an air-water two-phase flow using cross-correlation of signals from a double sensor hot-film probe. Experimental Thermal and Fluid Science, 2004, 28(6): 495-504.

[86] 蒋泰毅, 熊友辉. 气固两相流速度及质量流量的静电测量法研究. 华中科技大学学报, 2005, 33(1): 93-95.

[87] 高翔, 张培信, 张锦荣. 互相关技术在同位素示踪流量测量中的应用研究. 同位素, 2005, 18(122): 1-4.

[88] 张耀文, 王金钟, 夏慧玲, 等. 注入剖面放射性相关测量方法研究. 测井技术, 2004, 28(S1): 57-60.

[89] 刘兴斌, 胡金海, 周家强, 等. 电导式相关流量测井仪在产出剖面测井中的应用. 测井技术, 2004, 28(2): 138-140.

[90] 赵鑫, 金宁德, 陈万鹏, 等. 纵向多电极阵列电导式两相流测量系统研究. 仪器仪表学报, 2006, 27(10): 1253-1257.

[91] Li Y W, Li X M. Sensing characteristics of conductance sensor for measuring the volume fraction and axial velocity in oil-water pipe flow. International Journal of Simulation and Process Modelling, 2012, 7(1-2): 98-106.

[92] Abduvayt P, Manabe R, Watanabe T. Analysis of oil-water flow tests in horizontal hilly-terrain and vertical pipes. SPE Production and Operations, 2006, 21(1): 123-133.

[93] 谢荣华, 赵娜, 马水龙, 等. 热示踪流量计电学参数及结构参数的仿真. 油气田地面工程, 2011, 30(12): 6-8.

[94] Adamovskii L A, Golovanov V V, Egorov N L. The error of a correlation method of measuring liquid-metal flow rate. Measurement Techniques, 1986, 29(4): 305-308.

[95] Yutaka I. Electromagnetic correlation flow meter. Japanese, No. JP62-192620A, 1987. 8, 1-12.

[96] 李小京, 王萍, 卢景山. 用相关算法改善电磁流量计低流速性能. 化工自动化及仪表, 2004, 31(6): 66-67.

[97] 管军. 基于相关检测原理的电磁流量计的研究[硕士学位论文]. 杭州: 浙江大学, 2003, 46-68.

[98] 王月明, 孔令富, 刘兴斌, 李英伟, 等. 测井中油气水多相流电磁相关法流量测量模型研究. 仪表技术与传感器, 2014, (11): 108-110.

[99] 王月明, 孔令富, 李英伟. 电磁相关法流量测量传感器励磁线圈轴向长度设计研究. 电子学报, 2014, 42(5): 978-981.

[100] 王月明, 孔令富, 刘兴斌, 李英伟, 等. 电磁相关法流量测量传感器检测电极距离研究. 传感器与微系统, 2014, 33(7): 49-52.

第2章　电导传感器敏感场理论分析

中国多数陆上油田属多层系开发，并已步入高含水阶段，此时对井下油水两相流进行准确可靠的测量非常重要。由于纵向多极电导传感器具有结构简单、非阻流、响应速度快、抗干扰性强等优点，已被广泛应用于大庆、吉林等油田的产出剖面测井中。电导传感器检测的实质是利用绝缘油泡移动引起传感器内部敏感场不断变化，从而导致测量电极输出电压不断随之波动；但目前关于油泡与传感器之间相互作用的机理还不十分清楚，因此有必要建立电导传感器敏感场分布的数学模型，并对其响应特性进行深入研究。

2.1　电导传感器测量原理

集流型纵向多极电导传感器[1,2]的结构如图 2-1 所示，其由安装在绝缘管壁上按一定距离排列的多个圆环不锈钢电极组成，外侧电极作为激励电极，中间电极作为测量电极；目前普遍采用的工作方式是电流激励、电压测量，此时称激励电极之间部分为被测区域，激励电极外侧部分为绝缘管段。对图 2-1(a)所示的四电极持水率测量电导传感器而言，输入电流通过激励电极 E1 和 E2 施加到被测区域，建立敏感电流场，测量电极 M1 和 M2 实时测量传感器内部流体的等效电阻抗，之后利用电阻抗与相持率之间的理论模型即可间接测出油水两相流体的持水率。如果采用两对测量电极环即可构成如图 2-1(b)所示的流速测量电导传感器，结合互相关算法，使用该传感器可实现油水两相流体流动速度的测量。

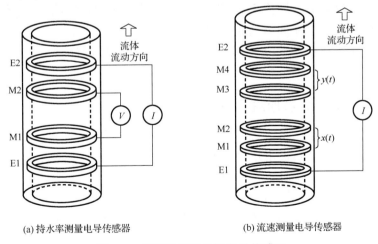

(a) 持水率测量电导传感器　　　　　　　(b) 流速测量电导传感器

图 2-1　集流型纵向多极电导传感器

2.1.1　电导法持水率测量原理

对如图 2-1(a)所示的四电极电导传感器，在水为连续相条件下，当流体从传感器内流过时，离散相油颗粒尺寸分布和空间分布的随机变化，将导致流体电导率发生改变，在输入激励电流 I_i 的作用下，测量电极 M1 和 M2 将检测到这种变化，并输出幅度与流体电导率成反比的电压信号。设流过传感器油水两相流体混相电导率为 σ_m，连续水相电导率为 σ_w，则 σ_m 和 σ_w 可分别表示为

$$\sigma_m = kI_{im} / V_{om} \tag{2-1}$$

$$\sigma_w = kI_{iw} / V_{ow} \tag{2-2}$$

式中，k 为仪器的标定系数；I_{im} 和 V_{om} 为当传感器内部充以油水两相流体（混相状态）时，测量电极 M1 和 M2 间的输入电流和输出电压；I_{iw} 和 V_{ow} 为当传感器内部仅充以连续水相（全水状态）时，M1 和 M2 间的输入电流和输出电压。I_{im} 和 I_{iw} 是激励电流 I_i 的有效分量，由于其大小是未知的，所以 σ_m 和 σ_w 不可直接计算；但在激励电流没有漏失的理想情况下，I_{im} 和 I_{iw} 近似相等，可得

$$\sigma_n = \frac{\sigma_m}{\sigma_w} = \frac{kI_{im}V_{ow}}{kI_{iw}V_{om}} \approx \frac{V_{ow}}{V_{om}} \tag{2-3}$$

式中，σ_n 为归一化电导率。σ_n 与连续水相持率 Y_w 的关系可由以下模型给出：

Maxwell[3]:　　　　　　　　$$\sigma_n = 2Y_w / (3 - Y_w) \tag{2-4}$$

Bruggeman[4]:　　　　　　　$$\sigma_n = Y_w^{3/2} \tag{2-5}$$

Begovich&Watson[5]:　　　　$$\sigma_n = Y_w \tag{2-6}$$

可见，只要测量出电导传感器测量电极 M1 和 M2 间输出电压 V_{om} 和 V_{ow} 的值，即可折算出传感器测量区域内油水两相流体的水相持率，且持水率测量精度取决于激励电流 I_i 的有效分量 I_{im} 和 I_{iw} 是否相等。另外，采用图版法，可将持水率 Y_w 进一步校正为含水率 K_w。

2.1.2　相关法流速测量原理

对如图 2-1(b)所示的流速测量电导传感器，其包含三对敏感元件，分别为激励电极对 E1 和 E2、上游测量电极对 M1 和 M2、下游测量电极对 M3 和 M4。当油水两相流体从传感器内流过时，在激励电极的作用下，上下游测量电极对将检测到油水流动噪声，并输出两路随机扰动信号 $x(t)$ 和 $y(t)$。由于上下游测量电极对间的距离较小，可近似认为该流动系统满足"凝固"模型，此时信号 $x(t)$ 和 $y(t)$ 可表示为

$$x(t) = s(t) + n_1(t) \tag{2-7}$$

$$y(t) = s(t-D) + n_2(t) \tag{2-8}$$

式中，$s(t)$ 为 $x(t)$ 和 $y(t)$ 所对应的源信号；$n_1(t)$ 和 $n_2(t)$ 是相互独立且均值为零的高斯白噪声；D 是延迟时间。对 $x(t)$ 和 $y(t)$ 进行互相关运算，得互相关函数为

$$R_{xy}(\tau) = R_{ss}(\tau-D) + R_{sx}(\tau-D) + R_{sy}(\tau) + R_{n1n2}(\tau) \tag{2-9}$$

信号 $s(t)$ 和噪声 $n_1(t)$、$n_2(t)$ 满足互不相关假设，即 $R_{n1n2}(\tau)=0$、$R_{sx}(\tau-D)=0$、$R_{sy}(\tau)=0$，则式（2-9）变为

$$R_{xy}(\tau) = R_{ss}(\tau-D) \tag{2-10}$$

由自相关函数性质 $|R_{ss}(\tau-D)| \leqslant R_{ss}(0)$ 可知，当 $\tau-D=0$ 时，$R_{xy}(\tau)$ 取得最大值，根据此最大值可以估计信号 $x(t)$ 和 $y(t)$ 的时间延迟 D，有

$$\hat{D} = \arg_{\max}\left(R_{ss}(\tau-D)\right) \tag{2-11}$$

式中，$\hat{D}$ 为时延 D 的估值；$\arg_{\max}(\cdot)$ 表示取函数最大值时所对应的自变量。设系统采样间隔为 Δt，由式（2-11）可知，$\hat{D}$ 的最大估计误差为 $\pm\Delta t/2$。为了提高时延估计的精度，通常对相关峰进行抛物线插值，此时其所对应的时间延迟为

$$D^* = \left(n - \frac{f_{n+1} - f_{n-1}}{2(f_{n+1} - 2f_n + f_{n-1})}\right)\Delta t \tag{2-12}$$

式中，n 为互相关函数相关峰的位置；f_{n-1}、f_n 和 f_{n+1} 分别为互相关函数在第 $n-1$、n 和 $n+1$ 点处的值。可以看出，经插值计算后，时间延迟 D^* 的估计精度有所提高，通常称 D^* 为渡越时间。在满足"凝固"流动模型条件下，被测流体的混合速度 V_m 可用相关流速 V_{cc} 来表示，有

$$V_m = V_{cc} = L/D^* \tag{2-13}$$

式中，L 为电导传感器上下游测量电极对间的距离。由于实际油水两相流动存在相间局部相对运动，不可能完全符合"凝固"模型，使得 $V_m \neq V_{cc}$。因此，在式（2-13）中还需引入流速校正因子 K，最后得到被测流体的体积流量 Q 为

$$Q = KV_{cc}A \tag{2-14}$$

式中，A 为电导传感器的横截面积；K 值可由理论建模法或图版标定法确定。

2.2 均匀介质时电导传感器内部敏感场分布

电导传感器环形电极的优势在于它的测量范围覆盖了测量电极之间管道圆周内的所有区域，此时传感器输出信号的质量取决于其内部电场的分布特性，因此有必要对传感器内部充以均匀电介质时的敏感场分布进行深入研究，此时传感器模型如

图 2-2 所示。刘兴斌[6,7]在假设传感器两端足够远处存在绝缘面的理想条件下，利用数学物理方法求解了传感器内部的敏感场分布；但在实际测井中，传感器内部充满油水混合物，该假想的绝缘面并不存在。本节首先建立了电导传感器敏感场分布的理论模型[8]，然后分别求解了理想情况下和电流漏失情况下传感器内部的敏感场分布，通过对比发现，轴向电流漏失将严重影响油水两相流持水率的测量精度。本节在建模时所用电导传感器的结构参数如图 2-3 所示；其中，传感器高度 H 为 140mm，内半径 R 为 10mm，激励电极间距 D_e 为 44mm，激励电极宽度 S_e 为 2mm。

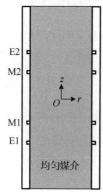

图 2-2　均匀介质时电导传感器模型　　　　图 2-3　电导传感器结构参数

2.2.1　传感器内部敏感场分布理论模型

为了避免介质电极化现象，电导传感器通常采用 20kHz 的交流恒流源进行激励，此时传感器的几何尺寸远小于激励信号的波长，可近似认为传感器内部敏感场是时不变的，其电势 u 可用三维柱坐标系 (r, φ, z) 下的 Laplace 方程来描述，有

$$\nabla^2 u = \frac{1}{r}\frac{\partial}{\partial r}\left(r\frac{\partial u}{\partial r}\right) + \frac{1}{r^2}\frac{\partial^2 u}{\partial \varphi^2} + \frac{\partial^2 u}{\partial z^2} = 0 \tag{2-15}$$

当传感器内部仅充以均匀、线性、各向同性、电导率为 σ 的介质时，其管道模型为严格的轴对称模型，电势 u 与 φ 无关，因此仅对其一个轴面进行建模即可，如图 2-2 所示。在二维坐标系 (r, z) 下，式（2-15）变为

$$\nabla^2 u(r, z) = \frac{\partial^2 u(r, z)}{\partial r^2} + \frac{1}{r}\frac{\partial u(r, z)}{\partial r} + \frac{\partial^2 u(r, z)}{\partial z^2} = 0 \tag{2-16}$$

为得到有物理意义的解析解，假设在电极较窄时，电流密度在电极表面是均匀分布的，则激励电极表面的电流密度 J 为

$$J = I_i / 2\pi R S_e \tag{2-17}$$

式中，I_i 为输入激励电流。由微分形式的欧姆定律 $\vec{J} = \sigma\vec{E} = -\sigma\nabla u$，得二维 (r,z) 坐标系下激励电极表面电势 u 满足如下条件：

$$\begin{cases} \partial u / \partial r \big|_{r=R} = I_i / 2\pi RS_e\sigma, & z \in \left((D_e - S_e)/2, (D_e + S_e)/2\right) \\ \partial u / \partial r \big|_{r=R} = -I_i / 2\pi RS_e\sigma, & z \in \left((-D_e - S_e)/2, (-D_e + S_e)/2\right) \\ \partial u / \partial r \big|_{r=-R} = -I_i / 2\pi RS_e\sigma, & z \in \left((D_e - S_e)/2, (D_e + S_e)/2\right) \\ \partial u / \partial r \big|_{r=-R} = I_i / 2\pi RS_e\sigma, & z \in \left((-D_e - S_e)/2, (-D_e + S_e)/2\right) \end{cases} \quad (2\text{-}18)$$

由于在轴向上没有明显的边界条件，可近似认为变量 z 的区域是无限的。由电导传感器模型对称性可知，$z = 0$ 平面是等势面，设坐标原点为电位零点，则该平面上电势为 0。另外，从边界条件还可以看出，传感器内部电势 u 关于 z 轴偶对称，关于 r 轴奇对称，即电势 u 是变量 r 的偶函数，是变量 z 的奇函数。此时，该问题只需在区域 $0 \leqslant r \leqslant R$ 且 $0 \leqslant z \leqslant \infty$ 内求解即可，电势 u 在 $r=R$ 处所满足的边界条件是

$$\frac{\partial u}{\partial r}\bigg|_{r=R} = f(z) = \begin{cases} I_i / 2\pi RS_e\sigma, & z \in \left((D_e - S_e)/2, (D_e + S_e)/2\right) \\ 0, & z \in \left(0, (D_e - S_e)/2\right), z \in \left((D_e + S_e)/2, \infty\right) \end{cases} \quad (2\text{-}19)$$

由于式（2-19）中变量 z 的区域是半无限的，而变量 r 的区域是有界的，所以该问题可借助关于变量 z 的傅里叶正弦变换来求解。由 $z = 0$ 平面上的边界条件 $u = 0$ 和傅里叶正弦变换性质，可得

$$F_s\left(\frac{\partial^2 u(r,z)}{\partial z^2}\right) = -\omega^2\hat{u}_s(r,\omega) + \sqrt{\frac{2}{\pi}}\omega u(r,0) = -\omega^2\hat{u}_s(r,\omega) \quad (2\text{-}20)$$

对式（2-16）作关于变量 z 的傅里叶正弦变换，并代入式（2-20），得

$$\frac{\mathrm{d}^2}{\mathrm{d}r^2}\hat{u}_s(r,\omega) + \frac{1}{r}\frac{\mathrm{d}}{\mathrm{d}r}\hat{u}_s(r,\omega) - \omega^2\hat{u}_s(r,\omega) = 0 \quad (2\text{-}21)$$

方程（2-21）是关于变量 r 的 0 阶虚宗量贝塞尔方程，通解为

$$\hat{u}_s(r,\omega) = AI_0(\omega r) + BK_0(\omega r) \quad (2\text{-}22)$$

式中，I_0 和 K_0 分别为 0 阶第一类和第二类虚宗量贝塞尔函数；A 和 B 是任意常数。由 $r = 0$ 处边界条件 $u \neq \infty$ 可知 $\hat{u}_s(0,\omega) \neq \infty$，则有 $B = 0$，此时式（2-21）的解变为

$$\hat{u}_s(r,\omega) = AI_0(\omega r) \quad (2\text{-}23)$$

由边界条件式（2-19）和傅里叶正弦变换的定义，可得

$$\frac{\mathrm{d}}{\mathrm{d}r}\hat{u}_s(r,\omega)\bigg|_{r=R} = \sqrt{\frac{2}{\pi}}\int_0^\infty \frac{\partial u(r,z)}{\partial r}\bigg|_{r=R}\sin\omega z\,\mathrm{d}z = \sqrt{\frac{2}{\pi}}\frac{2J}{\sigma\omega}\sin\frac{D_e}{2}\omega\sin\frac{S_e}{2}\omega \quad (2\text{-}24)$$

联立式（2-23）和式（2-24），求得常数 A 的值为

$$A = \sqrt{\frac{2}{\pi}} \frac{2J}{\sigma\omega^2} \frac{1}{I_1(\omega R)} \sin\frac{D_e}{2}\omega \sin\frac{S_e}{2}\omega \qquad (2\text{-}25)$$

式中，I_1 为 1 阶第一类虚宗量贝塞尔函数。将式（2-25）代入式（2-23），可得

$$\hat{u}_s(r,\omega) = \sqrt{\frac{2}{\pi}} \frac{2J}{\sigma\omega^2} \frac{I_0(\omega r)}{I_1(\omega R)} \sin\frac{D_e}{2}\omega \sin\frac{S_e}{2}\omega \qquad (2\text{-}26)$$

对式（2-26）作傅里叶正弦逆变换，得到传感器内部电势 u 的通解为

$$u(r,z) = \frac{2I_i}{\pi^2 \sigma RS} \int_0^\infty \frac{1}{\omega^2} \frac{I_0(\omega r)}{I_1(\omega R)} \sin\frac{D_e}{2}\omega \sin\frac{S_e}{2}\omega \sin\omega z d\omega \qquad (2\text{-}27)$$

此解虽在区域 $0 \leqslant r \leqslant R$ 且 $0 \leqslant z < \infty$ 下求得，但对 $-R \leqslant r \leqslant R$ 且 $-\infty < z < \infty$ 的区域均有效。在二维柱坐标系下，电流密度分布可表示为

$$\bar{J} = -\sigma\nabla u = -\sigma\left(\frac{\partial u}{\partial r}e_r + \frac{\partial u}{\partial z}e_z\right) \qquad (2\text{-}28)$$

则由式（2-27），得到 $\bar{J}(r,z)$ 在 $\{e_r, e_z\}$ 两个方向上的分量分别为

$$J_r(r,z) = -\frac{2I_i}{\pi^2 RS} \int_0^\infty \frac{1}{\omega} \frac{I_1(\omega r)}{I_1(\omega R)} \sin\frac{D_e}{2}\omega \sin\frac{S_e}{2}\omega \sin\omega z d\omega \qquad (2\text{-}29)$$

$$J_z(r,z) = -\frac{2I_i}{\pi^2 RS} \int_0^\infty \frac{1}{\omega} \frac{I_0(\omega r)}{I_1(\omega R)} \sin\frac{D_e}{2}\omega \sin\frac{S_e}{2}\omega \cos\omega z d\omega \qquad (2\text{-}30)$$

则由式（2-29）和式（2-30）可得传感器内部总电流密度 J 为

$$J(r,z) = \sqrt{J_r(r,z)^2 + J_z(r,z)^2} \qquad (2\text{-}31)$$

这样可以获得电导传感器内部充以均匀媒介时，其敏感场内电势和电流密度分布的理论模型。但值得注意的是，由于轴向方向是无界的，上述问题的解并不唯一，如果 $z = \pm H/2$ 处的边界条件发生变化，传感器内敏感场分布也会随之改变，即要想得到敏感场分布的唯一解，必须在 $z = \pm H/2$ 处施加一定的边界条件。

2.2.2　理想情况下传感器内部敏感场分布

当电导传感器的绝缘管段充分长时，通过激励电极向传感器两端流过的电流很小，且可以忽略；此时可假设传感器两端有绝缘面将传感器内部流体与外部流体隔离，即在 $z = \pm H/2$ 处存在两个绝缘面，且称这种没有轴向电流漏失的情况为理想情况。此时，传感器内部电势 u 仍满足 Laplace 方程，由模型的对称性可知，该问题只需在区域 $0 \leqslant r \leqslant R$ 且 $0 \leqslant z \leqslant H/2$ 内求解即可，在如图 2-2 所示的二维柱坐标系下，电势 u 的边界条件是

$$\begin{cases} u\big|_{z=0}=0, \quad \partial u/\partial z\big|_{z=H/2}=0, \quad u\big|_{r=0}\neq\infty \\ \partial u/\partial r\big|_{r=R}=f(z)=\begin{cases} I_\mathrm{i}/2\pi RS_\mathrm{e}\sigma, & z\in\big((D_\mathrm{e}-S_\mathrm{e})/2,(D_\mathrm{e}+S_\mathrm{e})/2\big) \\ 0, & z\in\big(0,(D_\mathrm{e}-S_\mathrm{e})/2\big), z\in\big((D_\mathrm{e}+S_\mathrm{e})/2,H/2\big) \end{cases} \end{cases} \tag{2-32}$$

该问题可采用分离变量法求解，设 $u(r,z)=P(r)Z(z)$，代入式（2-16）可得

$$\frac{1}{rP(r)}\frac{\mathrm{d}}{\mathrm{d}r}\left(r\frac{\mathrm{d}P(r)}{\mathrm{d}r}\right)=-\frac{1}{Z(z)}\frac{\mathrm{d}^2Z(z)}{\mathrm{d}z^2}=\lambda \tag{2-33}$$

式中，λ 是一待定常数。由式（2-33）可得到如下两个方程：

$$\begin{cases} Z''(z)+\lambda Z(z)=0, & 0\leqslant z\leqslant H/2 \\ Z(0)=0, & Z'(H/2)=0 \end{cases} \tag{2-34}$$

$$rP''(r)+P'(r)-\lambda rP(r)=0 \tag{2-35}$$

由本征值问题式（2-34），解得其本征值和本征函数为

$$\begin{cases} \lambda=\big((2n+1)\pi/H\big)^2, & n=0,1,2,\cdots \\ Z(z)=\sin\big((2n+1)\pi z/H\big) \end{cases} \tag{2-36}$$

方程（2-35）为零阶虚宗量贝塞尔方程，由边界条件 $u\big|_{r=0}\neq\infty$，得该方程的通解是

$$P(r)=A_nI_0\big((2n+1)\pi r/H\big) \tag{2-37}$$

令 $a_n=(2n+1)\pi/H$，由式（2-36）和式（2-37）得 Laplace 方程的解可表示为

$$u(r,z)=\sum_{n=0}^{\infty}A_nI_0(a_nr)\sin(a_nz) \tag{2-38}$$

对式（2-38）求导，并代入边界条件式（2-32）可得

$$\frac{\partial u(r,z)}{\partial r}\bigg|_{r=R}=\sum_{n=0}^{\infty}A_nI_1(a_nR)\sin(a_nz)a_n=f(z) \tag{2-39}$$

可以看出，本征函数族 $\sin\big((2n+1)\pi z/H\big)$ 在 $0\leqslant z\leqslant H/2$ 上是相互正交的，则由傅里叶级数定义和边界条件式（2-32）可得

$$A_n=\frac{4I_\mathrm{i}H}{\pi^3\sigma RS_\mathrm{e}(2n+1)^2}\frac{1}{I_1(a_nR)}\sin\left(\frac{a_nD_\mathrm{e}}{2}\right)\sin\left(\frac{a_nS_\mathrm{e}}{2}\right) \tag{2-40}$$

最后，得到传感器内部电势和 $\{e_r,e_z\}$ 方向上电流密度分别为

$$u_1(r,z)=\frac{4I_\mathrm{i}H}{\pi^3\sigma RS_\mathrm{e}}\sum_{n=0}^{\infty}\frac{I_0(a_nr)}{(2n+1)^2I_1(a_nR)}\sin\left(\frac{a_nD_\mathrm{e}}{2}\right)\sin\left(\frac{a_nS_\mathrm{e}}{2}\right)\sin(a_nz) \tag{2-41}$$

$$J_{r1}(r,z)=-\frac{4I_\mathrm{i}}{\pi^2RS_\mathrm{e}}\sum_{n=0}^{\infty}\frac{I_1(a_nr)}{(2n+1)I_1(a_nR)}\sin\left(\frac{a_nD_\mathrm{e}}{2}\right)\sin\left(\frac{a_nS_\mathrm{e}}{2}\right)\sin(a_nz) \tag{2-42}$$

$$J_{z1}(r,z) = -\frac{4I_i}{\pi^2 R S_e} \sum_{n=0}^{\infty} \frac{I_0(a_n r)}{(2n+1)I_1(a_n R)} \sin\left(\frac{a_n D_e}{2}\right) \sin\left(\frac{a_n S_e}{2}\right) \cos(a_n z) \quad (2\text{-}43)$$

则由式（2-42）和式（2-43）可得理想情况下传感器内部总电流密度 J_1 为

$$J_1(r,z) = \sqrt{J_{r1}(r,z)^2 + J_{z1}(r,z)^2} \quad (2\text{-}44)$$

图 2-4 所示为理想情况下电导传感器内部电势 u_1、总电流密度 J_1、径向电流密度 J_{r1} 和轴向电流密度 J_{z1} 分布示意图，在求解时激励电流 I_i 为 1mA，均匀相介质的电导率 σ 为 0.01S/m。可以看出，场内电势在激励电极附近区域变化较为明显，且在激励电极之间的被测区域内，电势沿轴向接近线性分布，但在传感器的绝缘管段内，电势值保持恒定；径向电流密度在激励电极附近区发生畸变，在远离激励电极区域内接近为零；轴向电流密度在激励电极附近亦发生畸变，在被测区域内其变化较为平缓，近似均匀；传感器内部总电流密度 J_1 在激励电极附近变化明显，在被测区域内较为均匀，且由于被测区域内径向电流密度 J_{r1} 近似为零，所以该区域的总电流密度主要由轴向分量 J_{z1} 值决定。

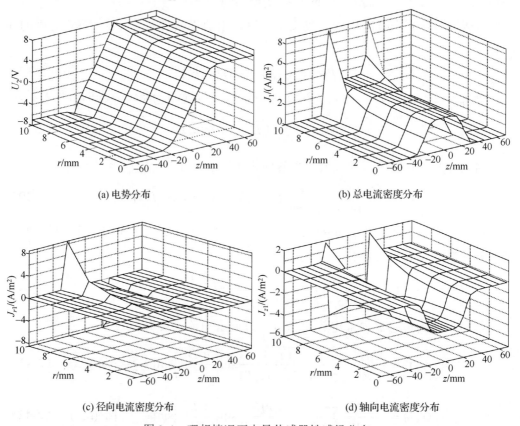

(a) 电势分布　　　　　　　　　　　　　(b) 总电流密度分布

(c) 径向电流密度分布　　　　　　　　　　(d) 轴向电流密度分布

图 2-4　理想情况下电导传感器敏感场分布

另外，由图 2-4(d)可以看出，由于假设在传感器两端存在两个绝缘面，所以在 $z=\pm H/2$ 处的轴向电流密度为零；由图 2-4(b)可以看出，在理想情况下输入电流主要作用在传感器的被测区域内，激励电极外侧的绝缘管段处没有分流。

2.2.3　激励电流漏失情况下传感器内部敏感场分布

在油田实际测井中，由于井下仪器长度有限，传感器两端的绝缘管段不可能无限长，当电导传感器内部充满油水混合物时，理想情况所假设的两个绝缘面并不存在。另外，因实际测井仪的外壳为导电材料，且电位为零，使得传感器两端的电位也接近于零，这将导致传感器绝缘管段内的轴向电流密度不为零，称这种存在轴向电流分流的情况为电流漏失情况。在建模时可近似认为传感器在 $z=\pm H/2$ 处有边界条件 $u=0$，此时传感器内部电势 u 仍满足二维柱坐标系下的 Laplace 方程。当传感器内部仅充以单一均匀的连续流体时，由模型的对称性可知，该问题只需在区域 $0\leqslant r\leqslant R$ 且 $0\leqslant z\leqslant H/2$ 内求解即可，其边界条件为

$$\begin{cases} u\big|_{z=0}=0, \qquad u\big|_{z=H/2}=0, \qquad u\big|_{r=0}\neq\infty \\ \dfrac{\partial u}{\partial r}\bigg|_{r=R}=f(z)=\begin{cases} I_i/2\pi RS_e\sigma, & z\in\big((D_e-S_e)/2,(D_e+S_e)/2\big) \\ 0, & z\in\big(0,(D_e-S_e)/2\big), z\in\big((D_e+S_e)/2,H/2\big) \end{cases} \end{cases} \qquad (2\text{-}45)$$

该问题可采用第 2.2.2 节所述分离变量法求解，其本征值和本征函数为

$$\begin{cases} \lambda=(2n\pi/H)^2 \\ Z(z)=\sin(2n\pi z/H) \end{cases}, \quad n=0,1,2,\cdots \qquad (2\text{-}46)$$

令 $a_n=2n\pi/H$，则电流漏失情况下电导传感器内部电势和 $\{e_r,e_z\}$ 方向上电流密度可分别表示为

$$u_2(r,z)=\frac{I_iH}{\pi^3\sigma RS_e}\sum_{n=1}^{\infty}\frac{1}{n^2}\frac{I_0(a_nr)}{I_1(a_nR)}\sin\left(\frac{a_nD_e}{2}\right)\sin\left(\frac{a_nS_e}{2}\right)\sin(a_nz) \qquad (2\text{-}47)$$

$$J_{r2}(r,z)=-\frac{2I_i}{\pi^2RS_e}\sum_{n=1}^{\infty}\frac{1}{n}\frac{I_1(a_nr)}{I_1(a_nR)}\sin\left(\frac{a_nD_e}{2}\right)\sin\left(\frac{a_nS_e}{2}\right)\sin(a_nz) \qquad (2\text{-}48)$$

$$J_{z2}(r,z)=-\frac{2I_i}{\pi^2RS_e}\sum_{n=1}^{\infty}\frac{1}{n}\frac{I_0(a_nr)}{I_1(a_nR)}\sin\left(\frac{a_nD_e}{2}\right)\sin\left(\frac{a_nS_e}{2}\right)\cos(a_nz) \qquad (2\text{-}49)$$

则由式（2-48）和式（2-49）可得电流漏失情况下传感器内部总电流密度 J_2 为

$$J_2(r,z)=\sqrt{J_{r2}(r,z)^2+J_{z2}(r,z)^2} \qquad (2\text{-}50)$$

图 2-5 给出了激励电流漏失情况下电导传感器内部电势 u_2、总电流密度 J_2、径

向电流密度 J_{r2} 和轴向电流密度 J_{z2} 分布示意图；另外，为了与理想情况下进行对比，在求解时激励电流 I_i 仍取为 1mA，均匀相介质电导率 σ 仍取为 0.01S/m。可以看出，场内电势在激励电极附近区域变化较为明显，且在传感器被测区域内，电势沿轴向接近线性分布，但在绝缘管段内，电势随 $|z|$ 增大而迅速下降，在 $z = \pm H / 2$ 处电势将为零；径向电流密度虽然在激励电极附近处发生突变，但在远离激励电极区域接近于零，其分布规律与图 2-4(c)基本相同；轴向电流密度在激励电极附近发生畸变，但在被测区域内近似均匀。值得注意的是，在 $z = \pm H / 2$ 处 J_{z2} 值并不为零，表示输入激励电流存在分流；该分流使得传感器绝缘管段内的总电流密度 J_2 值不为零，从而导致被测区域内 J_2 值远小于理想情况下的 J_1 值。在进行油井井下油水两相流持水率测量时，激励电流漏失程度会随传感器内流体组分的变化而变化，致使被测区域内电流密度不恒定，造成式（2-3）中全水状态和混相状态下的有效电流 I_{im} 和 I_{iw} 不相等，从而严重影响持水率的测量精度。

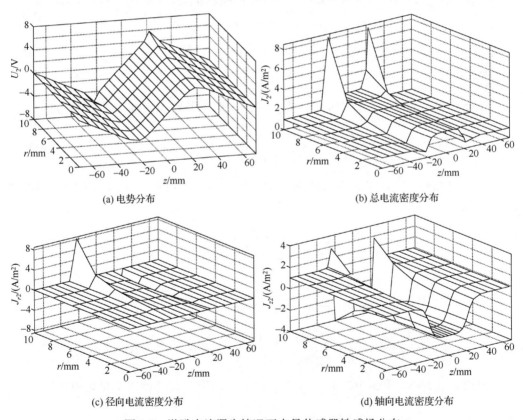

(a) 电势分布　　　　　　　　　　　(b) 总电流密度分布

(c) 径向电流密度分布　　　　　　　(d) 轴向电流密度分布

图 2-5　激励电流漏失情况下电导传感器敏感场分布

2.3　非均匀介质时电导传感器输出响应特性

在实际测井中,当油水混合物在电导传感器内部流动时,由于油相颗粒与连续水相之间存在着密度、黏度等物理性质上的差异,从而呈现出了环状流、段塞流、泡状流等多种复杂流型。传感器敏感空间内油水混合物的流型不同,传感器的输出信号也可能不相同。因此,研究电导传感器对各种非均匀介质时的响应特性,可以定性估计离散相分布对测量结果的影响,为传感器设计提供依据。

针对结构参数如图 2-3 所示的四电极电导传感器,本节研究当其内部除充以均匀、线性、各向同性、电导率为 σ_w 的连续水相外,传感器轴线位置上还含有单个柱状油泡、多个球状油泡和传感器内部为油水环状流型三种情况时,电导传感器的响应特性。由于在此三种情况下,传感器内部管道模型为严格的轴对称模型,因此仅对其一个轴面进行建模即可,如图 2-6 所示。在建模时传感器测量电极间距 D_m 取为 26mm,电极宽度 S_m 取为 2mm,且假设传感器两端有绝缘面将传感器内部流体与外部流体隔离,即轴向电流没有漏失。

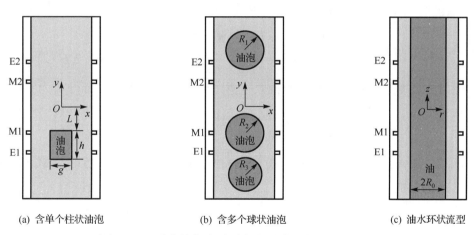

(a) 含单个柱状油泡　　　　(b) 含多个球状油泡　　　　(c) 油水环状流型

图 2-6　三种非均匀介质时电导传感器内部管道模型

2.3.1　传感器对单个柱状油泡的响应特性

如图 2-6(a)所示,一个底面直径为 g 高为 h 的柱状油泡位于电导传感器轴线上,其上底面至传感器轴向中心处的距离为 L。该绝缘油泡将影响电导传感器内的敏感场分布,进而导致测量电极输出电压发生变化,此时传感器内部电势 u 仍可用 Laplace 方程 $\nabla^2 u = 0$ 来描述,在二维直角坐标系下其所满足的边界条件是[9]

$$
\begin{cases}
\partial u/\partial y\big|_{y=\pm H/2}=0, & x\in(-R,R)\\
\partial u/\partial x\big|_{x=R}=-\partial u/\partial x\big|_{x=-R}=f(y), & y\in(-H/2,H/2)\\
\partial u/\partial x\big|_{x=\pm g/2}=0, & y\in(-L-h,-L)\\
\partial u/\partial y\big|_{y=-L}=\partial u/\partial y\big|_{y=-L-h}=0, & x\in(-g/2,g/2)
\end{cases}
\tag{2-51}
$$

式中，$f(y)$ 为传感器管壁处所满足的边界条件。$f(y)$ 的定义如下：

$$
f(y)=\begin{cases}
I_{\mathrm{i}}/2\pi RS_{\mathrm{e}}\sigma_{\mathrm{w}}, & y\in\big((D_{\mathrm{e}}-S_{\mathrm{e}})/2,(D_{\mathrm{e}}+S_{\mathrm{e}})/2\big)\\
-I_{\mathrm{i}}/2\pi RS_{\mathrm{e}}\sigma_{\mathrm{w}}, & y\in\big((-D_{\mathrm{e}}-S_{\mathrm{e}})/2,(-D_{\mathrm{e}}+S_{\mathrm{e}})/2\big)\\
0, & y\in\big((-D_{\mathrm{e}}+S_{\mathrm{e}})/2,(D_{\mathrm{e}}-S_{\mathrm{e}})/2\big)\\
0, & y\in\big(-H/2,(-D_{\mathrm{e}}-S_{\mathrm{e}})/2\big),z\in\big((D_{\mathrm{e}}+S_{\mathrm{e}})/2,H/2\big)
\end{cases}
\tag{2-52}
$$

令 $u=u_0+u^*$，其中 u_0 为不含油泡即传感器内部仅充以连续水相时，敏感场内的电势分布；u^* 为加入绝缘油泡后，所引起的电势变化。对于 u_0，由于传感器管道模型的轴对称性，该问题只需在 $0\leqslant x\leqslant R$ 且 $0\leqslant y\leqslant H/2$ 区域内求解即可，由式（2-51）和式（2-52）得 u_0 所满足的边界条件为

$$
\begin{cases}
u\big|_{y=0}=0, \quad \partial u/\partial y\big|_{y=H/2}=0, \quad u\big|_{x=0}\neq\infty\\
\partial u/\partial x\big|_{x=R}=f(y)=\begin{cases}
I_{\mathrm{i}}/2\pi RS_{\mathrm{e}}\sigma, & y\in\big((D_{\mathrm{e}}-S_{\mathrm{e}})/2,(D_{\mathrm{e}}+S_{\mathrm{e}})/2\big)\\
0, & y\in\big(0,(D_{\mathrm{e}}-S_{\mathrm{e}})/2\big),y\in\big((D_{\mathrm{e}}+S_{\mathrm{e}})/2,H/2\big)
\end{cases}
\end{cases}
\tag{2-53}
$$

使用分离变量法在二维直角坐标系下对上述问题进行求解，可得 u_0 为

$$
u_0(x,y)=\frac{8J}{\sigma\pi^2}\sum_{n=1}^{\infty}\frac{\cos(a_n z)\cosh(a_n x)}{n^2\sinh(a_n R)}\cos\left(\frac{a_n(D_{\mathrm{e}}+H)}{2}\right)\sin\left(\frac{a_n S_{\mathrm{e}}}{2}\right)
\tag{2-54}
$$

式中，$a_n=n\pi/H$。将 $u=u_0+u^*$ 和式（2-53）代入边界条件式（2-51）和式（2-52），可得 u^* 所满足的边界条件是

$$
\begin{cases}
\partial u^*/\partial x\big|_{x=\pm R}=0, & y\in(-H/2,H/2)\\
\partial u^*/\partial y\big|_{y=\pm H/2}=0, & x\in(-R,R)\\
\partial u^*/\partial x\big|_{x=g/2}=-\partial u_0/\partial x\big|_{x=g/2}=g_1(y), & y\in(-L-h,-L)\\
\partial u^*/\partial x\big|_{x=-g/2}=-\partial u_0/\partial x\big|_{x=-g/2}=g_2(y), & y\in(-L-h,-L)\\
\partial u^*/\partial y\big|_{y=-L}=-\partial u_0/\partial y\big|_{y=-L}=g_3(x), & x\in(-g/2,g/2)\\
\partial u^*/\partial y\big|_{y=-L-h}=-\partial u_0/\partial y\big|_{y=-L-h}=g_4(x), & x\in(-g/2,g/2)
\end{cases}
\tag{2-55}
$$

为了求解 u^*，把传感器敏感区域分解为子区域 1（$x\in(g/2,R),y\in(-H/2,H/2)$）、

子区域 $2\left(x\in(-R,-g/2),y\in(-H/2,H/2)\right)$、子区域 $3\left(x\in(-R,R),y\in(-L,H/2)\right)$ 和子区域 $4\left(x\in(-R,R),y\in(-H/2,-L-h)\right)$，由式（2-53）可得四个子区域内电势 u_1^*、u_2^*、u_3^* 和 u_4^* 所满足的边界条件分别为

$$\partial u_1^*/\partial x\Big|_{x=R}=0,\quad \partial u_1^*/\partial y\Big|_{y=\pm H/2}=0,\quad \partial u_1^*/\partial x\Big|_{x=g/2}=g_1(y) \tag{2-56}$$

$$\partial u_2^*/\partial x\Big|_{x=-R}=0,\quad \partial u_2^*/\partial y\Big|_{y=\pm H/2}=0,\quad \partial u_2^*/\partial x\Big|_{x=-g/2}=g_2(y) \tag{2-57}$$

$$\partial u_3^*/\partial x\Big|_{x=\pm R}=0,\quad \partial u_3^*/\partial y\Big|_{y=H/2}=0,\quad \partial u_3^*/\partial y\Big|_{y=-L}=g_3(x) \tag{2-58}$$

$$\partial u_4^*/\partial x\Big|_{x=\pm R}=0,\quad \partial u_4^*/\partial y_{y=-H/2}=0,\quad \partial u_4^*/\partial y\Big|_{y=-L-b_0}=g_4(x) \tag{2-59}$$

在直角坐标系下，分别使用边界条件式（2-56）至式（2-59）来求解 Laplace 方程，得到电势 u_1^*、u_2^*、u_3^* 和 u_4^* 的理论解为

$$u_1^*(x,y)=\sum_{n=1}^{\infty}A_n\frac{\cosh\left(a_n(R-x)\right)}{\sinh\left(a_n(R-g/2)\right)}\cos\left(a_n(y+H/2)\right) \tag{2-60}$$

$$u_2^*(x,y)=\sum_{n=1}^{\infty}B_n\frac{\cosh\left(a_n(R+x)\right)}{\sinh\left(a_n(R-g/2)\right)}\cos\left(a_n(y+H/2)\right) \tag{2-61}$$

$$u_3^*(x,y)=\sum_{n=1}^{\infty}C_n\frac{\cosh\left(b_n(H/2-y)\right)}{\sinh\left(b_n(H/2+L)\right)}\cos\left(b_n(R+x)\right) \tag{2-62}$$

$$u_4^*(x,y)=\sum_{n=1}^{\infty}D_n\frac{\cosh\left(b_n(H/2+y)\right)}{\sinh\left(b_n(H/2-L-h)\right)}\cos\left(b_n(R+x)\right) \tag{2-63}$$

式中，$b_n=n\pi/2R$；A_n、B_n、C_n 和 D_n 为待定系数，它们的定义如下：

$$A_n=\frac{-2}{n\pi}\int_{-\frac{H}{2}}^{\frac{H}{2}}g_1(y)\cos\left(a_n(H/2+y)\right)\mathrm{d}y \tag{2-64}$$

$$B_n=\frac{2}{n\pi}\int_{-\frac{H}{2}}^{\frac{H}{2}}g_2(y)\cos\left(a_n(H/2+y)\right)\mathrm{d}y \tag{2-65}$$

$$C_n=\frac{-2}{n\pi}\int_{-R}^{R}g_3(x)\cos\left(b_n(R+x)\right)\mathrm{d}x \tag{2-66}$$

$$D_n=\frac{2}{n\pi}\int_{-R}^{R}g_4(x)\cos\left(b_n(R+x)\right)\mathrm{d}x \tag{2-67}$$

采用 Schwartz 交替迭代法[10,11]可以求出以上方程中的未知系数，步骤为：首先假设式（2-55）中 $y=-L$ 和 $y=-L-h$ 处的边界条件不存在，并构造 $x=\pm g/2$ 处 u_1^* 和 u_2^* 第一次迭代运算所满足的边界条件，有

$$\begin{cases} g_1^{(1)}(y) = -\partial u_0 / \partial x \big|_{x=g/2} \\ g_2^{(1)}(y) = -\partial u_0 / \partial x \big|_{x=-g/2} \end{cases} \tag{2-68}$$

将式（2-68）代入式（2-60）和式（2-61），可得到 u_1^* 和 u_2^* 的第一次迭代近似值 $u_1^{*(1)}$ 和 $u_2^{*(1)}$；然后根据式（2-55）利用 $u_1^{*(1)}$ 和 $u_2^{*(1)}$ 来构造 u_3^* 和 u_4^* 所满足的边界条件 $g_3^{(1)}(x)$ 和 $g_4^{(1)}(x)$，并将其代入式（2-62）和式（2-63），得到 u_3^* 和 u_4^* 的第一次迭代近似值 $u_3^{*(1)}$ 和 $u_4^{*(1)}$；之后再根据式（2-55）利用 $u_3^{*(1)}$ 和 $u_4^{*(1)}$ 构造 u_1^* 和 u_2^* 所满足的边界条件 $g_1^{(2)}(y)$ 和 $g_2^{(2)}(y)$，从而得到 u_1^* 和 u_2^* 第二次迭代近似值 $u_1^{*(2)}$ 和 $u_2^{*(2)}$。这样经过 k 次迭代后，两次运算之间的误差很小，得到 u^* 近似值为 $u_1^{*(k)}$、$u_2^{*(k)}$、$u_3^{*(k)}$ 和 $u_4^{*(k)}$；该结果与式（2-54）相加，即得到含一柱状油泡时电导传感器内部电势 u。另外，为了研究传感器的响应特性，需计算出两测量电极间的输出电压差，定义为

$$V_o = \frac{1}{S_m} \left(\int_{(D_m-S_m)/2}^{(D_m+S_m)/2} u(R,y)\mathrm{d}y - \int_{(-D_m-S_m)/2}^{(-D_m+S_m)/2} u(R,y)\mathrm{d}y \right) \tag{2-69}$$

式中，D_m 为传感器测量电极间距；S_m 为测量电极宽度。图 2-7 给出了不同大小柱状油泡沿电导传感器轴线方向匀速上升时，测量电极输出电压差的变化规律，即电导传感器的响应特性。可以看出，柱状油泡位于不同轴向位置时，传感器测量电极输出电压差不相等；当油泡运动到传感器轴向中心（即测量电极对中心）位置时，输出电压差达到最大值，且随坐标$|z|$的增大而逐渐衰减。对比图 2-7(a)和图 2-7(b)可知，随柱状油泡底面直径和高度的增加，传感器输出电压均有所增大；但由于底面直径变化对油泡体积的影响更大，此时传感器输出电压也相对大一些。

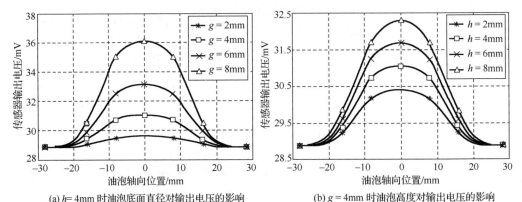

(a) h= 4mm 时油泡底面直径对输出电压的影响　　　　(b) g= 4mm 时油泡高度对输出电压的影响

图 2-7　电导传感器对不同大小柱状油泡的响应特性

2.3.2　传感器对多个球状油泡的响应特性

如图 2-6(b)所示，有 M 个半径为 $R_i(i=1,2,\cdots,M)$ 的油泡位于电导传感器轴线上，

且各个油泡相互不重叠，此时传感器内部电势 u 仍满足 Laplace 方程。为了对该问题进行求解，需建立两种坐标系：一种是以传感器中心为原点建立的二维直角坐标系 (x, y)；另一种是以各个球形油泡球心为原点建立的 M 个二维极坐标系 (r_i, θ_i)。其中，在直角坐标系下，电导传感器内部敏感场所满足的边界条件是[12]

$$\begin{cases} \partial u / \partial y \big|_{y = \pm H/2} = 0, & x \in (-R, R) \\ \partial u / \partial x \big|_{x = R} = f(y), & y \in (-H/2, H/2) \\ \partial u / \partial x \big|_{x = -R} = -f(y), & y \in (-H/2, H/2) \end{cases} \tag{2-70}$$

式中，$f(y)$ 为传感器管壁处所满足的边界条件，定义同式（2-52）。另外，在 M 个极坐标系下，各油泡表面所满足的边界条件为

$$\partial u_i / \partial r_i \big|_{r_i = R_i} = 0 \tag{2-71}$$

为得到传感器内部电势分布，需利用式（2-70）和式（2-71）在直角坐标系和极坐标系下联合求解 Laplace 方程。在 M 个极坐标系下，对各个油泡而言，传感器内部电场是一个圆盘外问题，通解是

$$u(r_i, \theta_i) = \sum_{n=0}^{\infty} \left(\frac{R_i}{r_i} \right)^n \left(a_n \cos(n\theta_i) + b_n \sin(n\theta_i) \right) \tag{2-72}$$

设各个油泡表面处所对应圆盘边界函数为 $f(\theta_i)$，则式（2-72）中待定系数 a_n 和 b_n 的定义分别为

$$a_n = \frac{1}{2\pi} \int_0^{2\pi} f(\theta_i) \cos(n\theta_i) \mathrm{d}\theta_i \tag{2-73}$$

$$b_n = \frac{1}{2\pi} \int_0^{2\pi} f(\theta_i) \sin(n\theta_i) \mathrm{d}\theta_i \tag{2-74}$$

对于二维直角坐标系，需首先求出电导传感器在诺伊曼边界条件下的通解，此时该问题可描述为

$$\begin{cases} \partial u / \partial y \big|_{y = -H/2} = g_1(x), & x \in (-R, R) \\ \partial u / \partial y \big|_{y = H/2} = g_2(x), & x \in (-R, R) \\ \partial u / \partial x \big|_{x = -R} = g_3(y), & y \in (-H/2, H/2) \\ \partial u / \partial x \big|_{x = R} = g_4(y), & y \in (-H/2, H/2) \end{cases} \tag{2-75}$$

将式（2-75）中的四个边界条件 $g_1(x)$、$g_2(x)$、$g_3(y)$ 和 $g_4(y)$ 单独作用到电导传感器，并假设其他表面边界条件均为零；在直角坐标系下分别求解，得单一边界条件下电势的解析解分别为

$$u_{\mathrm{A}}(x,y)=\sum_{n=1}^{\infty}A_n\frac{\cosh\left(b_n(H/2-y)\right)}{\sinh(b_nH)}\cos\left(b_n(R+x)\right) \tag{2-76}$$

$$u_{\mathrm{B}}(x,y)=\sum_{n=1}^{\infty}B_n\frac{\cosh\left(b_n(H/2+y)\right)}{\sinh(b_nH)}\cos\left(b_n(R+x)\right) \tag{2-77}$$

$$u_{\mathrm{C}}(x,y)=\sum_{n=1}^{\infty}C_n\frac{\cosh\left(a_n(R-x)\right)}{\sinh(2a_nR)}\cos\left(a_n(H/2+y)\right) \tag{2-78}$$

$$u_{\mathrm{D}}(x,y)=\sum_{n=1}^{\infty}D_n\frac{\cosh\left(a_n(R+x)\right)}{\sinh(2a_nR)}\cos\left(a_n(H/2+y)\right) \tag{2-79}$$

式中，$a_n=n\pi/H$；$b_n=n\pi/2R$；A_n、B_n、C_n 和 D_n 为待定系数，它们的定义如下：

$$A_n=\frac{-2}{n\pi}\int_{-R}^{R}g_1(x)\cos\left(b_n(R+x)\right)\mathrm{d}x \tag{2-80}$$

$$B_n=\frac{2}{n\pi}\int_{-R}^{R}g_2(x)\cos\left(b_n(R+x)\right)\mathrm{d}x \tag{2-81}$$

$$C_n=\frac{-2}{n\pi}\int_{-\frac{H}{2}}^{\frac{H}{2}}g_3(y)\cos\left(a_n(H/2+y)\right)\mathrm{d}y \tag{2-82}$$

$$D_n=\frac{2}{n\pi}\int_{-\frac{H}{2}}^{\frac{H}{2}}g_4(y)\cos\left(a_n(H/2+y)\right)\mathrm{d}y \tag{2-83}$$

此时，直角坐标系下电导传感器内部电势 u 的通解可表示为

$$u(x,y)=u_{\mathrm{A}}(x,y)+u_{\mathrm{B}}(x,y)+u_{\mathrm{C}}(x,y)+u_{\mathrm{D}}(x,y) \tag{2-84}$$

采用多坐标系交替迭代法[13,14]来求解上述问题。首先假设电导传感器内部没有油泡，利用边界条件式（2-70）和通解式（2-84）在直角坐标系下求解出传感器内部电势 $u^{(1)}$；然后利用 $u^{(1)}$ 构造各个油泡在相应极坐标系下所满足的边界条件为

$$\left.\frac{\partial u_i^{(2)}}{\partial r_i}\right|_{r_i=R_i}=-\left.\frac{\partial u^{(1)}}{\partial r_i}\right|_{r_i=R_i} \tag{2-85}$$

由式（2-72）和式（2-85）可得到 M 个极坐标系下传感器内部电势 $u_i^{(2)}$；之后再利用 $u_i^{(2)}$ 构造直角坐标系下的边界条件 $g_1(x)$、$g_2(x)$、$g_3(y)$ 和 $g_4(y)$，由式（2-84）得到传感器内部电势 $u^{(2)}$；依此类推，得到第 $2N-1$ 步，$u^{(2N-1)}$ 所满足的边界条件为

$$\begin{cases}\left.\dfrac{\partial u^{(2N-1)}}{\partial x}\right|_{x=\pm R}=-\displaystyle\sum_{i=1}^{M}\left.\dfrac{\partial u_i^{(2N-2)}}{\partial x}\right|_{x=\pm R}\\[3mm]\left.\dfrac{\partial u^{(2N-1)}}{\partial y}\right|_{y=\pm H/2}=-\displaystyle\sum_{i=1}^{M}\left.\dfrac{\partial u_i^{(2N-2)}}{\partial y}\right|_{y=\pm H/2}\end{cases} \tag{2-86}$$

同理，在第 $2N$ 步，$u_i^{(2N)}$ 所满足的边界条件为

$$\frac{\partial u_i^{(2N)}}{\partial r_i}\bigg|_{r_i=R_i} = -\frac{\partial u^{(2N-1)}}{\partial r_i}\bigg|_{r_i=R_i} - \sum_{\substack{j=1 \\ j\neq i}}^{M}\frac{\partial u_i^{(2N-2)}}{\partial r_i}\bigg|_{r_i=R_i} \tag{2-87}$$

最后，将各个步骤所求得的结果相加，得到传感器内部电势 u 的解为

$$u = \sum_{n=1}^{N}\left(u^{(2N-1)} + \sum_{i=1}^{M}u_i^{2N}\right) \tag{2-88}$$

对式（2-88）在直角坐标系下对 x 和 y 求导，并在 M 个极坐标系下对 r_i 求导，之后将结果与边界条件式（2-70）和式（2-71）对比，可得该解在边界条件上的误差为

$$\frac{\partial}{\partial x}\left(\sum_{n=1}^{N}\left(u^{(2N-1)} + \sum_{i=1}^{M}u_i^{2N}\right)\right)_{x=\pm R} \mp f(y) = \sum_{i=1}^{M}\frac{\partial u_i^{(2N)}}{\partial x}\bigg|_{x=\pm R} \tag{2-89}$$

$$\frac{\partial}{\partial x}\left(\sum_{n=1}^{N}\left(u^{(2N-1)} + \sum_{i=1}^{M}u_i^{2N}\right)\right)_{y=\pm\frac{H}{2}} = \sum_{i=1}^{M}\frac{\partial u_i^{(2N)}}{\partial y}\bigg|_{y=\pm\frac{H}{2}} \tag{2-90}$$

$$\frac{\partial}{\partial r_i}\left(\sum_{n=1}^{N}\left(u^{(2N-1)} + \sum_{i=1}^{M}u_i^{2N}\right)\right)_{r_i=R_i} = \sum_{\substack{j=1 \\ j\neq i}}^{M}\frac{\partial u_j^{(2N)}}{\partial r_i}\bigg|_{r_i=R_i} \tag{2-91}$$

在上述循环迭代求解过程中，当式（2-89）至式（2-91）的值趋近于零时，即可认为得到了满足精度的解；此时利用式（2-69）即可得到电导传感器内部含多个球状油泡时测量电极对的输出电压差，其典型响应特性曲线如图 2-8 所示。其中，图 2-8(a)给出了半径 R_1 分别为 2mm、4mm 和 6mm 的一个球状油泡沿电导传感器轴向上升时，测量电极对输出电压差的变化。可以看出，当油泡运动到测量电极对中心位置时，传感器输出电压达到最大值；且油泡半径越大，传感器输出电压越大。图 2-8(b)给出了三个半径分别为 R_1=4mm、R_2=2mm 和 R_3=6mm 且相距均为 10mm 的球状油泡沿轴线方向匀速上升时传感器的响应特性，图中"油泡轴向位置"指的是半径为 R_1 的油泡所处的轴向位置。通过计算发现，相对于全水状态下电导传感器输出电压值而言，三个油泡同时作用时所引起电压差变化量等于三个油泡单独作用时所引起电压差变化量的和；即多个油泡同时作用时，传感器的响应特性满足叠加性原理。

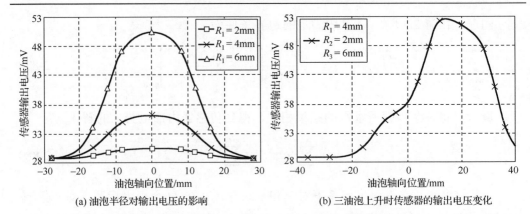

(a) 油泡半径对输出电压的影响　　　　　　(b) 三油泡上升时传感器的输出电压变化

图 2-8　电导传感器对多个球状油泡的响应特性

2.3.3　环状流型下传感器的响应特性

如图 2-6(c)所示，电导传感器内部充以油水两相环状流体，且水相和油相分别位于 $R_0 \leq |r| \leq R$ 和 $|r| \leq R_0$ 的区域内。此时传感器内部电势 u 仍满足 Laplace 方程，由于轴对称性，该问题只需在 $R_0 \leq r \leq R$ 且 $0 \leq z \leq H/2$ 区域内求解即可。在二维柱坐标系下电势 u 所满足的边界条件是[15]

$$\begin{cases} u|_{z=0}=0, \qquad \partial u/\partial z|_{z=H/2}=0, \qquad \partial u/\partial r|_{r=R_0}=0 \\ \partial u/\partial r|_{r=R} = f(z) = \begin{cases} I_i/2\pi R S_e \sigma_w, & z \in ((D_e-S_e)/2,(D_e+S_e)/2) \\ 0, & z \in (0,(D_e-S_e)/2), z \in ((D_e+S_e)/2, H/2) \end{cases} \end{cases} \tag{2-92}$$

该问题可采用第 2.2.2 节所述分离变量法求解，即令 $u(r,z)=P(r)Z(z)$，并代入式（2-16）后可得两个关于 $Z(z)$ 和 $P(r)$ 的方程，分别如式（2-34）和式（2-35）所示。此时，关于 $Z(z)$ 方程的本征值和本征函数与式（2-36）相同，而关于 $P(r)$ 方程的通解为

$$P(r) = A_n I_0\big((2n+1)\pi r/H\big) + B_n K_0\big((2n+1)\pi r/H\big) \tag{2-93}$$

由式（2-36）和式（2-93）得 Laplace 方程的通解为

$$u(r,z) = \sum_{n=0}^{\infty}[A_n I_0(a_n r) + B_n K_0(a_n r)]\sin(a_n z) \tag{2-94}$$

式中，$a_n=(2n+1)\pi/H$。对式（2-94）求导，并代入边界条件 $\partial u/\partial r|_{r=R_0}=0$，得

$$\partial u/\partial r|_{r=R_0} = \sum_{n=0}^{\infty}a_n[A_n I_1(a_n R_0) - B_n K_1(a_n R_0)]\sin(a_n z) = 0 \tag{2-95}$$

由于式（2-95）对所有的 z 均成立，则有

$$A_n I_1(a_n R_0) = B_n K_1(a_n R_0) \tag{2-96}$$

将边界条件 $\partial u / \partial r|_{r=R} = f(z)$ 代入通解式（2-94），得

$$\partial u / \partial r|_{r=R} = \sum_{n=0}^{\infty} a_n [A_n I_1(a_n R) - B_n K_1(a_n R)] \sin(a_n z) = f(z) \tag{2-97}$$

由于本征函数族 $\sin(a_n z)$ 在 $0 \leqslant z \leqslant H / 2$ 上是相互正交的，则由傅里叶级数定义和边界条件（2-92），得

$$A_n I_1(a_n R) - B_n K_1(a_n R) = \frac{4 I_i}{\pi^2 R S_e \sigma_w (2n+1) a_n} \sin\left(\frac{a_n D_e}{2}\right) \sin\left(\frac{a_n S_e}{2}\right) = b_n \tag{2-98}$$

联立求解式（2-96）和式（2-98），得

$$A_n = b_n K_1(a_n R_0) / c_n \tag{2-99}$$

$$B_n = b_n I_1(a_n R_0) / c_n \tag{2-100}$$

式中，c_n 为求解系数，定义为

$$c_n = I_1(a_n R) K_1(a_n R_0) - I_1(a_n R_0) K_1(a_n R) \tag{2-101}$$

将式（2-99）至式（2-101）代入式（2-94），得传感器内电势 u 的理论解为

$$u(r,z) = \sum_{n=0}^{\infty} \frac{b_n}{c_n} [I_0(a_n r) K_1(a_n R_0) + I_1(a_n R_0) K_0(a_n r)] \sin(a_n z) \tag{2-102}$$

此解虽在区域 $R_0 \leqslant r \leqslant R$ 且 $0 \leqslant z \leqslant H / 2$ 下求得，但对 $-H / 2 \leqslant z \leqslant H / 2$ 的区域均有效。利用式（2-69）即可得到油水两相环状流型下，电导传感器测量电极对的输出电压差值 V_{om}，表示为

$$V_{om} = \frac{4}{S_m} \sum_{n=0}^{\infty} \frac{b_n d_n}{a_n c_n} \sin\left(\frac{a_n D_m}{2}\right) \sin\left(\frac{a_n S_m}{2}\right) \tag{2-103}$$

式中，d_n 为求解系数，定义为

$$d_n = I_0(a_n R) K_1(a_n R_0) + I_1(a_n R_0) K_0(a_n R) \tag{2-104}$$

另外，当传感器内仅充以均匀单一介质水时，其敏感场内各点电势可用式（2-41）来描述，此时传感器测量电极对输出电压差 V_{ow} 可表示为

$$V_{ow} = \frac{4}{S_m} \sum_{n=0}^{\infty} b_n \frac{I_0(a_n R)}{I_1(a_n R)} \sin\left(\frac{a_n D_m}{2}\right) \sin\left(\frac{a_n S_m}{2}\right) \tag{2-105}$$

由于在图 2-6（c）所示环状流型下，油水两相混合均匀，此时容积含水率 K_w 等于截面持水率 Y_w，有

$$K_w = Y_w = (R^2 - R_0^2) / R^2 \tag{2-106}$$

由式（2-3）至式（2-6）可知，电导传感器管道内油水混合物的归一化电导率 σ_n 可由传感器的相对响应（V_{ow} 和 V_{om} 的比值）来估算，且 σ_n 是持水率 Y_w 的函数。则在油水两相环状流型下，由式（2-3）和式（2-106）得

$$\sigma_n = V_{ow} / V_{om} = f(Y_w) = f(K_w) \tag{2-107}$$

图 2-9 给出了环状流型下电导传感器的响应特性曲线。其中，图 2-9(a)所示为当环状流型油相半径 R_0 逐渐增加时，传感器测量电极输出电压差的变化曲线。可以看出，随半径 R_0 增加，传感器输出电压逐渐变大，表明传感器被测区域内油水混合物阻抗变大，管道内持水率变小。图 2-9(b)所示为环状流型下传感器输出的归一化电导率 σ_n 与含水率 K_w 之间的关系曲线，并将理论结果与式（2-6）的 Begovich&Watson 经典公式进行了对比；计算时含水率取值范围为 50%～95%，并以 5%递增。可以看出，传感器输出的 σ_n 值与含水率 K_w 呈线性关系，且与 Begovich&Watson 公式吻合很好，因此得到环状流型下电导传感器含水率的测量模型为

$$K_w = V_{ow} / V_{om} \times 100\% \tag{2-108}$$

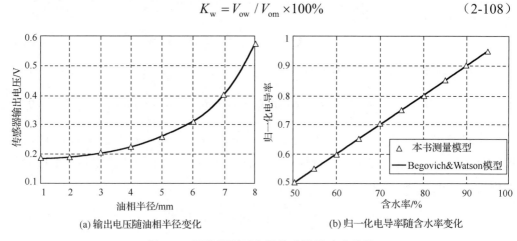

(a) 输出电压随油相半径变化　　　　　　(b) 归一化电导率随含水率变化

图 2-9　环状流型下电导传感器的响应特性

参 考 文 献

[1] 胡金海, 刘兴斌, 黄春辉, 等. 一种同时测量流量和含水率的电导式传感器. 测井技术, 2002, 26(2): 154-157.

[2] Li Y W, Kong L F, Liu X B, et al. Design and performance of a six-electrode conductance probe for measuring the water fraction in oil-in-water pipe flow. Proceedings of 2007 8th International Conference on Electronic Measurement&Instruments, 2007, 4481-4487.

[3] Maxwell J C. A Treatise on Electricity and Magnetism. third ed. Oxford: Clarendon Press, 1873.

[4] Bruggeman V D A G. Berechnung verschiedener physikalischer Konstanten von heterogenen Substanzen. I. Dielektrizitätskonstanten und Leitfähigkeiten der Mischkörper aus isotropen Substanzen. Ann. Phys. , 1935, 416(8): 636-664.

[5] Begovich J M, Watson J S. An electroconductivity technique for the measurement of axial variation of holdups in three-phase fluidized beds. AIChE Journal, 1978, 24(2): 351-354.

[6] 刘兴斌. 多相流测井方法和新型传感器研究[博士学位论文]. 哈尔滨: 哈尔滨工业大学, 1996: 46-68.

[7] 刘兴斌. 多相流测井方法和新型传感器研究. [中国石油大学博士后论文], 2000: 18-43.

[8] 李英伟, 孔令富. 四电极电导传感器敏感场的理论分析. 化工自动化及仪表, 2008, 35(1): 45-48.

[9] 于莉娜, 李英伟. 轴线位置含一柱状油泡时电导传感器敏感场分布特性. 化工自动化及仪表, 2010, 37(3): 55-57.

[10] Zhang X Z, Hemp J. Calculation of the virtual current around an electromagnetic velocity probe using the alternating method of schwarz. Flow Measurement and Instrumentation, 1994, 5(3): 146-149.

[11] Zhang X Z. 2D analysis for the virtual current distribution in an electromagnetic flow meter with a bubble at various axis positions. Measurement Science and Technology, 1998, 9(9): 1501-1505.

[12] 于莉娜, 李英伟, 孙跃义. 四电极电导传感器输出响应特性. 油气田地面工程, 2010, 29(4): 20-21.

[13] Zhang X Z. The effect of the phase distribution on the weight function of an electromagnetic flow meter in 2D and in the annular domain. Measurement Science and Technology, 1997, 8(11): 1285-1288.

[14] Zhang X Z. On finding the virtual current in an electromagnetic flow meter containing a number of bubbles by two-dimensional analysis. Measurement Science and Technology, 1999, 10(11): 1087-1091.

[15] Yu L, Li Y W. On conductance probe measurement model for measuring oil-water annular flow. 2009 1st International Conference on Information Science and Engineering (ICISE2009), 2009, 616-618.

第 3 章　电导传感器结构参数优化设计

电导传感器作为油水两相流参数测量系统的前端，是获取被测参数及其变化的最基本环节，其性能的优劣直接影响测量系统的实时性和准确性。电导传感器优化设计就是通过理论和仿真的方法分析各个结构参数对传感器性能的影响，并采用相应的优化策略，获得一组最优参数，完成传感器结构的合理设计，使电导传感器的性能得到改善。此外，传感器优化设计能够快速找到合适的传感器结构参数，加快系统的开发速度，节省系统的开发成本，对促进电导法两相流参数测量技术的发展具有重要意义。本章首先研究了集流型电导传感器的空间灵敏度分布、空间滤波特性和频率响应特性；之后针对传统电导传感器在油水两相流持水率测量和流速测量中存在的问题，提出了激励屏蔽持水率测量电导传感器和阵列相关流速测量电导传感器，并对它们的结构参数进行了优化。

3.1　电导传感器敏感特性分析

对于电导法两相流体参数测量，电极对测量区域内流体电导率的敏感程度决定了传感器获取流场信息的能力，因此有必要对传感器的空间灵敏度分布特性进行考察。张玉辉等[1]通过实验研究了绝缘块沿轴向位置移动时四电极电导传感器的响应特性，并确定了测量电极的最佳放置范围。但由于电导传感器的结构缺陷，其空间灵敏度分布并不均匀。在水为连续相条件下，即使油相颗粒的物理化学性质相同，流动条件相似，甚至是浓度相同，但油水混合物在传感器灵敏空间内的流型不同，电导传感器的输出信号也可能不同。一个理想的传感器应对油水两相的空间分布不敏感，只要空间油相颗粒浓度相同，传感器的输出就应相同。因此研究纵向多极电导传感器的空间敏感特性，可为传感器的优化设计与性能改善提供理论依据，对实现油水两相流体总流量、含水率的准确测量具有重要意义。本节建立了含一球形油泡时电导传感器的有限元模型，通过对其敏感场进行有限元分析，得到了传感器的空间灵敏度分布特性，详细分析了不同测量电极间距对灵敏度分布的影响；在此基础上，对电导传感器的空间滤波特性和频率响应特性进行了深入研究。

3.1.1　电导传感器有限元模型

为了考察纵向多极电导传感器的空间灵敏度分布特性，需要得到油泡位于传感器内不同位置时测量电极输出电压的变化值。由 2.3.2 节分析可知，传感器对多个球状油泡的输出响应满足叠加性原理，因此可仅对传感器内含一个球形油泡时进行建模即可。由于电场无法穿透绝缘油泡从而发生形变，所以当油泡偏离传感器轴线位置时，不再满足轴对称性，因此需对传感器进行三维建模[2]，如图 3-1 所示。

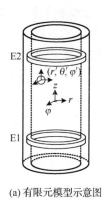

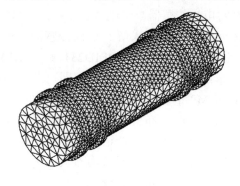

(a) 有限元模型示意图　　　　　　　　　　　(b) 3D四面体网格划分

图 3-1　集流型电导传感器有限元分析模型

从图 3-1(a)可以看出，其包含两个坐标系：一是以传感器中心为原点建立的三维柱坐标系 (r,z,φ)；二是以球形油泡球心为原点建立的三维球坐标系 (r',θ',φ')。当传感器采用压控交流恒流源激励且轴向电流密度没有漏失的理想条件下，传感器内部电势 u 满足 Laplace 方程 $\nabla^2 u = 0$ 和如下边界条件：

$$\begin{cases} \partial u / \partial z\big|_{z=\pm H/2} = 0, \qquad \partial u / \partial r'\big|_{r'=R'} = 0 \\ \partial u / \partial r\big|_{r=R} = \begin{cases} I_{\mathrm{i}} / 2\pi R S_{\mathrm{e}} \sigma_{\mathrm{w}}, & z \in \left((D_{\mathrm{e}} - S_{\mathrm{e}})/2, (D_{\mathrm{e}} + S_{\mathrm{e}})/2\right) \\ 0, & z \in \left((-D_{\mathrm{e}} + S_{\mathrm{e}})/2, (D_{\mathrm{e}} - S_{\mathrm{e}})/2\right) \\ 0, & z \in \left((D_{\mathrm{e}} + S_{\mathrm{e}})/2, H/2\right), z \in \left(-H/2, (-D_{\mathrm{e}} - S_{\mathrm{e}})/2\right) \end{cases} \\ u\big|_{r=R} = 0, \qquad z \in \left((-D_{\mathrm{e}} - S_{\mathrm{e}})/2, (-D_{\mathrm{e}} + S_{\mathrm{e}})/2\right) \end{cases} \tag{3-1}$$

式中，R' 为球形油泡半径；σ_{w} 为连续水相电导率；I_{i} 为输入激励电流；H 为传感器高度；R 为传感器内半径；D_{e} 为激励电极间距；S_{e} 为激励电极宽度。可以看出，即使经过简化后得到的解析模型也较为复杂，且该问题需要在三维柱坐标系和三维球坐标系下联合求解，此时获得解析解有较大困难。近年来，随着数字计算机技术和数值分析方法的快速发展，有限元分析（finite element analysis，FEA）方法已成为工程设计与科学研究的重要组成部分，为解决复杂的分析计算与设计提供了有效的途径。对于电场分布问题，即可以转化为微分方程的定解问题，也可以归结为变分问题，即求电场的极值问题，二者是等价的。有限元法就是以变分原理为基础，吸取差分格式思想而发展起来的一种数值计算方法，该方法首先把待求解的微分方程表达的边值问题转换为相应的变分问题，即泛函求极值问题；然后利用场域剖分将连续场域描述离散化，并构造一个分片解析的有限元子空间，把变分问题近似地转换为有限元子空间中普遍多元函数的极值问题，即归结为一组多元代数方程，解之即得待求边值问题的数值解。

针对电导传感器数学模型的复杂性，本章利用 ANSYS 有限元分析软件对式（3-1）所描述问题进行数值求解。根据传感器结构尺寸、油泡大小和计算精度要求，选用 20 节点 3D 四面体单元 SOLID231，图 3-1(b)是球形油泡位于传感器内某一位置时的有限元网格划分，通过基本求解即可获得各有限元节点的电势值，进而得到测量电极 M1 和 M2 的输出电压差。由于 ANSYS 软件包的静电场分析部分只给出了电势分布、电场强度分布等结果，无法满足对电导传感器结构优化设计的需要；为此我们使用 ANSYS 参数设计语言，编制了用于计算电导传感器敏感场灵敏度分布的有限元软件，实现了对不同结构参数的电导传感器敏感场内部电势、电流密度、灵敏度等参数的模拟分析和评价。

3.1.2　电导传感器空间灵敏度分布

灵敏度特性是反映电导传感器性能的一个重要指标，在对井下油水两相流进行测量时，需设计出灵敏度分布均匀的传感器。纵向多极电导传感器的空间灵敏度定义为：以传感器管道内仅充以连续水相时测量电极输出电压差 U_0 为基准，在敏感空间某一位置放入绝缘油泡后，测量电极输出电压差的相对变化量。由电导传感器的有限元模型可知，当油泡位于敏感空间某一位置时，测量电极输出电压差值 U_c 仅与该油泡的轴向坐标 z 和径向坐标 r 有关，而与切向坐标 φ 无关，此时测量电极输出电压差变化量 ΔU 和电导传感器空间灵敏度 ψ 可表示为

$$\Delta U(r,z) = U_c(r,z) - U_0 \tag{3-2}$$

$$\psi(r,z) = \Delta U(r,z) / \Delta U_{MAX} \tag{3-3}$$

式中，ΔU_{MAX} 为电压差变化量 $\Delta U(r,z)$ 的最大值。由于对 $\Delta U(r,z)$ 进行了归一化处理，空间灵敏度 $\psi(r,z)$ 幅值与绝缘油泡的体积无关；考虑到有限元法三维电场的运算速度问题，实验中选用球形油泡半径为 1mm。改变油泡在传感器敏感空间中的位置，通过对式（3-1）有限元模型进行求解，即可获得特定结构电导传感器的空间灵敏度分布特性[3]。

考察测量电极间距 D_m 为 12mm，激励电极间距 D_e 为 26mm，电极宽度 S_e 和 S_m 均为 2mm，长度 H 为 50mm，内半径 R 为 10mm 时电导传感器的空间灵敏度分布特性。图 3-2 所示为当油泡沿着电导传感器内某一径向位置移动时，传感器灵敏度轴向分布特性。可以看出，对于某一径向位置，油泡所在轴向位置变大时，电导传感器的灵敏度逐渐减小，即敏感场由强至弱，直至可以忽略；但在测量电极几何结构之外，电导传感器灵敏度并不为零，说明电导传感器的灵敏空间要大于其测量电

的几何结构空间。因此，电导传感器检测到的信息不仅包括测量电极结构空间内的油水两相浓度信息，也包括结构之外部分的浓度信息。此外，从图中还可以看到，不同径向位置上灵敏度大小也不一致；在轴向 $z=0$ 位置上，越靠近管壁处，即 r 越大，灵敏度越高；沿轴向 $|z|$ 位置变大时，$r \neq 0$ 处灵敏度变化较轴线位置 $r=0$ 处灵敏度变化快，且敏感空间略小。因此油泡位于不同 r 位置沿轴向移动时，电导传感器所确定敏感空间的大小也略有不同。

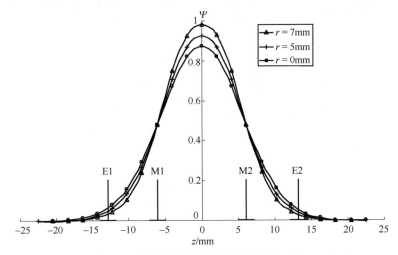

图 3-2　电导传感器空间灵敏度轴向分布

当油泡位于某一固定轴向位置时，传感器灵敏度沿径向位置变化规律如图 3-3 所示。可以看出，不同轴向位置上灵敏度径向分布规律不同；当 $|z|<6\text{mm}$ 时，灵敏度沿径向坐标 r 增大而增大，表明电导传感器灵敏度在管壁处最高，在轴线处最低；当 $|z|>6\text{mm}$ 时，灵敏度沿径向坐标 r 增大而减小，即灵敏度在电导传感器轴线处最高，在管壁处最低；而且随着 $|z|$ 的增加，各径向位置上的灵敏度均在减小。在不同轴向位置 z，同一径向位置 r 上，传感器中心 $z=0$ 处灵敏度最高；随着 $|z|$ 增大，对应灵敏度逐渐减小，说明靠近传感器轴向中心处，各径向位置上的灵敏度最高。同时，这也说明油泡位于不同空间位置时，电导传感器敏感空间内的电场分布不同。

由于测量电极间距是传感器空间灵敏度分布特性的主要影响因素，图 3-4 给出了测量电极间距 D_m 分别为 12mm、22mm、32mm 和 42mm 四种情况时，电导传感器径向 $r=0$ 处灵敏度（轴向特征灵敏度）沿轴向分布规律曲线和轴向 $z=0$ 处灵敏度（径向特征灵敏度）沿径向分布规律曲线；仿真时测量电极均放置在传感器敏感场的均匀区域内，在恒流源激励下，该区域内的电流密度与激励电极结构无关。可以看出，测量电极间距对电导传感器灵敏度分布有较大影响，无论是在径向还是轴向上，测量电极间距越大，相应位置的灵敏度也越大。从图 3-4(a)可见，测量电极间距越大，传感器所确定的敏感区间越大，且在轴向中心附近较大区域内灵敏度分布较均匀。从图 3-4(b)可见，随着测量电极间距增大，传感器径向中心处灵敏度逐渐变大，其与传感器管壁处灵敏度之差减小，说明灵敏度在敏感区间内分布越均匀。

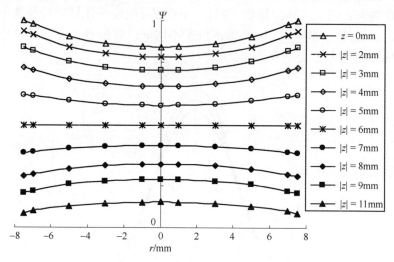

图 3-3　电导传感器空间灵敏度径向分布

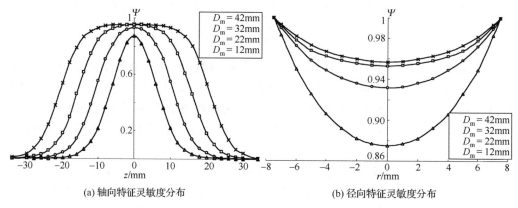

(a) 轴向特征灵敏度分布　　　　　　　　　(b) 径向特征灵敏度分布

图 3-4　测量电极间距对空间灵敏度分布的影响

3.1.3　电导传感器空间滤波特性

　　电导传感器是通过探测两电极之间所传送流体的电导率变化来工作的。在水为连续相条件下，当油水两相流体从传感器内部流过时，离散油相颗粒尺寸分布和空间分布的随机变化，将导致传感器敏感空间内流体电导率发生改变。在激励电极作用下，测量电极将检测到这种由于成分变化所造成的流体电阻值快速波动，其输出电压差 ΔV 可表示为

$$\Delta V = \iint I_{is} \Delta R(r,z) \psi(r,z) \mathrm{d}r \mathrm{d}z \tag{3-4}$$

式中，I_{is} 为电导传感器激励电流 I_i 的有效分量；$\Delta R(r,z)$ 为油泡位于轴向位置 z 径向位置 r 的圆周上时所引起的流体电阻值变化，称为"流动噪声"；$\psi(r,z)$ 为电导传感器空间灵敏度分布函数，对流动噪声起到空间加权平均的作用。由于在实际测量过程中，绝缘油泡的移动将引起电导传感器敏感空间内似稳电场的不断变化，因此测量电极输出电压差 ΔV 也将不断随之波动；当油泡仅沿轴向以速度 v 移动时，测量电极输出电压差可表示为

$$\Delta V(t) = \iint I_{is} \Delta R(r,z+vt) \psi(r,z) \mathrm{d}r \mathrm{d}z \tag{3-5}$$

从式（3-5）可以看出，离散相油泡引起的流动噪声 $\Delta R(r,z+vt)$ 是空间坐标和时间坐标的函数，电导传感器对该流动噪声在其敏感空间内以权函数 $\psi(r,z)$ 进行加权平均，产生一个随时间变化的电压差信号 $\Delta V(t)$。从空间频率成分上讲，灵敏度分布函数 $\psi(r,z)$ 的频谱密度函数 $\Psi(\omega_r,\omega_z)$ 即为电导传感器的空间滤波传递函数[4]；其中，$\omega_r = 2\pi f_r$ 和 $\omega_z = 2\pi f_z$ 为空间角频率，f_r 和 f_z 为空间频率，单位为 m^{-1}。$\Psi(\omega_r,\omega_z)$ 可通过在 r-z 平面上求取 $\psi(r,z)$ 的空域傅里叶变换得到，有

$$\Psi(\omega_r,\omega_z) = \iint \psi(r,z) \exp(-\mathrm{j}(\omega_r r + \omega_z z)) \mathrm{d}r \mathrm{d}z \tag{3-6}$$

从图 3-2 可以看出，电导传感器空间灵敏度分布函数 $\psi(r,z)$ 的曲线形状与正态分布类似，因此可利用高斯函数对传感器灵敏度特性进行曲线拟合。为了满足拟合精度，采用如下拟合公式：

$$\psi(z) = \sum_{i=1}^{n} \left(a_i \exp\left(-(z/b_i)^2\right) \right) \tag{3-7}$$

式中，n、a_i 和 b_i 均为待定的拟合系数，与电导传感器的几何结构以及绝缘油泡的径向位置 r 有关，可由最小二乘算法确定。在曲线拟合过程中，首先将 r 固定，即将灵敏度分布函数 $\psi(r,z)$ 拟合成 z 的函数；r 不同，常数 n、a_i 和 b_i 的值也不相同。此时，式（3-6）所示空域傅里叶变换可表示为

$$\Psi(\omega_z) = \int \psi(z) \exp(-\mathrm{j}\omega_z z) \mathrm{d}z = \sum_{i=1}^{n} \left(a_i b_i \sqrt{\pi} \exp\left(-(\omega_z b_i/2)^2\right) \right) \tag{3-8}$$

图 3-5 所示为灵敏度分布函数 $\psi(z)$ 的空间幅度谱 $|\Psi(\omega_z)|$ 分布特性，即电导传感器空间滤波特性。图 3-5(a)给出了当测量电极间距 D_m 为 12mm 时，传感器内部不同径向位置 r 处的空间频谱分布。可以看出，电导传感器在空间上相当于一个低通滤波器，即只有空间上的低频信号才能通过；而且随着径向位置 r 增大，传感器空间滤波频带变宽，幅度也变大。图 3-5(b)给出了当测量电极间距分别为 12mm、22mm、

32mm 和 42mm 时，电导传感器径向特征位置 $r = 0$ 处空间滤波特性的比较；可以看出，不同测量电极间距，传感器空间滤波特性不一致，间距越小，工作频带越宽，对高频信号响应能力越强；但在工作频带内，测量电极间距越长，幅度谱相对越大。

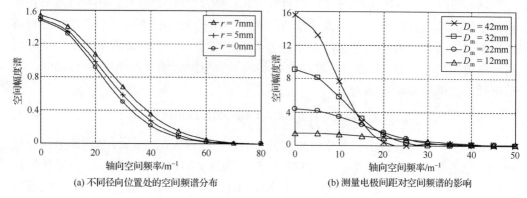

(a) 不同径向位置处的空间频谱分布　　　　(b) 测量电极间距对空间频谱的影响

图 3-5　电导传感器空间滤波特性

3.1.4　电导传感器频率响应特性

当径向位置 r 确定且绝缘油泡体积充分小时，输入流动噪声信号 $\Delta R(z + vt)$ 可用单位冲激信号 $\delta(z + vt)$ 表示。此时，测量电极输出电压差信号为电导传感器的单位冲激响应函数 $h(t)$，可表示为

$$h(t) = \int I_{is} \delta(z + vt) \psi(z) \mathrm{d}z = \frac{I_{is}}{2\pi} \int \Psi(\omega_z) \exp(-\mathrm{j}\omega_z vt) \mathrm{d}\omega_z \qquad (3\text{-}9)$$

严格意义上讲，电导传感器是一非线性系统，但可以在满足一定精度的前提下，用一个可实现的线性网络去逼近。因此，$h(t)$ 的傅里叶变换可近似表示电导传感器的频率响应特性 $H(\omega)$ [5]，即有

$$H(\omega) = \int h(t) \exp(-\mathrm{j}\omega t) \mathrm{d}t = I_{is} \int \Psi(\omega_z) \delta(\omega + \omega_z v) \mathrm{d}\omega_z = \frac{I_{is}}{v} \Psi(-\omega / v) \quad (3\text{-}10)$$

将式（3-8）代入式（3-10），得

$$H(\omega) = \frac{I_{is}}{v} \sum_{i=1}^{n} \left(a_i b_i \sqrt{\pi} \exp\left(-(\omega b_i / 2v)^2\right) \right) \qquad (3\text{-}11)$$

图 3-6 所示为电导传感器的频率响应特性曲线，可见，传感器的时域频率特性与空域频率特性相似，也是一个低通滤波器，将流动噪声中的高频成分滤掉。图 3-6(a) 给出了当测量电极间距 D_m 为 12mm，激励电流为 I_{is} 为 1mA 时，传感器内部不同径向位置 r 处油泡移动速度对频率响应特性的影响。可以看出，油泡的移动速度越快，传感器输出信号的频带越宽，但幅度相对越小；而且在靠近管壁处，频带相对较宽，

幅度较大。图 3-6(b)给出了当测量电极间距 D_m 分别为 12mm 和 22mm，激励电流 I_{is} 分别为 1mA 和 2mA，流动速度为 1m/s 时，电导传感器径向特征位置 $r=0$ 处空间滤波特性的比较。可以看出，激励电流强度的改变几乎不影响传感器频响特性的截止频率，但激励电流强度越大，幅度相对越大，传递的能量也越大；而且测量电极间距越小，频带越宽，高频响应能力越强。

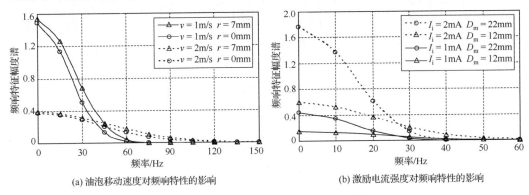

(a) 油泡移动速度对频响特性的影响　　　　　　(b) 激励电流强度对频响特性的影响

图 3-6　电导传感器时域频率响应特性

在油田测井实际使用中，油水两相流的流动是随机的，多个油泡在管道截面上的分布也是未知的，此时电导传感器采集到的信号 $V(t)$ 是连续变化的信号，且该信号可看作敏感区间内各油泡在测量电极上产生响应的叠加，表示为

$$V(t) = \sum_{r=0}^{R} \sum_{k=1}^{m} \left(\Delta V_r(t + T_{rk}) \right) \tag{3-12}$$

式中，m 为径向位置 r 的圆环上油泡的个数；$\Delta V_r(t + T_{rk})$ 为径向位置 r 处的第 k 个油泡经过传感器敏感空间时，测量电极输出的电压差；T_{rk} 为径向位置 r 处的第 k 个油泡与第一个油泡进入传感器敏感空间的时间差，其中 $T_{r1}=0$。利用傅里叶变换的时移特性，可得到式（3-12）的频谱函数 $U(\omega)$ 为

$$U(\omega) = \sum_{r=0}^{R} \sum_{k=1}^{m} \left(\Delta U_r(\omega) \exp(j\omega T_{rk}) \right) = \sum_{r=0}^{R} \left(\Delta U_r(\omega) \left(1 + \exp(j\omega T_{r2}) + \cdots \right) \right) \tag{3-13}$$

可以看出，电导传感器输出信号的频率特性 $U(\omega)$ 可看作不同径向位置 r 处油泡产生响应特性在相应频率 ω 处的加权平均，图 3-7 给出了多个油泡时传感器的频率响应特性曲线。其中，图 3-7(a)所示为在轴线 $r=0$ 处分别有时间间隔 $T=4ms$ 的 2 个、3 个和 4 个油泡同时以速度 $v=1m/s$ 流动时，传感器输出信号的幅频特性。可以看出，由于各个油泡的流动速度相同、且两两间的时间间隔一致，使得随着油泡个数的增加，传感器输出信号越规则，对应频带宽度也越窄。

现在再考虑一种简单对称流动的情况，假设在传感器轴线位置 $r=0$ 处和靠近管

壁 $r=7\mathrm{mm}$ 处，各有两个时间间隔为 $T=4\mathrm{ms}$ 的油泡均以速度 $v=1\mathrm{m/s}$ 流经传感器，此时传感器输出信号的幅频特性可表示为

$$|U(\omega)| = \left|\left(\Delta U_0(\omega) + \Delta U_7(\omega)\right)\left(1 + \exp(j\omega T)\right)\right| \tag{3-14}$$

图 3-7(b)给出了式（3-14）所描述 $r=0$ 和 $r=7\mathrm{mm}$ 处四个油泡同时流动时传感器输出信号的频率特性，并与 $r=0$ 处两个油泡中心流和 $r=7\mathrm{mm}$ 处两个油泡壁面流时传感器输出信号频率特性进行了对比；计算时所用传感器激励电极的间距为 12mm，激励电流为 1mA。经过计算，在 $r=0$ 处两个油泡中心流时传感器幅频特性曲线的带宽为 15.96Hz，在 $r=7\mathrm{mm}$ 处两个油泡壁面流时的带宽为 18.17Hz，四个油泡同时流动时的带宽为 16.98Hz。这说明，油泡在管道截面上分布不同时，电导传感器输出信号的频率特性可看作各径向位置上传感器输出信号频率特性的叠加，且其频带宽度介于中心流与壁面流所对应频带宽度之间。

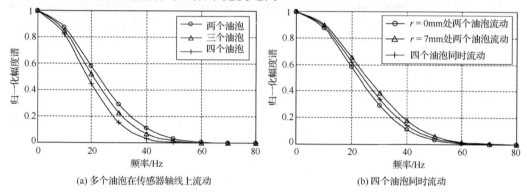

(a) 多个油泡在传感器轴线上流动　　　　　　(b) 四个油泡同时流动

图 3-7　多个油泡时电导传感器频率响应特性

3.2　激励屏蔽持水率测量电导传感器优化设计

由于在实际测井中，测井仪的外壳为导电材料，必将造成激励电极输入电流的分流，且该分流会随传感器内流体组分的变化而变化，致使传感器被测区域内的电流不恒定，从而严重影响持水率的测量精度。为了抑制激励电流的漏失，提出一种 6 电极激励屏蔽持水率测量电导传感器[6]，与传统四电极传感器不同的是，其增加了两个屏蔽电极 S1 和 S2；本节建立了激励屏蔽电导传感器内部敏感场分布的理论模型，分析了屏蔽电极的可行性，并对屏蔽电极的结构进行了优化设计。另外，为了进一步提高电导传感器持水率的测量精度，本节在假设传感器两端存在绝缘表面的理想条件下，根据传感器空间灵敏度分布特性，对测量电极的结构参数进行了优化；之后通过对传感器内部敏感场的轴向均匀度进行考察，确定了激励电极的最佳间距和宽度。

3.2.1 屏蔽电极可行性理论分析

为了解决油田实际测井中传统四电极电导传感器存在的电流漏失问题，提出一种 6 电极激励屏蔽持水率测量电导传感器，其在原有四电极基础上增加两个屏蔽电极 S1 和 S2，结构如图 3-8 所示。实际测井时，激励电极 E1 和 E2 间施加激励电流 I_i，屏蔽电极 S1 和 S2 分别通以屏蔽电流 I_{s1} 和 I_{s2}，并保持 I_i 为常数，采用自动控制 I_{s1} 和 I_{s2} 的方法，使得屏蔽电极 S1(S2)表面的电压 $U_{s1}(U_{s2})$ 分别趋近于激励电极 E1(E2)表面的电压 $U_{e1}(U_{e2})$，以达到抑制激励电流 I_i 分流的目的。图 3-8(b)给出了传感器的结构参数，其中，D_s 为屏蔽电极间距，S_s 为屏蔽电极宽度。

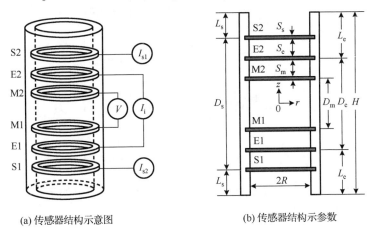

(a) 传感器结构示意图　　　　　　　　(b) 传感器结构示参数

图 3-8　激励屏蔽持水率测量电导传感器

当传感器内部仅充以均匀、线性、各向同性且电导率为 σ 的连续流体时，由于传感器结构的对称性，激励电极表面的电压 U_{e1} 与 U_{e2} 大小相等方向相反，使得屏蔽电流 I_{s1} 和 I_{s2} 的大小相等，可用 I_s 表示；此时传感器内部电势 u 仍满足 Laplace 方程，由于管道模型为严格的轴对称模型，因此仅需对其一个轴面进行建模，在图 3-8(b) 所示的二维柱坐标系下，在 $0 \leqslant r \leqslant R$ 且 $0 \leqslant z \leqslant H/2$ 区域内电势 u 的边界条件是

$$\begin{cases} u\big|_{z=0}=0, \qquad u\big|_{z=H/2}=0, \qquad u\big|_{r=0} \neq \infty \\ \dfrac{\partial u}{\partial r}\bigg|_{r=R} = \begin{cases} I_i/2\pi RS_e\sigma, & z \in \left((D_e-S_e)/2,(D_e+S_e)/2\right) \\ I_s/2\pi RS_s\sigma, & z \in \left((D_s-S_s)/2,(D_s+S_s)/2\right) \\ 0, & z \in \left((D_e+S_e)/2,(D_s-S_s)/2\right) \\ 0, & z \in \left(0,(D_e-S_e)/2\right) z \in \left((D_s+S_s)/2,H/2\right) \end{cases} \end{cases} \qquad (3\text{-}15)$$

该问题可采用第 2.2.2 节所述分离变量法求解，得到漏失条件下激励屏蔽电导传感器内部电势和 $\{\boldsymbol{e}_r,\boldsymbol{e}_z\}$ 方向上电流密度分别为[7]

$$u_3(r,z) = \frac{I_i H}{\pi^3 \sigma R S_e} \sum_{n=1}^{\infty} \frac{1}{n} \frac{I_0(a_n r)}{I_1(a_n R)} e_n + \frac{I_s H}{\pi^3 \sigma R S_s} \sum_{n=1}^{\infty} \frac{1}{n} \frac{I_0(a_n r)}{I_1(a_n R)} g_n \tag{3-16}$$

$$J_{r3}(r,z) = \frac{2I_i}{\pi^2 R S_e} \sum_{n=1}^{\infty} \frac{I_1(a_n r)}{I_1(a_n R)} e_n + \frac{2I_s}{\pi^2 R S_s} \sum_{n=1}^{\infty} \frac{I_1(a_n r)}{I_1(a_n R)} g_n \tag{3-17}$$

$$J_{z3}(r,z) = \frac{2I_i}{\pi^2 R S_e} \sum_{n=1}^{\infty} \frac{I_0(a_n r)}{I_1(a_n R)} f_n + \frac{2I_s}{\pi^2 R S_s} \sum_{n=1}^{\infty} \frac{I_0(a_n r)}{I_1(a_n R)} h_n \tag{3-18}$$

式中，$a_n = 2n\pi / H$。系数 e_n、f_n、g_n、h_n 的定义分别为

$$e_n = \frac{1}{n} \sin\left(\frac{a_n D_e}{2}\right) \sin\left(\frac{a_n S_e}{2}\right) \sin(a_n z) \tag{3-19}$$

$$f_n = \frac{1}{n} \sin\left(\frac{a_n D_e}{2}\right) \sin\left(\frac{a_n S_e}{2}\right) \cos(a_n z) \tag{3-20}$$

$$g_n = \frac{1}{n} \sin\left(\frac{a_n D_s}{2}\right) \sin\left(\frac{a_n S_s}{2}\right) \sin(a_n z) \tag{3-21}$$

$$h_n = \frac{1}{n} \sin\left(\frac{a_n D_s}{2}\right) \sin\left(\frac{a_n S_s}{2}\right) \cos(a_n z) \tag{3-22}$$

为数值计算电势 u_3 和电流密度 J_{r3} 与 J_{z3}，必须首先采用如下附加边界条件来确定屏蔽电流 I_s 的大小，有

$$\begin{cases} u_{g1} = u_{e1} \\ u_{g2} = u_{e2} \end{cases} \tag{3-23}$$

由式（3-17）和式（3-18）可得激励屏蔽电导传感器内部总电流密度 J_3 为

$$J_3(r,z) = \sqrt{J_{r3}(r,z)^2 + J_{z3}(r,z)^2} \tag{3-24}$$

图 3-9 给出了激励屏蔽电导传感器内部电势 u_3、电流密度 J_3、径向电流密度 J_{r3} 和轴向电流密度 J_{z3} 分布示意图，该传感器的结构参数为屏蔽电极高度 S_s 为 3mm，屏蔽电极间距 D_s 为 110mm，激励电极间距 D_e 为 44mm，激励电极宽度 S_e 为 2mm，传感器内半径 R 为 10mm，传感器长度 H 为 140mm；另外，均匀相介质的电导率 σ 为 0.01S/m，激励电流 I_i 为 1mA，屏蔽电流 I_s 为 1.4mA。可以看出，场内电势在屏蔽电极和激励电极附近区域变化较为明显，在激励电极之间的被测区域内，电势沿轴向接近线性分布；在激励电极和屏蔽电极之间区域，电势变化较为平缓；在屏蔽电极外侧的绝缘管段内电势绝对值随|z|增大而迅速下降，到 $z = \pm H / 2$ 处电势降为零。径向电流密度在屏蔽电极和激励电极附近区域发生畸变，在远离屏蔽电极和激励电极区域内接近零；轴向电流密度在屏蔽电极和激励电极附近亦发生畸变，在

激励电极之间的被测区域内其变化较为平缓,近似均匀。传感器内部总电流密度分布规律与轴向电流密度分布规律相似,且在被测区域内的电流密度主要由轴向分量决定。

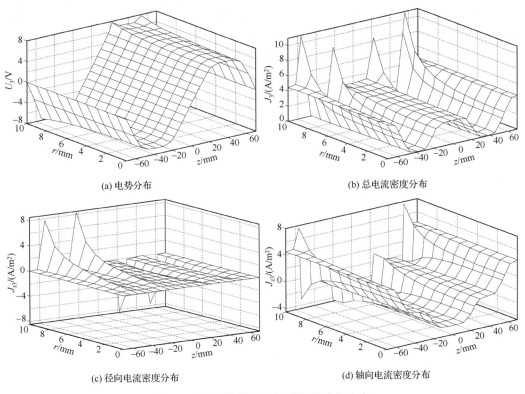

(a) 电势分布　　　　　　　　　　　　　　　　(b) 总电流密度分布

(c) 径向电流密度分布　　　　　　　　　　　　(d) 轴向电流密度分布

图 3-9　激励屏蔽电导传感器敏感场分布

从图 3-9(b)和图 3-9(d)可以看出,在 $z = \pm H/2$ 处 J_3 和 J_{z3} 值并不为零,这是由于传感器轴向边界处电位为零,导致在屏蔽电极外侧区域内有屏蔽电流流过。将图 3-9(b)与图 2-5(b)对比可见,漏失情况下,在传感器激励电极外侧的绝缘管段内,激励屏蔽传感器的电流密度 J_3 与传统电导传感器的电流密度 J_2 值均不为零,但在传感器被测区域内,J_3 比 J_2 更接近于理想情况下的电流密度 J_1,说明此时激励电流的分流受到了屏蔽电极的抑制。

对比式(2-48)与式(3-17)、式(2-49)与式(3-18)可知,电流密度 J_2 的分流在 J_3 中通过屏蔽电流 I_s 的作用得到补偿,从而使被测区域内的 J_3 值更接近于理想情况下的 J_1 值。令 $J_1(0,0)$、$J_2(0,0)$ 和 $J_3(0,0)$ 分别为电流密度 J_1、J_2 和 J_3 的特征值,并定义 J_2 和 J_3 的漏失程度 LD_{J2} 与 LD_{J3} 分别如下:

$$LD_{J2} = \left| J_1(0,0) - J_2(0,0) \right| / J_1(0,0) \times 100\% \tag{3-25}$$

$$LD_{J3} = \left| J_1(0,0) - J_3(0,0) \right| / J_1(0,0) \times 100\% \qquad (3\text{-}26)$$

对传统四电极电导传感器而言，为了降低 LD_{J2}，通常的做法是增大传感器绝缘管段的长度 L_e，以增大激励电极和仪器外壳间流体的阻抗；但因井下仪器长度有限，绝缘管段不可能太长，且该方法虽可使输入电流的分流减小，但电流漏失依然较大。图 3-10 和图 3-11 分别给出了绝缘管段长度变化对传感器电流密度特征值和漏失程度的影响。可以看出，对传统四电极电导传感器而言，当 L_e 为 396mm 时，$J_2(0,0)$ 与 $J_1(0,0)$ 比较接近，此时 LD_{J2} 为 5.27%，表示电流漏失依然存在；对激励屏蔽电导传感器而言，其特征电流密度 $J_3(0,0)$ 非常接近理想条件下的 $J_1(0,0)$，漏失程度 LD_{J3} 接近于零，且几乎不随绝缘管段长度 L_e 的变化而变化。综上所述，在漏失情况下，屏蔽电极可有效抑制输入激励电流的分流，且其性能基本不受绝缘段长度变化的影响。

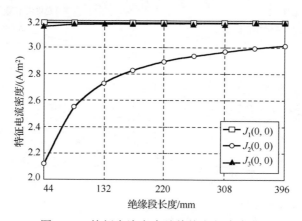

图 3-10　特征电流密度随绝缘段长度变化

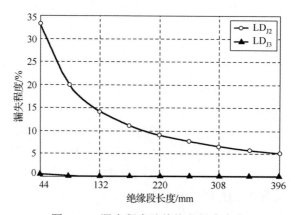

图 3-11　漏失程度随绝缘段长度变化

3.2.2　激励电极和测量电极结构优化

为了提高油水两相持水率的测量精度,需设计出空间灵敏度分布均匀的传感器。从电导传感器测量原理和几何结构分析可知,测量电极间距 D_m,激励电极间距 D_e,电极宽度 S_e 和 S_m,内半径 R 都将对传感器内部敏感场分布产生影响,进而改变电导传感器空间灵敏度分布特性。对传感器内半径 R 来说,由于产出剖面测井中,测井仪器需要通过油-套环空下井,此时仪器外径限制在 28mm 左右,导致传感器半径 R 不可能太大;另外为了不阻碍井下油水两相流动,传感器内径又不能太小;考虑到机械工艺设计要求,将内半径 R 设置为 10mm。对测量电极来说,由于其间距 D_m 远大于宽度 S_m,所以仅需对间距参数进行优化,将电极宽度设为 2mm。

从第 2.2 节分析可知,电导传感器激励电极之间存在一段径向电流密度为零、轴向电流密度分布均匀的区域;通常将测量电极安装在此电场均匀段内,以减少激励电极间距和宽度对传感器空间灵敏度分布的影响。因此为了对激励电极的间距和宽度进行优化,需要首先考察传感器内部敏感场的均匀程度。由于传感器内部电流密度分布较有规律,且主要表现为管道轴向方向的分布,所以采用传感器管壁 $r = R$ 处的电流密度轴向分量值 J_w 来定义传感器轴向均匀度 z_{UD},有

$$z_{UD}(z) = |J_w(z) - J_w(0)| / J_w(0) \qquad (3\text{-}27)$$

可见,轴向均匀度 z_{UD} 是一个与轴向坐标 z 有关的量,且 $J_w(z)$ 与 $J_w(0)$ 偏差越小,轴向均匀度 z_{UD} 值越小,表示敏感场轴向分布越均匀。为了保证电导传感器的测量精度,定义 z_{UD} 等于 0.1 时所对应的轴向长度为传感器均匀段长度 L_{UF},则传感器 z_{UD} 值越小其对应的 L_{UF} 值越大。另外,定义传感器 $z = 0$ 位置上的电流密度轴向分量值 J_a 为径向特征电流密度,则轴线 $r = 0$ 处 $J_a(0)$ 值和管壁 $r = R$ 处 $J_a(R)$ 值的大小直接反映了敏感场的径向均匀程度。

图 3-12 和图 3-13 分别给出了在激励电流没有漏失的理想情况下,激励电极间距变化对敏感场径向和轴向均匀程度的影响,仿真时激励电极宽度 S_e 为 2mm,传感器长度 H 为 80mm。从图 3-12 可以看出,当激励电极间距 D_e 值变大时,特征电流密度 $J_a(0)$ 值逐渐加大,而 $J_a(R)$ 值却逐渐减少,表示传感器轴线处电流密度越来越大,而管壁处的电流密度越来越小,说明激励电极间距越大敏感场径向分布越均匀;而且当 D_e 值大于 44mm 后,$J_a(0)$ 和 $J_a(R)$ 几乎相等,表示此时敏感场径向分布已经相当均匀。从图 3-13 可以看出,随着激励电极间距的加大,传感器均匀段长度 L_{UF} 呈线性增长,表示敏感场轴向分布越来越均匀。

测量电极间距是电导传感器空间灵敏度分布特性的主要影响因素,为了克服油相颗粒空间分布对持水率测量结果的影响,传感器灵敏度径向分布要尽量均匀。从图 3-4(b)可以看出,对四种测量电极间距而言,传感器径向特征灵敏度均在靠近管

壁处达到最大值 1，在轴线 $r = 0$ 处灵敏度最低；且传感器测量电极间距越小，灵敏度值越低，当测量电极间距为 12mm 时，传感器轴线中心处灵敏度 $\psi(0,0)$ 仅为 0.875；随着测量电极间距增大，灵敏度 $\psi(0,0)$ 值逐渐升高，当测量电极间距为 42mm 时，$\psi(0,0)$ 值增加到 0.96；即测量电极间距越大，传感器径向灵敏度分布越均匀。

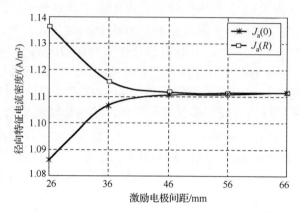

图 3-12   径向特征电流密度随激励电极间距变化

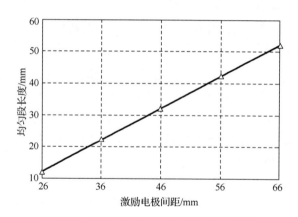

图 3-13   均匀段长度随激励电极间距变化

进一步考察测量电极间距变大时，传感器中心处灵敏度 $\psi(0,0)$ 的变化情况，结果如图 3-14 所示，仿真时测量电极均放置在传感器敏感场的均匀段内。可以看出，当测量电极间距从 12mm 增加到 32mm 时，灵敏度从 0.875 快速增加到 0.953；但当测量电极间距大于 32mm 后，传感器灵敏度增加速度非常缓慢，如当间距为 72mm 时，灵敏度仅增加到 0.958；由此可见，32mm 是测量电极间距的一个最佳选择。得到测量电极的最佳间距之后，就可以确定激励电极的结构参数了，原则是在传感器长度尽量短的前提下，将测量电极安放在敏感场的均匀段内；从图 3-13 可以看出，当激励电极间距为 44mm、宽度为 2mm 时，传感器轴向均匀段长度为 32.6mm，刚好满足激励电极优化的需要。图 3-15 给出了激励电极间距为 44mm 时，激励电极宽度变化对传感器轴向均匀段长度的影响。可以看出，随激励电极宽度的减小，均匀段长度 L_{UF} 值缓慢增大；当电极宽度由 4mm 减小到 1mm 时，L_{UF} 仅增加了 1mm；说明此时激励电极宽度对电导传感器敏感场分布的影响程度很小。综上所述，测量电极间距 D_m 为 32mm，激励电极间距 D_e 为 44mm，电极宽度 S_e 与 S_m 均为 2mm 是无漏失理想条件下持水率测量电导传感器的最佳参数。

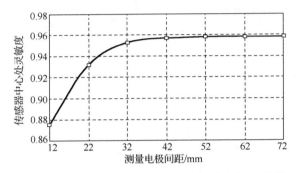

图 3-14　传感器中心处灵敏度随测量电极间距变化

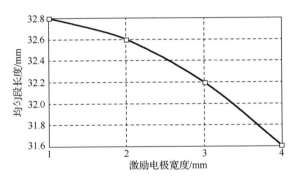

图 3-15　均匀段长度随激励电极宽度变化

3.2.3　屏蔽电极结构优化

对激励屏蔽电导传感器而言，为有效减小电流漏失，必须对屏蔽电极间距 D_s、宽度 S_s 以及屏蔽段长度 L_s 进行优化。针对激励电极的最优结构，图 3-16 给出了当 L_s 分别为 10mm、15mm、20mm 和 25mm 时，LD_{J3} 随 D_s 和 S_s 的变化情况。

激励屏蔽电导传感器的电流密度主要取决于屏蔽电极和激励电极的宽度以及它们之间的距离。从图 3-16(a)～(d)可以看出，对于四种不同的屏蔽段长度 L_s，随屏蔽电极间距 D_s 增大，漏失程度 LD_{J3} 均迅速减小，且均各自存在一个最优电极宽度 S_s 值，使 LD_{J3} 最小；如图 3-16(a)中当 L_s=10mm 时，电极宽度 S_s 取 4mm 所对应的 LD_{J3}

最小,此时称 4mm 为最优 S_s。对图 3-16(a)~(d)中各最优 S_s 而言,当 D_s 大于 110mm 后, LD_{J3} 均小于 1%,即 110mm 为屏蔽电极的最佳间距,此时 D_s 为 D_e 的 2.5 倍。

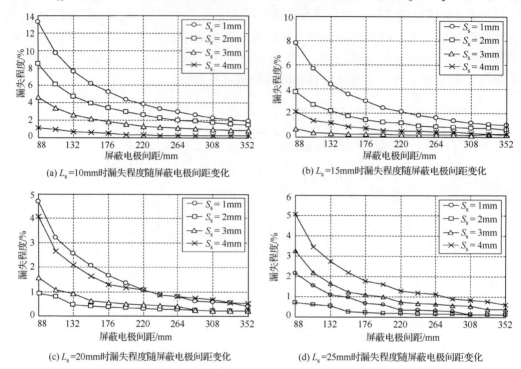

(a) L_s=10mm时漏失程度随屏蔽电极间距变化

(b) L_s=15mm时漏失程度随屏蔽电极间距变化

(c) L_s=20mm时漏失程度随屏蔽电极间距变化

(d) L_s=25mm时漏失程度随屏蔽电极间距变化

图 3-16　屏蔽电极结构参数对电导传感器漏失程度的影响

为进一步确定屏蔽电极参数 S_s 和 L_s 的值,考察了当间距 D_s 为 110mm、激励电流 I_i 为 1 mA 时,各最优 S_s 情况下屏蔽电流 I_s 的大小,结果如表 3-1 所示。可以看出,当 L_s=10mm 时,所对应传感器长度 H 最小,但屏蔽电流 I_s 数值较大,导致驱动电路实现困难;当 L_s=25mm 时,电流 I_s 虽然最小,但传感器长度略长,不便于井下使用;对 L_s=15mm 和 L_s=20mm 两种情况,屏蔽电流 I_s 大小相似,但 L_s=15mm 时所对应的传感器长度 H 和漏失程度 LD_{J3} 均略小一些,所以最佳 L_s 取为 15mm,其所对应的最优 S_s 为 3mm;此时传感器绝缘管段长度 L_e =48mm,由图 3-11 可知,漏失程度由传统四电极电导传感器的 31.5%下降到 0.36%。

表 3-1　四种不同结构传感器的漏失程度和屏蔽电流值

绝缘段长度/mm	屏蔽电极间距/mm	传感器长度/mm	屏蔽电极宽度/mm	漏失程度/%	屏蔽电流/mA
10	110	130	4	0.92	2.1
15	110	140	3	0.36	1.5
20	110	150	2	0.80	1.1
25	110	160	2	0.63	0.9

3.3　阵列相关流速测量电导传感器优化设计

在井下油水两相流参数测量中，流量测量是一个重要的研究内容，通常采用速度法来间接测量油井管道内流体的流量，此时速度的准确测量显得十分重要。由于相关法测速具有测量范围宽、无可动部件、不阻碍流动等优点，目前已被广泛应用于各种两相流速度测量系统。但是，相关法测速要求在两个传感器之间管道内部流体流动满足"凝固模型"，即只有在离散相充分弥散的流动状况下，才会获得具有明确尖峰的互相关函数曲线；但是这常常不容易做到，从而带来测量误差。为了提高相关法油水两相流流速测量的精度，提出一种七电极阵列相关电导传感器[8]，并对其结构参数进行了优化。

3.3.1　阵列相关电导传感器结构设计

根据随机理论可知，互相关函数是两随机过程相关性的描述，对电导传感器上下游信号作互相关运算实际上就是在不同的延时值下比较两信号波形的相似程度，从而求出渡越时间，流体的相关速度可用上下游相关测量传感器的间距与渡越时间的比值来表示。但在油田实际测井中，运用相关技术进行流体速度和流量测量时，并非如此简单；油水两相流体从上游传感器流到下游传感器过程中，会因流体中不规则紊流团的作用产生新的分布，有些油泡会在流动过程中互相融合变成大气泡，而有些油泡则相反，被打碎被吸收，即流型会发生一定程度的变化；这将导致上下游传感器输出的随机流动噪声信号波形的相似程度降低，其效果相当于在下游流动噪声信号上叠加了一个随机干扰噪声信号，从而导致附加的流速测量误差。在使用传统 6 电极相关测速电导传感器测量垂直管道内油水两相流的流速时，经常观测到平坦峰、双峰，甚至多峰的互相关函数曲线，为峰值寻找带来了困难，进而影响渡越时间的估计精度，造成速度和流量的测量误差。

对电导传感器来说，如何提取更多的油水两相流动信息是相关测速的关键，为此提出一种阵列相关流速测量电导传感器，结构如图 3-17 所示。该传感器由纵向按一定距离排列的七个圆环不锈钢电极组成，其中外侧两电极为激励电极，中间五个电极可构成四个测量电极对（M1-M2、M2-M0、M0-M3、M3-M4），且两相邻测量电极对间共用一个测量电极环；与传统 6 电极电导传感器不同的是，其可输出 $x(t)$ 和 $y(t)$ 两路电导波动信号外，还可同时输出 $w(t)$ 和 $z(t)$ 两路辅助信号，通过计算四路信号的互相关函数，并对结果进行数据融合，以精确估计两相流体的流动速度。

采用有限元法对 M2-M0、M0-M3 两对辅助电极的空间灵敏度分布进行了研究，结果如图 3-18、图 3-19 所示。可以看出，两对辅助电极灵敏度特性的形状基本相同；从径向上看，不同径向位置灵敏度大小不一致，在各自轴向中心处，越靠近管壁，灵敏度越高；从轴向上看，两对测量电极的灵敏空间均大于各自的几何结构空间，且轴向灵敏区域存在重叠。此时，当前测量电极对检测到的信息不仅包括自身结构空间内的油水两相流动信息，也包括相邻测量电极对结构空间内的流动信息，从而保证了 $w(t)$ 和 $z(t)$ 两路信号的相似性；即使油泡在流动过程中发生破碎或结合，$w(t)$ 和 $z(t)$ 仍能得到具有明确尖峰的互相关函数曲线，从而提高速度测量的精度。

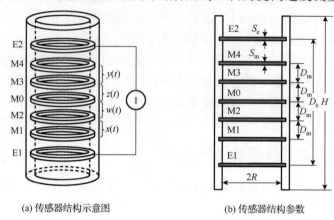

(a) 传感器结构示意图　　　　　(b) 传感器结构参数

图 3-17　阵列相关流速测量电导传感器

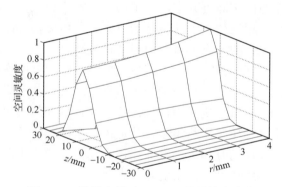

图 3-18　辅助电极对 M2-M0 的灵敏度分布

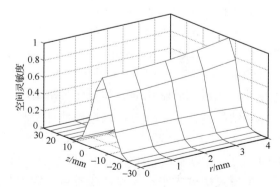

图 3-19　辅助电极对 M0-M3 的灵敏度分布

3.3.2　阵列相关电导传感器结构优化

相关速度测量是利用电导传感器测量电极输出信号在时间和空间上的相关性，采用相关理论来求取流体的流动速度，因此相关电极的优化原则与持率测量电极有所不同，其着重于提高输出信号的相似性，以保证延迟时间的测量精度。从阵列相关电导传感器的几何结构分析可知，激励电极间距 D_e 和测量电极间距 D_m 是传感器内敏感场分布的主要影响因素，因此需要针对二者进行优化。对相关电极来说，其输出信号的频带越宽，延迟时间测量的方差越小；因此为了保证两相流流速测量的精度，传感器输出信号应该具有一定的带宽。由图 3-5 和图 3-6 分析可知，电导传感器测量电极间距越小，其工作频带越宽，对高频信号响应能力就越强；但随着间距 D_m 的减小，其幅度谱也越来越小，导致输出信号的信噪比下降；此时为了保证传感器具有一定的抗干扰能力，要求测量电极输出的最大压差不能太小。

进一步考察测量电极间距变化时，传感器工作频带的变化情况，结果如图 3-20 所示。可以看出，当测量电极间距从 42mm 减小到 12mm 时，空域频带宽度从 $7.1\mathrm{m}^{-1}$ 快速增加到 $14.6\mathrm{m}^{-1}$；但测量电极间距小于 12mm 后，频带宽度增加速度非常缓慢，当间距为 3mm 时，频带宽度仅增加到 $16.2\mathrm{m}^{-1}$。图 3-21 给出了当传感器内部含一半径为 4mm 的油泡时，测量电极输出的最大压差 ΔU_{MAX} 随测量电极间距变化的曲线；可以看出，测量电极间距越大，其输出的最大压差也越大，表示传感器抗干扰能力越强；当测量电极间距从 3mm 增加到 12mm 时，ΔU_{MAX} 由 15 mV 快速增加到 56mV；当测量电极间距大于 22mm 后，ΔU_{MAX} 值几乎不变。综合以上两点考虑，12mm 是阵列相关电导传感器测量电极间距的最佳选择。

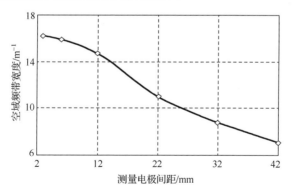

图 3-20　空域频带宽度随测量电极间距变化

由于阵列相关电导传感器包含四对测量电极，当每对电极间距为 12mm 时，其最外侧两个测量电极的间距为 48mm。此时，为了对激励电极间距进行优化，需要找到轴向均匀段长度为 48mm 时所对应的最小的激励电极间距值；从图 3-13 可知，

激励电极间距 D_e 为 64mm 时刚好满足要求。另外，为了防止在漏失情况下测量电极输出信号的幅度过小，将传感器绝缘管段长度 L_e 设置为 128mm。

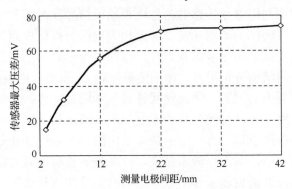

图 3-21　　传感器最大压差随测量电极间距变化

参 考 文 献

[1] 张玉辉, 刘兴斌, 胡金海. 阻抗式含水率传感器优化设计实验研究. 石油仪器, 2002, 16(4): 5-7.

[2] 王延军, 刘兴斌, 胡金海, 等. 阻抗传感器电场分布的仿真及实验研究. 石油仪器, 2007, 21(1): 16-18.

[3] 李英伟, 于莉娜, 刘兴斌. 纵向多极电导传感器空间灵敏度分布特性. 大庆石油学院学报, 2008, 32(6): 93-96.

[4] Li Y W, Li X M. Sensing characteristics of conductance sensor for measuring the volume fraction and axial velocity in oil-water pipe flow. International Journal of Simulation and Process Modelling, 2012, 7(1-2): 98-106.

[5] 李英伟, 武怀勤, 刘兴斌, 等. 纵向多极电导传感器频率响应特性. 大庆石油地质与开发, 2009, 28(2): 138-142.

[6] 孔令富, 李英伟, 刘兴斌, 等. 五电极激励屏蔽持水率测量电导传感器: 中国, ZL200820106308.4, 2009-07-27. 实用新型专利.

[7] 李英伟, 孔令富, 刘兴斌. 屏蔽电极可行性的理论分析与实验研究. 化工自动化及仪表, 2008, 35(4): 38-43.

[8] 李英伟, 刘兴斌, 孔令富, 等. 七电极阵列相关流速测量电导传感器: 中国, ZL201120500694.7, 2012-09-05. 实用新型专利.

第4章 电导式持水率与流速测量仪研制

中国油田多数油井为机采井，测井仪器仅能通过油管和套管之间的环形空间，并在套管内将仪器下到目的测点进行井下测量，此时仪器外径一般不能超过28 mm。由于仪器外径受限、起下条件苛刻以及井下高温高压工况等因素，使大多数在地面上应用非常成熟的流量和流体组分测量技术难以直接推广到井下，给井下仪器的传感器、驱动电路及其他辅助装置设计都带来了困难。本章使用在第2章所提出的激励屏蔽电导传感器和阵列相关电导传感器，分别研制了电导式持水率测量仪和电导式流速测量仪。

4.1 电导式持水率测量仪研制

电导式持水率测量仪由伞式集流器、激励屏蔽电导传感器及装有传感器驱动电路的电路筒组成，结构如图4-1所示。由于激励屏蔽电导传感器的内径仅为20mm，相对于 125mm 的油井套管内径来说，如果不使用集流器，仅能有很少量的油水两相流体从电导传感器内部流过，而且当油井内流体的流量较低时，传感器内的流体会趋于静止，此时持水率测量的结果无法具有代表性。为了增大传感器内部流过流体的流量，以保证持水率测量的准确性，通常采用集流的测量方式，即在电导传感器底部安装伞式集流器。当测井仪器位于指定测点后，使集流器张开，以封堵套管和测井仪器之间流体的流动通道，迫使流体全部或绝大部分流经电导传感器，并经

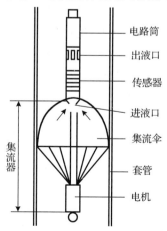

图 4-1 电导式持水率测量仪示意图

上出液口重新流回井筒。为了克服现有阻抗传感器驱动电路激励电流大小不能自适应变化的缺点，本课题组研制了一种用于阻抗式过环空找水仪的激励电流自动控制系统[1]，该系统可根据油井地层水矿化度的不同，自适应切换恒流源的激励电阻，使交流激励恒流源输出电流大小保持在一个合理的范围内，从而提高含水率测量结果的可靠性和井下仪器的测井成功率。

4.1.1　系统硬件设计

系统的总体结构如图 4-2 所示，主要由激励源驱动电路、含水率处理电路、切换判断电路、单片机控制电路、频率复合电路和电源供电电路组成。

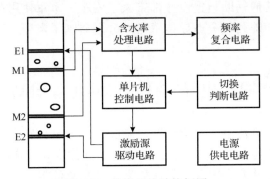

图 4-2　系统总体结构框图

其中，激励源驱动电路负责输出一个频率和电流大小均可调的正弦交变电流，以驱动阻抗传感器激励电极。含水率处理电路负责采集阻抗传感器测量电极环上的电压，并将其转换成频率形式输出。切换判断电路负责判断电缆 2 芯是否供有负向电压，以决定是否需要进行激励电流自动切换。单片机控制电路负责根据全水状态下含水率处理电路输出频率值来控制模拟开关 MAX313 的工作状态，从而使交流激励恒流源的输出电流以从小到大且成 2 倍的方式增长，并最终使全水状态下含水输出频率值稳定在 500～1500Hz；切换成功后，负责将当前产层各个激励电阻的工作信息存储到串行 EEPROM 芯片 24C01 中，以便在同一口油井的其他产层进行测量时使用。频率复合电路负责将阻抗含水频率信号和涡轮流量频率信号复合成一路正负脉冲信号，以通过电缆 1 芯传输至地面上位机。电源供电电路负责对电缆 1 芯所供给的正向电压进行 DC-DC 变换，并利用虚地和实地相结合的供电方式来得到井下电路所需的各种电压。

1. 电源供电电路设计

对于井下电路来说，电源供电的设计是关键。由于阻抗式过环空找水仪信号传输缆芯的限制，目前井下电路仅能通过电缆 1 芯来获取大约 40V 的正向电压。但是本系统中很多芯片均需要+12V 和−12V 双电源供电，此时只能使用虚地电源设置。电源供电电路的电路原理如图 4-3 所示。

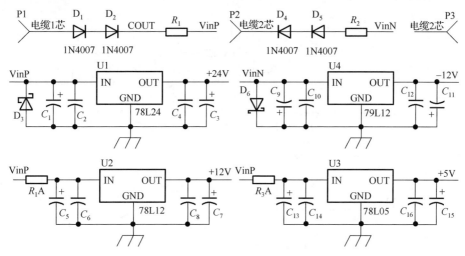

图 4-3 电源供电电路原理图

从图 4-3 可以看出，系统采用 78L24 来从电缆 1 芯获得+24V 电压，采用 78L12 来获得+12V 电压；这样，可以把实地+12V 当作虚地 0V，则实地+24V 电压变为虚地+12V 电压，实地 0V 电压变为虚地−12V 电压，从而得到相对于虚地的±12V 供电。另外，为了对电缆 2 芯的供电形式进行判断，系统采用 79L12 来将电缆 2 芯供的负向电压转为−12V 输出；为了在电缆 2 芯供正向电压时保护 79L12 芯片，系统采用 D_4 和 D_5 两个二极管来阻止正向电压进入 79L12 的输入端；也就是说，当在电缆 2 芯供以正向电压时，系统将得不到−12V 电源输出。此外，由于 HT46R47 单片机芯片需要使用+5V 供电，所以系统采用 78L05 芯片来得到相对于实地的+5V 输出。

2. 激励源驱动电路设计

当金属电极位于导电流体之中时，在电极与溶液界面将形成双电子层。对接触测量的阻抗传感器来说，其内部水中传导电流是离子迁移而形成的，因此在金属电极和水膜界面也会发生离子迁移过程。离子的迁移必须由系统提供足够的能量以使离子通过位于阴极和阳极表面的电子层；双电层效应会形成附加的电容和电阻串接在电极之间被测流体的阻抗上，给含水率的测量带来误差。随着工作频率的提高，双电层效应的影响会随之减小，因此测量系统的工作频率不能过低。实验表明，当激励频率超过 10kHz 时，电极之间单相水流的电阻值会趋于稳定；本系统中采用 15kHz 的激励频率，可有效控制流过传感器油水混合物的电离效应，并可减少电极上发生的点蚀现象。激励源驱动电路由函数信号发生器 ICL8038 和高阻型双运放

LF412 组成，输出一个频率为 15kHz 和激励电流幅值恒定的正弦交变电流，其电路原理如图 4-4 所示。

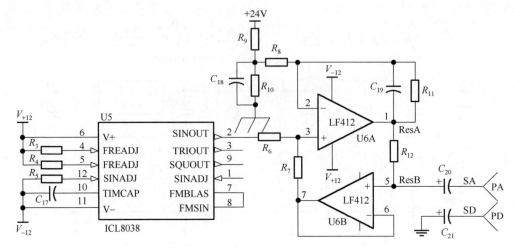

图 4-4 激励源驱动电路原理图

在图 4-4 中，正弦波由函数发生器 ICL8038 产生，8038 的管脚 8 为频率调整电压的输入端，管脚 7 为频率调整偏置电压的输出端，可作为管脚 8 的输入；管脚 9 输出的是方波，管脚 3 输出的是三角波，管脚 2 输出的为正弦波。8038 输出波形的占空比（T_1/T）由 R_3 与 R_4 的比例关系决定，具体关系为

$$\frac{T_1}{T} = \frac{2R_3 - R_4}{2R_3} \tag{4-1}$$

当式（4-1）中 R_3 与 R_4 相等时即输出一个占空比为 2∶1 的波形。此外，8038 输出波形的频率由 R_3、R_4 和电容 C_{17} 共同决定，且当 $R_3=R_4=R$ 时具体关系为

$$f = 0.33 / (R \cdot C_{17}) \tag{4-2}$$

当 R_3 和 R_4 均为 10K、C_{17} 为 2200pF，则此时输出波形频率为 15kHz。恒流源电路由 LF412 实现，PA 输出接负载 R_L；经过电路原理分析得到，当 $R_6 \cdot R_7 = R_8 \cdot R_{11}$ 时，负载 R_L 上的驱动电流 I_L 为

$$I_L = -V_{in} \cdot R_{11} / (R_6 \cdot R_{12}) \tag{4-3}$$

式中，V_{in} 为 ICL8038 输出的电压值。可以看出，负载 R_L 上的电流与 R_L 的大小没有关系，此电路为恒流源电路。另外，当 R_6 和 R_{11} 均为定值时，此恒流源的输出电流仅由电阻 R_{12} 的大小决定。当电阻 R_6 为 10kΩ、电阻 R_{11} 为 1.5kΩ，则负载 R_L 上的驱动电流 I_L 可表示为

$$I_L = -0.15V_{in} / R_{12} \tag{4-4}$$

由式（4-4）可以看出，R_{12} 阻值越小，则输出电流 I_L 就越大。所以仅需在单片机控制电路中根据油水两相流全水值来适当地改变电阻 R_{12} 的大小就可以达到自适应调整激励源电流的目的。

3. 含水率处理电路设计

含水率处理电路负责采集阻抗传感器测量电极环上的输出电压，电路原理如图 4-5 所示。由于在激励源驱动电路中采用了 15kHz 的激励频率，以避免双电层效应；当绝缘油泡流经测井仪器和井筒之间的敏感区域时，必将引起传感器敏感场发生畸变，导致测量电极表面的电压发生变化；且该电压信号可看作对 15kHz 激励信号的随机调制，因此必须对传感器输出信号进行解调，以得到反映油水两相流动的电压波动信号。含水率处理电路采用 AD637 芯片来获得经放大后电导波动信号的真有效值，完成调幅信号的检波；另外，为了便于信号传输，系统使用压频转换器 AD537 来将 AD637 输出的电压信号转换为占空比为 2:1 的方波信号输出。

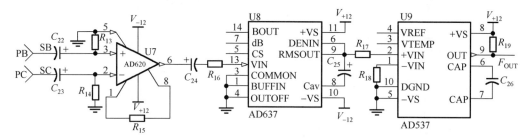

图 4-5 含水率处理电路原理图

由于油水两相流的输出信号非常微弱，所以首先需对阻抗传感器测量电极输出的电压信号进行放大；系统采用仪表放大器 AD620 构成差分放大电路，测量电极输出的两路电压信号分别输入到 AD620 的 2 脚和 3 脚，差分放大结果由 AD620 的 6 脚输出；信号的放大倍数由 AD620 管脚 1 与管脚 8 之间的电阻 R_{15} 来决定，具体关系如下：

$$G = (49.4 / R_{15}) + 1 \tag{4-5}$$

式中，G 为电路的放大倍数。当电阻 R_{15} 为 4.7kΩ，则 AD620 的放大倍数为 10.5 倍。另外，AD620 芯片的供电电源为管脚 4 与管脚 7，分别接±12V 的直流电源。电导波动信号经 AD620 差分放大后被送入 AD637 芯片来求真有效值，输入信号 V_{in} 由 AD637 的 13 脚输入，输出信号 V_{out} 由 9 脚输出，具体关系为

$$V_{out} = V_{inrms} \tag{4-6}$$

AD637 的外围元件较少，但值得注意的是，8 脚和 9 脚间的电容 C_{25} 应用精度较高的钽电容，而不能使用电解电容。为了将 AD637 输出的直流电压信号转化为频

率信号输出，系统使用了压频转换芯片 AD537，其输出频率除与输入电压 V'_{in} 有关外，还与电阻 R_{18} 和电容 C_{26} 有关，具体关系如下：

$$F_{\text{OUT}} = V'_{\text{in}} / (10R_{18}C_{26}) \tag{4-7}$$

如当电阻 R_{18} 为 10kΩ、电容 C_{26} 为 0.01μF，且输入电压 V'_{in} 为 5V 时，则 AD537 的输出频率 F_{OUT} 为 5kHz。但值得注意的是，由于在激励源驱动电路和含水率处理电路中均使用了虚地电源设置，即图 4-4 和图 4-5 中各芯片的接地管脚均连接至图 4-3 中 78L12 输出的 +12V 电源上，所以最后 AD537 输出的频率信号也是浮在 +12V 电源之上的。

4. 切换判断电路设计

切换判断电路负责判断电缆 2 芯的供电形式，即判断其是正向供电还是负向供电，以决定系统是否需要进行激励电阻的自适应切换，电路原理如图 4-6 所示。

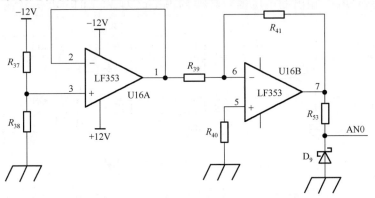

图 4-6　切换判断电路原理图

当在测井电缆的 2 芯上供以负向电压时，电源供电电路的 79L12 芯片将输出 −12V 电压，即当阻抗传感器处于全水状态时，图 4-6 中的运放 LF353 将工作于 ±12V 供电状态。此时，−12V 电压经电阻 R_{37} 和 R_{38} 分压后，在 LF353 的第 3 脚输入端将得到 −1.2V 左右的电压，经射极跟随电路后将该 −1.2V 电压输出至 LF353 的第 6 脚；之后经反相电路后在 LF353 的第 7 脚得到 +1.2V 左右的电压，此时 4.7V 稳压管 D_9 不起作用；也就是说，阻抗传感器处于全水状态时，AN0 端的输出电压为 +1.2V。

当电缆 2 芯没有供电或者供正向电压时，在 79L12 输出端将得不到 −12V 电压，LF353 的第 4 脚（负电压供电端）处于浮空状态，此时该芯片将不能正常工作，从而在第 7 脚得到一个近似为 +12V 的电压信号，经 4.7V 稳压管 D_9 对该电平进行稳压后，在 AN0 端得到 +5V 左右的电压信号；图中电阻 R_{53} 的作用是限流，从而保护稳压管 D_9 不被击穿。可以看出，阻抗传感器处于混相状态时，AN0 端的输出电压为 +5V。

综上所述，HT46R47 单片机在判断是否需要进行激励电流的自适应切换时，只需判断 AN0 端的输出电压是否在+1.2V 附近就可以，如判断 AN0 端的电压是否大于 1V 且小于 2V 即可。

5. 单片机控制电路设计

单片机控制电路的核心是 Holtek 公司针对汽车电子应用领域而推出的 8 位高性能精简指令集单片机 HT46R47，其具有宽工作电压和宽工作温度范围（−40℃～+125℃），能够满足油井井下电路耐高温的需要。交流恒流源激励电阻的切换由高速模拟开关 MAX313 实现，其最多可让四路电阻同时工作。单片机控制电路的电路原理如图 4-7 所示。

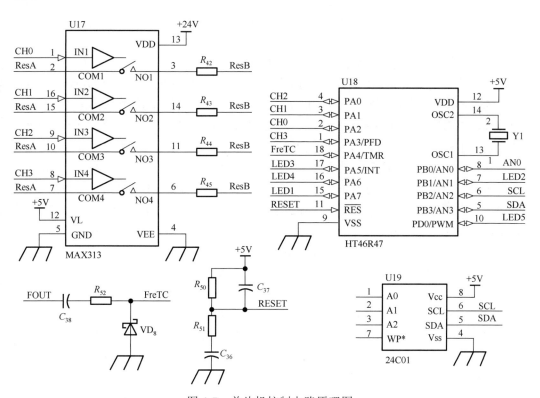

图 4-7 单片机控制电路原理图

在系统上电后，HT46R47 负责采集切换判断电路输出的电压信号 AN0 是否在 1.2V 附近，如果在 1.2V 附近，则说明在电缆 2 芯上供有负向电压，且阻抗传感器处于全水状态，此时需要对交流恒流源的激励电阻进行自适应切换。由于在默认状态下，HT46R47 单片机的 CH0～CH3 四个 I/O 口全部为低电平，使得 MAX313 的各个开关均处于断开状态，即 R_{42}～R_{45} 均不属于交流恒流源的激励电阻，此时交流恒流源的激励电阻仅有一个 R_{12}；HT46R47 将首先测量当激励电阻仅为 R_{12} 时，含水率处理电路的输出频率值，由于此时阻抗传感器属于全水状态，该频率值可称为全水频率值。如果该全水频率值小于 500Hz，则说明恒流源输出的激励电流太小，应适当增大。之后，HT46R47 单片机将使能 MAX313 芯片的 CH0 管脚，以选通 R_{42}；此时交流激励恒流源的激励电阻变为 $R_{12}//R_{42}$。注意到，如果 R_{12} 和 R_{42} 阻值相等的话，则二者并联后阻值变为原来的二分之一，此时恒流源输出电流将变为原来的二倍，压频转换器 AD537 的输出频率也将变为原来的二倍。由于 MAX313 具有四个模拟开关，所以最多可以并联上 4 个激励电阻，这样交流恒流源的激励电阻就有如下五种选择[2]：

$$激励电阻=R_{12}$$
$$激励电阻=R_{12}//R_{42}$$
$$激励电阻=R_{12}//R_{42}//R_{43}$$
$$激励电阻=R_{12}//R_{42}//R_{43}//R_{44}$$
$$激励电阻=R_{12}//R_{42}//R_{43}//R_{44}//R_{45}$$

本系统中，电阻 R_{42} 和电阻 R_{12} 的阻值相等，电阻 R_{44}～R_{45} 的阻值均为前一个电阻阻值的一半，即 $R_{43}=0.5R_{42}$、$R_{44}=0.5R_{43}$、$R_{45}=0.5R_{44}$，所以每并联一个电阻，恒流源的激励电阻阻值就变为原来的二分之一，激励电流近似变为原来的二倍。由于系统有 5 种激励电阻可供选择，此时交流激励恒流源输出电流的最大值为其最小值的 16 倍。

从以上分析可以看出，为了完成交流激励恒流源输出电流大小的自动切换，HT46R47 单片机必须准确测量全水状态下含水率处理电路输出信号 F_{OUT} 的频率值。但由于压频转换器 AD537 工作于虚地状态，其输出频率信号 F_{OUT} 是浮在 +12V 电压之上的，而 HT46R47 单片机的供电电压仅为 +5V，此时 HT46R47 不能直接对 F_{OUT} 进行测量。所以在图 4-7 中首先对 F_{OUT} 频率信号进行隔直处理，并采用 4.7V 稳压管进行稳压，这样在 FreTC 端将得到 1 个 5V 左右的方波，HT46R47 单片机可以对其正脉冲宽度进行测量，进而可折算出信号 F_{OUT} 的频率值。

由于在对同一口油井的不同产层进行动态监测时，仅需在某一产层自动切换一次激励电阻，而在其他产层均使用该激励电阻即可，此时需要记录该油井所使用激励电阻的阻值。为了完成该功能，系统使用了串行 EEPROM 芯片 24C01，HT46R47 单片机将当前产层全水状态下激励电阻的工作信息均存储在 24C01 中；当在其他产层进行测量时（电缆 2 芯未供负向电压），HT46R47 将直接读取 24C01 芯片中存储的激励电阻状态信息，并根据该信息来使能相应的 MAX313 开关，以对恒流源输出电流的大小进行控制。

6. 频率复合电路设计

频率复合电路原理如图 4-8 所示，主要负责将阻抗传感器输出的含水率频率信号（AD537 输出信号 F_{OUT}）和涡轮流量计输出的流量频率信号复合成一路正负脉冲信号，以通过电缆 1 芯传输至地面上位机。系统首先采用微分电路，并借助 CD4093 和 CD4013 芯片分别将含水率频率信号和流量频率信号转化为窄脉冲形式；然后通过 OP37 将含水率信号变为正脉冲,将流量信号变为负脉冲,从而在一根缆芯上实现含水率频率和流量频率的同时传输。

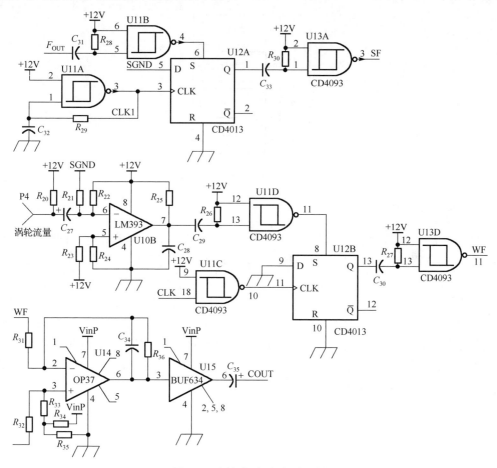

图 4-8 频率复合电路原理图

在图 4-8 中,高速缓冲器 BUF634 的作用是提高正负频率复合信号的电流驱动,以便于长距离传输;电容 C_{35} 的作用是隔离直流,以防止电缆 1 芯的正向电压进入频率复合电路。

4.1.2 系统软件设计

系统软件主要是单片机 HT46R47 的工作程序,采用 Holtek 公司的 HT-IDE3000 工具开发,使用模块化设计方法,整体结构如图 4-9 所示。其中,初始化模块负责对 HT46R47 和系统变量进行初始化;电压测量模块负责测量切换判断电路输出端 AN0 的电压值;频率测量模块负责测量全水状态下含水率处理电路输出端 F_{OUT} 的频率值;自适应切换模块负责根据 F_{OUT} 的频率值来使能或禁止 MAX313 的四路模拟开关；主程序模块是系统的控制核心，负责调用其他软件模块，以完成恒流源激励电阻的自动控制。

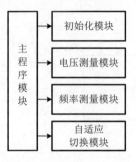

图 4-9　系统软件结构框图

1. 主程序模块设计

主程序模块的软件流程如图 4-10 所示，其首先调用初始化模块对 HT46R47 芯片和系统变量进行初始化，之后调用电压测量模块来采集切换判断电路输出端 AN0 的电压，以决定是否需要进行激励电阻的自适应切换；如果 AN0 端的电压值在 1～2V，说明需要进行切换，则进一步测量含水率处理电路输出信号 F_{OUT} 的频率值，并根据该频率值的大小来控制 MAX313 四路模拟开关的通断，以使恒流源输出合适的激励电流，最后将激励电阻的状态信息写入串行 EEPOM 芯片 24C01 中；如果不需要进行激励电阻的自适应切换，系统将直接读取 24C01 芯片中激励电阻的状态信息，并据此使能或禁止 MAX313 的四路开关，进而控制交流激励恒流源输出电流的大小。

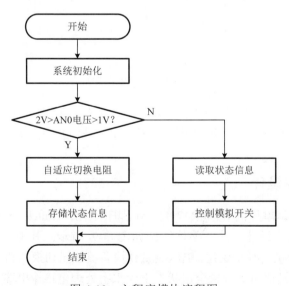

图 4-10　主程序模块流程图

2. 初始化模块设计

初始化模块是系统上电复位后，HT46R47 单片机执行的第一个程序模块，负责对 HT46R47 和系统变量进行初始化，如设置各个 I/O 端口的工作模式、设置 A/D 转换单元和定时器的工作方式等，初始化模块的软件流程如图 4-11 所示。

3. 电压测量模块设计

电压测量模块负责测量切换判断电路输出端 AN0 的电压值，其电压采集功能由 HT46R47 单片机内部集成的 9 位解析度 ADC 完成；系统使用 A/D 转换通道 0（HT46R47 单片机的第 8 管脚），并设置 A/D 转换时钟频率为 512kHz（系统时钟的八分之一），参考电压为+5V（单片机供电电压）。电压测量模块软件流程如图 4-12 所示，其首先设置 ADCR 寄存器的 START 位输出 0→1→0，以启动 A/D 转换；然后循环判断 ADCR 寄存器的 EOC 位是否为零，如果该位为零则表示 A/D 转换结束；最后当 A/D 转换成功后，将转换结果存储至系统全局变量，以供主程序在判断是否需要进行激励电阻的自适应切换时使用。

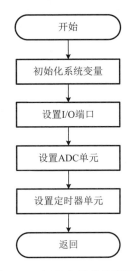

图 4-11　初始化模块流程图

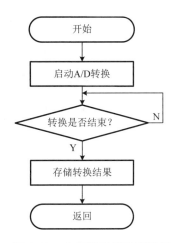

图 4-12　电压测量模块流程图

4. 频率测量模块设计

频率测量模块负责测量全水状态下含水率处理电路输出端 F_{OUT} 的频率值，其频率测量功能由 HT46R47 单片机内部集成的 8 位可编程加法定时/计数器完成；系统设置 TMRC 寄存器的 TM0 和 TM1 位均为 1，以使定时/计数器工作于脉冲宽度测量模式；设置 TMRC 寄存器的 TE 位为 1，以使定时/计数器在外部输入脉冲的上升沿开始计数，下降沿停止计数；设置 TMRC 寄存器的 PSC0～PSC2 位的值为 100，以选择定时/计数器的时钟为系统时钟的六十四分之一（本系统为 64kHz）。频率测量模块软件流程如图 4-13 所示，其首先设置中断控制寄存器 INTC 的 ETI 位为 1，以使能定时/计数中断；之后设置 TMRC 寄存器的 TON 位为 1，启动定时/计数器，以开始脉冲宽度测量；之后循环判断 TMRC 寄存器的 TON 位是否变为 0，如果该位变为 0 则表示定时/计数器工作结束；最后当计数操作停止后，关闭定时/计数中断，并将计数结果存储至系统全局变量，以供主程序在进行激励电阻自适应切换时使用。

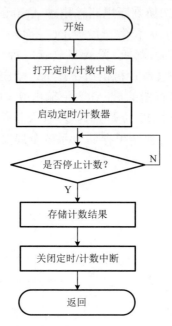

图 4-13　频率测量模块流程图

5.　自适应切换模块设计

自适应切换模块负责根据含水率处理电路输出信号 F_{OUT} 的频率值来使能或禁止 MAX313 的四路模拟开关，以选择相应的恒流源激励电阻，进而得到合适的激励电流。激励电阻自适应切换的原则是对不同矿化度油井而言，通过调整恒流源激励电阻的阻值，使全水状态下 F_{OUT} 的频率值均处于 500～1500Hz；以达到交流激励恒流源输出电流大小依据不同油井中地层水的矿化度变化而变化的目的。

自适应切换模块软件流程如图 4-14 所示，其首先设置 HT46R47 单片的 PA0～PA3 四个 I/O 口均输出低电平，以使 MAX313 的四个模拟开关均处于断开状态，此时交流激励恒流源仅有一个激励电阻 R_{12}。然后系统调用频率测量模块来测量含水率处理电路输出信号 F_{OUT} 的频率值，如果该频率值大于 500Hz，则表明当前恒流源输出电流比较合适，此时不需要使用其他激励电阻了；如果 F_{OUT} 频率值小于 500Hz，则表明当前恒流源输出电流太小，此时系统设置 HT46R47 单片机的 PA2 管脚为高电平，以选通 MAX313 的模拟开关 0，即将电阻 R_{42} 并入恒流源激励电阻，此时激励电阻为 $R_{12}//R_{42}$，如果电阻 R_{42} 阻值和 R_{12} 的阻值相同，则二者并联后激励电阻阻值变为原来的二分之一。之后系统再次调用频率测量模块来测量激励电阻为 $R_{12}//R_{42}$ 时 F_{OUT} 的频率值，如果该频率值仍小于 500Hz，则表明当前恒流源输出电流仍然太小，此时系统设置 HT46R47 的 PA1 管脚为高电平，以选通 MAX313 的模拟开关 1，即将电阻 R_{43} 并入恒流源激励电阻，此时激励电阻变为 $R_{12}//R_{42}//R_{43}$；依此类推，通过使能或禁止 MAX313 的四个模拟开关，最终得到合适的激励电流，使全水状态下 F_{OUT} 频率值处于 500～1500Hz。

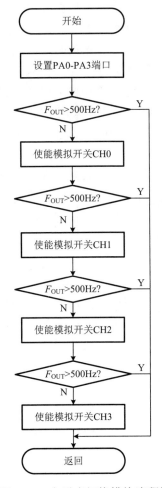

图 4-14 自适应切换模块流程图

为了使自适应切换时激励电流以成 2 倍的方式增长，通常取 $R_{42}=R_{12}$、$R_{43}=0.5R_{42}$、

$R_{44}=0.5R_{43}$、$R_{45}=0.5R_{44}$；此时电阻 R_{12} 的阻值一经确定，则电阻 $R_{42}\sim R_{45}$ 的阻值也就确定了。另外，值得注意的是，如果电阻 R_{12} 的阻值太小，则有可能会使当恒流源激励电阻仅 R_{12} 时 F_{OUT} 频率值大于 1500Hz；如果电阻 R_{12} 的阻值太大，则有可能在 MAX313 的四个模拟开关全部选通后，即当恒流源激励电阻为 $R_{12}//R_{42}$ $//R_{43}//R_{44}//R_{45}$ 时，F_{OUT} 频率值仍小于 500Hz。综上所述，电阻 R_{12} 阻值的选择非常关键，本系统根据大庆油田地层水矿化度的先验知识，选择 R_{12} 的阻值为 2.7kΩ。

4.2　电导式流速测量仪研制

电导式流速测量仪由伞式集流器、阵列相关电导传感器及装有传感器驱动电路的电路筒组成，其中传感器驱动电路以 Motorola 公司合成处理器 MC56F8323 为核心，系统整体结构如图 4-15 所示[3,4]。测量时，阵列相关电导传感器在脉冲激励恒流源的作用下，输出四路流体扰动信号，经高输入阻抗信号调理电路后，送入中央处理器 MC56F8323 中进行 A/D 转换和互相关运算，并进行数据融合，以估算出渡越时间和流体流量信息；在室内实验时，采用 RS485 传输模块将四路电导波动原始数据传输至地面上位机，以便工作人员对其进行分析处理；在现场应用时，采用遥测数据传输模块将油井流量测量结果传输至地面处理系统。另外，采用 MC56F8323 芯片内部的温度传感器，可以实时监测电路筒内的温度，以调整系统工作频率。

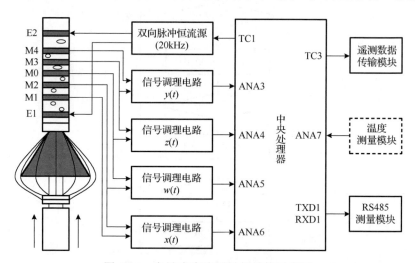

图 4-15　电导式流速测量仪结构示意图

4.2.1　系统硬件设计

本硬件系统由 Main Board A 板和 Main Board B 板组成，主要功能是驱动井下六电极电导传感器，实时处理传感器输出的上下游流量信号和含水信号；并以频率形式输出油井流量所对应的 τ 值，同时将处理结果送给遥测传输模块，以经远程电缆传输至地面上位机[5,6]。Main Board A 板主要负责驱动井下电导传感器，并输出一路含水率频率信号和两路相关流量信号。A 板由激励源驱动电路、持水率处理电路、流量信号处理电路和电源供电电路组成，实现框图如图 4-16 所示。

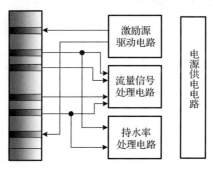

图 4-16　Main Board A 板结构框图

Main Board B 板首先对经 A 板处理后的相关流量信号进行分压限幅预处理，并对其进行 AD 采集；然后对采集结果进行相关运算以求出流量信号的 τ 值，最后将处理结果以频率信号的形式输出。硬件系统由中央处理器 MC56F8323、流量信号预处理模块、数据传输模块、系统调试模块和电源供电模块组成，实现框图如图 4-17 所示。

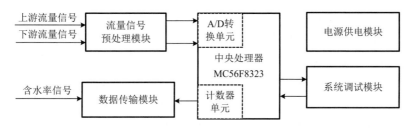

图 4-17　Main Board B 板结构框图

1. 激励恒流源优化设计

传统电导传感器激励源通常使用如图 4-18 所示由运算放大器构成的压控交流恒流源，其具有输出电流小、稳定性受电阻精度影响大、电路实现复杂等缺点，影响了仪器的使用范围和灵敏度。为此提出一种采用双向脉冲激励恒流源[7,8]进行油水两相流持水率检测的新方法，其电路原理如图 4-19 所示，该方法具有激励电流调节范围大、抗干扰性强、结构简单等优点，有利于提高电导传感器在高矿化度和高含水条件下的测量效果。

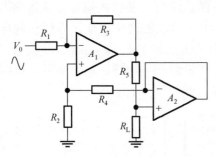

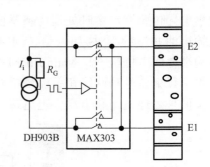

图 4-18　压控交流恒流源电路原理图　　　　　图 4-19　双向脉冲激励恒流源电路原理图

对压控交流恒流源来说，在图 4-18 中，流过负载电阻 R_L 的电流大小为

$$I_L = \frac{-V_0 R_3 (R_2 + R_4)}{R_1 R_5 (R_2 + R_4) + R_L (R_1 R_4 - R_2 R_3)} \tag{4-8}$$

选择合适的电阻，使得 $R_1 R_4 = R_2 R_3$，则式（4-8）变为

$$I_L = -V_0 R_3 / R_1 R_5 \tag{4-9}$$

式（4-9）表明压控交流恒流源的输出电流与负载电阻 R_L 无关。为了消除直流电流激励下不可避免的介质电极化现象，通常使控制电压 V_0 的幅值按某一频率正弦波变化，此时输出电流 I_L 也应为一标准正弦波。但是，压控交流恒流源有几个其本身无法克服的缺点。一是输出电流 I_L 的稳定性受电路中电阻精度的影响大，由式（4-8）可知，I_L 是否恒定由电阻 R_1、R_2、R_3 和 R_4 决定；由于持水率测量仪是在油井井下工作，电阻阻值会随井温变化而发生漂移，使得 $R_1 R_4 \neq R_2 R_3$；这时 I_L 将随负载 R_L 的变化而发生波动，幅值不再恒定，直接导致电导传感器的测量精度下降。二是输出电流 I_L 的调节范围小，由式（4-9）可知，I_L 的幅度由 V_0、R_1、R_3 和 R_5 共同决定，一般在 $10^{-8} \sim 10^{-3}$A；由于在高矿化度和高含水率条件下，小电流激励使得电导传感器对细小油泡不敏感，从而影响持水率测量的灵敏度，严重时还将导致持水率测量仪不能正常工作，限制了仪器的使用范围。另外，由于采用交流激励模式，传感器测量电极对上的输出电压为一交流调幅信号，该信号需经过复杂的滤波电路、解调电路等环节才能转换为适合数据采集的直流信号；这些附加操作不仅降低了仪器的测量精度，而且使持水率测量的实时性变差。

为了克服传统交流激励电流源的缺点，本系统采用直流恒流源器件，通过快速切换正负极性的方式构成双向脉冲激励恒流源；在激励信号的前半周期和后半周期，施加在激励电极对上的是幅值相同、极性相反的直流电流信号。新型激励源的主要实现芯片为精密恒流源器件 DH903B 和高速单刀双掷模拟开关 MAX303。DH903B 的输出电流调节范围为 $0.3 \sim 100$mA，动态稳定时间仅需 4μs，温度稳定系数最劣值仍保持在 4×10^{-4}℃$^{-1}$ 以下，其驱动电流 I_i 的大小仅由电阻 R_G 决定，可表示为

$$I_i \approx 1.27 \times 10^6 / R_G \tag{4-10}$$

双向脉冲激励恒流源的输出电流为一方波信号，即在每个半周期内，通过传感器激励电极对的电流保持恒定。当脉冲电流施加到激励电极对上时，电场的存在将导致介质中电荷的移动，在电极表面聚集大量的电荷，从而引起边界层效应，致使激励电极上的电压波形为如图 4-20 所示的近似方波信号，其形状与激励电流强度、介质电荷种类、电极环大小等因素有关[9]。实际中采用 20kHz 的切换频率，可有效控制流过传感器油水混合物的电离效应，且由于在激励信号的前、后半周期内，激励电流同值反向，这样在一个周期内，介质电极化现象得以避免。对于测量电极对，由于介质和电极表面间的电流可以忽略，不会造成边界层效应，理想情况下输出电压波形为一标准方波信号，且其电压幅值和激励电流成正比，与被测区域介质等效电导成反比。但在实际应用中，还应考虑直流恒流源器件有 4μs 的动态稳定时间，这将导致测量电极对上的输出电压并不是一个理想方波，而是如图 4-21 所示的近似方波信号。

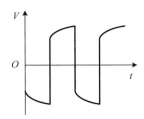　　　　　　　　　　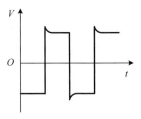

图 4-20　激励电极表面电压波形　　　　图 4-21　测量电极表面电压波形

采用双向脉冲恒流源后，在激励信号的每个半周期内，测量电极间的被测流体可视为受到恒定直流电流的激励，其两端的电位差满足欧姆定律；这意味着 A/D 采样在测量电极对间电压波形的平坦部位进行即可，而不需要传统交流激励信号所采用的滤波电路、解调电路等复杂处理环节，含水率测量的实时性得到改善。在每个激励周期内，系统对测量电极对上的电压采样两次：一次位于激励信号的正半周期内，另一次位于激励信号的负半周期内。为了保证采样时测量电极对上的电压信号已经稳定，两次 A/D 采样时刻被严格控制在输出电压信号前后半周期的 50%处。

2.　流量信号处理电路设计

电导传感器包含两个电导敏感元件，每个敏感元件由嵌套在绝缘管壁的环形电极构成，分别称为上游传感器和下游传感器。当油水两相流体从传感器内流过时，流体电导率的变化引起两路传感器输出信号的变化，即得到两路随机流动噪声信号。本系统中流量信号处理电路负责采集电导传感器上下游测量电极环上输出的两路随机流动噪声信号，电路原理如图 4-22 所示。

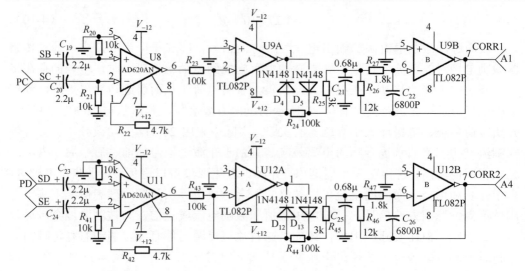

图 4-22　流量信号处理电路原理图

由图 4-22 可以看出，系统采用仪表放大器 AD620 构造低噪声前置放大电路，其放大倍数可调，该电路具有输入阻抗高、共模抑制比高、噪声低、严格限制零点漂移等特点。经放大后电导波动信号的包络检波功能由 1 个运算放大器 TL082P 和 2 个 1N4148 完成，即将 20kHz 调幅波信号转换为直流电压信号。另外，为了有效滤除载波频率和其他干扰，系统采用截止频率为 500 Hz 的二阶有源低通滤波器对解调后的信号进行滤波，最后得到油水两相流动引起的电压波动信号 CORR1 和 CORR2。滤波电路的主要组成芯片是 TL082，除低通滤波功能外，其还具有反相放大功能，放大倍数为 4 倍。

由于采用虚地方法供电，流量信号处理电路输出的两路电导波动信号的电压都是以+12V 为基准的；且由于反相作用，导致最终 CORR1 和 CORR2 两路信号的电压平均小于+12V，且处于+12V 附近。由于 MC56F8323 的 A/D 转换单元的电压采集范围是 0～3.3V，所以+12V 附近的电压是不能直接采集的，必须对其进行分压限幅处理。但在实际应用时，井下传感器输出的上下游流量信号的幅度有时很大，可达 9V 左右（如最大值 12V，最小值为 3V），这时不需要放大；但有时信号幅度特别小，只有几百毫伏（如理想最大值 12V，最小值 11.2V），这时就需要放大。放大电路实现原理如图 4-23 所示，本系统可根据井下传感器输出流量信号的幅度来自动调节上下游流量信号放大器的增益电阻，分为放大 2 倍（运放 U10A 和 U13A）和放大 4 倍（运放 U10B 和 U13B）两挡。由于采用虚地（+12V 作为地），所以大后最大值还在+12V 左右，而最小值将进一步减小；但从实验结果看，最后结果和放大倍数不太成比例，但的确是放大了。当井下流量信号不需要放大时，CORR1 和 CORR2 两路电导波动信号直接送入 Main Board B 板的分压限幅电路；当井下流量信号需要放大时，信号放大 2 倍或放大 4 倍电路后再送入分压限幅电路。

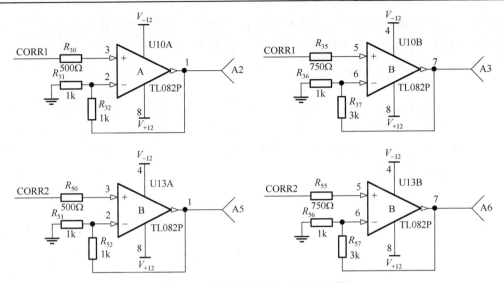

图 4-23 流量信号放大电路原理图

预处理模块主要负责对井下传感器输出的上下游相关流量信号（图 4-22 中输出端 A1 和 A4）及其放大信号（图 4-23 中输出端 A2-A3 和 A5-A6）进行分压限幅处理，结构如图 4-24 所示。由于 MC56F8323 中 A/D 转换单元的电压采集范围是 0～3.3V，而井下传感器输出的上下游流量信号的电压范围是 0～12V，所以需要将 0～12V 的流量信号转换为 0～3.3V 的范围内，这里首先对井下传感器输出的流量信号进行四分之一分压，分压后的电压范围变为 0～3V。为了保护中央处理器 MC56F8323 的 A/D 转换单元免受高低电压的冲击，系统又在加法电路的后面增加了一个限幅电

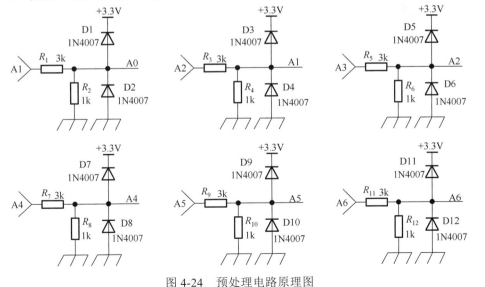

图 4-24 预处理电路原理图

路，该电路的结构相对简单，主要由二极管 IN4007 组成。分压限幅电路的输出信号 A0～A2 和 A4～A6 供 A/D 转换单元进行数据采集。

3. 中央处理器工作原理

MC56F8323 被称为"合成处理器"，其含义是该器件采用了结合 DSP 与 MCU 功能的 56800 内核，以 16 位的代码密度实现了 32 位的性能，可以替代传统 MCU 在 32 位系统中使用，其卓越性能使 MC56F8323 在油井井下参数测量应用中具有明显优势。MC56F8323 内部总线结构是一种经过改进的哈佛架构，拥有 7 条内部程序总线和数据总线，其中 2 条为 32 位宽；内部数据 RAM 具有两个端口，因此可以在单个周期中进行两次存取；在 60MHz 时钟下，MC56F8323 稳定处理指令能力达到 60 MIPS，芯片内集成了 32KB 程序 FLASH，4KB 的程序 RAM，8KB 数据 FLASH 和 8KB 数据 RAM，特别适合井下大容量数据的存储和运算。MC56F8323 芯片内部具有 1 个看门狗和 1 个弛张振荡器，非常有助于提高流量测量仪的可靠性和稳定性。MC56F8323 处理器内部具有电源管理功能，可将处理器按照需要设置为正常、空闲、休眠 3 种工作状态，这为井下仪器的低功耗设计提供了硬件基础。另外，MC56F8323 还配备了 2 个 SCI 接口、2 个 SPI 接口、1 个 CAN 模块、6 通道 PWM 模块、1 个温度传感器和 27 个 GPIO，这为流量测量仪今后的扩展提供了有利条件。本系统工作电路如图 4-25 所示。

1）A/D 转换单元

本系统的 A/D 转换单元集成在中央处理器 MC56F8323 中，负责将放大后的流体流动噪声信号由模拟形式转化为数字形式。MC56F8323 芯片内部具有两个 4 通道 12 位 A/D 转换器，其最大转换时钟频率为 5MHz，完全可以满足测井工作处理速度快的要求。本系统 A/D 转换单元具体设置如下。

（1）选择通道 ANA0～ANA2 和 ANA4～ANA6，使其工作于触发同步采集模式。其中，ANA0 和 ANA4 用于采集未经放大的流量信号，ANA1 和 ANA5 用于采集经放大 2 倍后的流量信号，ANA2 和 ANA6 用于采集经放大 4 倍后的流量信号。

（2）转换精度为 12 位，最大值为 4095，即转换台阶为 0.8mV。

（3）采用内部参考电平，$V_{REF+} = 3.3V$；$V_{REF-} = 0V$。

（4）ADC 转换时钟来自于 MC56F8323 芯片内部的定时器 Timer C2，采样频率为 500Hz、1000Hz、2000Hz、4000Hz 可调，默认为 2000Hz。

（5）采样点数为 1000 点，所以帧周期为 2s、1s、0.5s、0.25s，默认为 0.5s。

（6）AD 采集工作于中断方式，且设置了采集临时缓冲区（大小为 200 点），以满足系统实时性的要求。

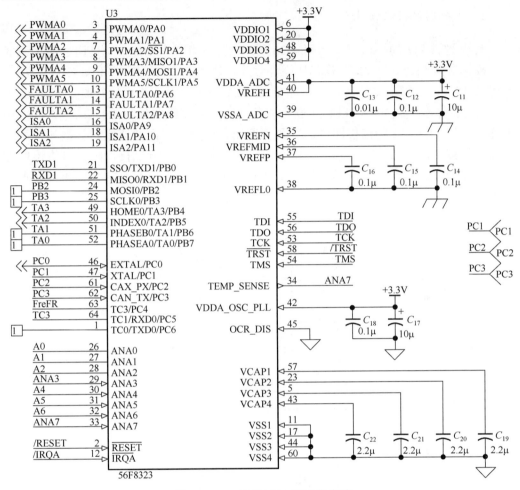

图 4-25　MC56F8323 的工作电路

2）计数器单元

本系统采用 MC56F8323 的定时器 Timer C1 来将相关结果的 τ 值转换为频率输出。Timer C1 的工作原理类似于 Timer C2，它是 16 位定时器，支持加法和减法计数，最大时钟源为 64MHz，最大计数值为 65536，可完全满足本系统频率输出的要求。Timer C1 定时器具体设置如下。

（1）选择计数时钟源为：IPBUS=60M=16.67ns。

（2）工作于减法计数模式，且上升沿触发计数。

（3）系统输出频率范围是 400Hz～5kHz。

（4）触发输出端，以输出方波。

4. 系统调试模块设计

系统调试模块的接口定义如图 4-26 所示，其具有三大功能：一是通过连接调试接口板，来向 MC56F8323 下载芯片固件程序，使用 P3 口的第 1～4 脚来传输数据；使用第 10 和 12 脚来复位芯片，电路如图 4-27 所示，系统脱机运行时，需将第 10 脚和第 12 脚均接高电平，以禁止联机复位，方法是用短路线将 P3 口的第 9 和 10 脚连接、第 11 和 12 脚连接即可。二是预留出传输传感器两通道原始数据和相关结果的串行接口，使用 P3 口的第 7 和 8 脚实现，通过连接调试接口板，可将该信号电平转换为 RS232 电平。三是设置系统工作的帧周期，采用 P3 口的第 14～18 脚来实现。

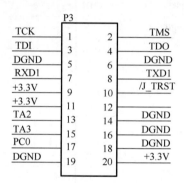

图 4-26　系统调试模块的接口定义

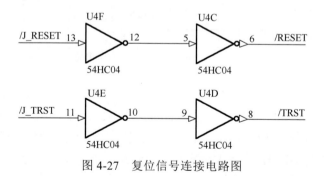

图 4-27　复位信号连接电路图

5. 数据传输模块设计

系统输出模块包含两部分：一是频率信号功率驱动输出电路，负责对持水率处理电路输出的含水率频率信号或 MC56F8323 输出的油井瞬时流量频率信号进行功率驱动，以满足实际测井驱动电缆的需要，采用音频功率放大器 LM386 来实现，电路原理如图 4-28 所示。二是遥测输出电路，负责和遥测短节接口，可同时将含水率频率信号和油井流量频率信号通过远程电缆传输至地面上位机，电路原理如图 4-29 所示，其核心芯片是 P87C52 单片机。

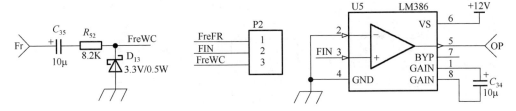

图 4-28　频率信号功率驱动电路原理图

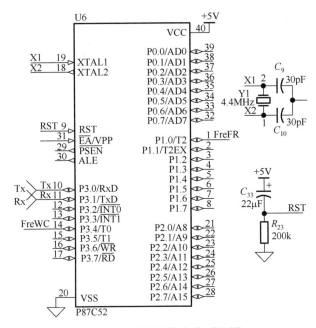

图 4-29　遥测传输电路原理图

6. 电源供电模块设计

因本系统使用的芯片较多，所以所需的供电电压也相对复杂。系统需要使用+5V 和+4.3V 电压，而井下电源模块的输出仅有+24V 和+12V，所以需要进行电压转换。系统使用芯片 LM7805 来实现+12～+5V 的电压转换，使用芯片 TPS7333 来实现+5～+3.3V 的电压转换，电路原理如图 4-30 所示。

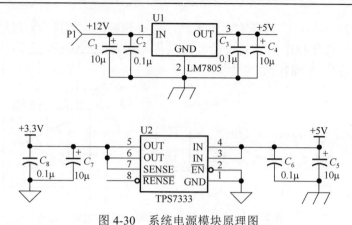

图 4-30　系统电源模块原理图

4.2.2　系统软件设计

软件系统指的是下位机芯片 MC56F8323 的工作程序，它是硬件系统 8323 Main Board B 板正常工作所必需的程序，完成本系统的大部分功能。软件系统（有时也称为下位机软件）使用 Motorola 公司的 Code Warrior 6.01 语言编写，采用 C 和汇编语言混合编程，具有较高的效率，其主要功能如下。

（1）判断 MC56F8323 芯片 I/O 口 PB4（TA3）和 PB5（TA2）的状态，以此来确定 A/D 转换的采样频率和帧周期。

（2）控制 MC56F8323 的 A/D 转换单元，以对井下传感器输出的上下游流量信号进行实时采集，采样频率默认为 2000Hz。

（3）对所采集的两路流量信号进行去除平均值、互相关运算、寻首峰、计算 τ 值等一系列操作。

（4）控制 MC56F8323 的 Timer C3 定时单元，以将两路流量信号的相关 τ 值以频率形式输出，频率范围是 400Hz～5kHz。

（5）控制 MC56F8323 的 SCI1 串行口，以接收上位机发送出的控制命令，并向上位机传输井下传感器两路流量信号的原始数据、相关结果、τ 值和含水信号频率值，传输波特率默认为 38400Hz。

（6）控制 MC56F8323 的 COP 模块（看门狗功能），以防止程序跑飞，清零时间最长为 1.24s。

从功能上看，下位机软件由四部分组成：MC56F8323 主程序、ADC 中断服务子程序、SCI1 中断服务子程序和 TMRC3 中断服务子程序，通信关系如图 4-31 所示。

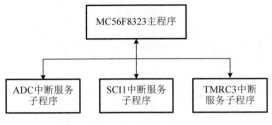

图 4-31　下位机软件系统组成

1. MC56F8323 主程序设计

MC56F8323 主程序的功能是对 MC56F8323 芯片和系统变量进行初始化；根据采集到的井下传感器上下游流量信号的值来切换通道（判断原始流量信号是否需要放大），并对采集结果进行去除平均值、互相关运算、寻首峰、计算 τ 值等一系列操作，最后将结果以频率的形式输出；还可通过串行口来接收上位机发出的命令，进而向上位机传输流量信号的原始数据、相关结果、τ 值和含水信号频率值。MC56F8323 主程序流程图如图 4-32 所示。

2. MC56F8323 初始化子程序设计

MC56F8323 初始化子程序主要包含 PE_low_level_init()函数和 DspInitialize()函数两部分。其中，PE_low_level_init()是芯片默认的初始化例程，不需要用户干预；DspInitialize()是用户初始化函数，负责对 MC56F8323 的 A/D 转换单元、定时器计数器单元、串行口等初始化，并确定 A/D 转换的采样频率和帧周期。

MC56F8323 I/O 口初始化程序主要负责对 MC56F8323 的 PB4～PB5、PC0～PC3进行初始化。PB4～PB5 被初始化为输入口状态，用以设置硬件系统的采样频率和帧周期。PC0～PC3 被初始化为输出口状态；其中，PC0 在调试时使用，高电平点亮调试接口板上的 PC0 指示灯；PC1～PC3 输出三路备用开关量信号。MC56F8323 A/D 转换单元初始化程序负责对 MC56F8323 的 A/D 转换单元进行初始化，使其工作于触发同步采集模式，选择采样通道为 CH0 和 CH4（井下传感器两通道流量信号未经放大），最后使能 A/D 采集。

A/D 转换的采样频率由 MC56F8323 的 Timer C2 定时/计数器来设置。通过设置 Counter 寄存器，就可以让 Timer C2 输出固定的频率，供 A/D 转换单元使用。因本系统中 A/D 转换的采样点数固定为 1000 点，则确定了采样频率，相应的帧周期也就确定了，如表 4-1 所示。设置采样频率的方法：设 f 为所需设置的频率值，X 为待求 Counter 寄存器的初值，所选择的计数脉冲为 IPBUS（60MHz），则计算公式为

$$\frac{1}{60000000} \cdot X = \frac{1}{f} \times \frac{1}{2} \tag{4-11}$$

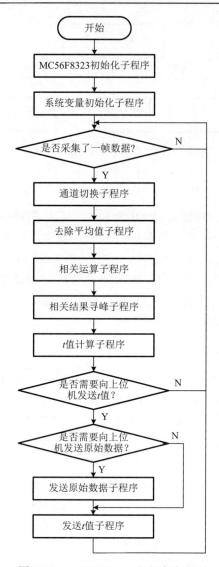

图 4-32　MC56F8323 主程序流程图

表 4-1 列出了本系统 A/D 转换频率和其所对应的 Counter 寄存器初值 X 的值。A/D 转换单元工作时的采样频率由 PB4(TA3) 和 PB5(TA2) 的状态来决定。

表 4-1　A/D 转换采样频率和帧周期的设置

序号	PB5(TA2)	PB4(TA3)	帧周期/s	采样频率/Hz	X 值
1	高	低	0.25	4000	7500
2	高	高	0.5	2000	15000
3	低	高	1	1000	30000
4	低	低	2	500	60000

MC56F8323 的定时器 Timer C3 负责输出频率可变的方波，供遥测模块使用，工作原理同 Timer C2，8323 的 PC4 脚默认工作于 TC3 状态下。这里采用和 Timer C2 一样的设置，然后在需要更改频率的时候，更改 LOAD_REG 寄存器的值就可以了。初始化时设置 TMRC3_LOAD 寄存器和 TMRC3_CNTR 寄存器的初始值为 30000，即 0.5ms 触发一次，输出频率为 1kHz。MC56F8323 SCI1 串行口初始化程序负责对 MC56F8323 的 SCI1 串行口进行设置，以通过调试接口板和上位机调试软件进行通信。本例 SCI1 工作于 8 位数据模式，不使用奇偶校验，传输波特率设置为 38400Hz，表 4-2 给出了 7 种标准波特率所对应的设置值。

表 4-2　MC56F8323 SCI 波特率设置值

序号	波特率	设置值	序号	波特率	设置值
1	38400	98	5	2400	1563
2	19200	195	6	1200	3125
3	9600	391	7	600	6250
4	4800	781			

3. 通道切换子程序设计

通道切换子程序负责判断井下传感器输出的上下游流量信号是否需要放大。由于 Main Board A 板输出的流量信号的电压值均小于+12V，且处于+12V 附近。如假设在一种理想情况下，最大值为+12V，最小值为+11.2V 的情况；由于系统采用虚地设置，即将+12V 作为地；经放大 2 倍后，最大值仍为+12V，最小值可能变成+10.8V 了。所以系统需要判断采集数据的最小值是否非常小以决定放大后的波形是否已经削峰。

本系统采用的切换方案为：当 MC56F8323 采集到井下传感器输出信号的峰峰值小于 400mV 时，信号将被放大 2 倍或 4 倍，成为峰峰值为 800mV 或 1.6V 的信号；当 MC56F8323 采集到上下游流量信号的最小值小于 10mV 时，表示放大倍数太大，信号处于削峰状态，这时系统将切换到无需放大状态。由于本算法采用信号的峰峰值来判断是否需要放大，而采用信号的最小值来判断是否无需放大，所以不会出现循环切换的情况。为了提高系统运行的实时性，将通道切换子程序放于主程序运行的开始处，即系统上电就开始判断是否需要放大；判断结束后，系统将进入采集模式，此时不再进行通道切换。也就是说，需要进行通道切换时，给系统重新上电就可以了。这样系统运行的稳定性、一致性都有所提高。

因 MC56F8323 的 AD 采集基准电压是 3.3V，精度是 12 位，最大值是 4096。400mV 所对应的 A/D 转换的数值是 496.48。所以将"需放大"的门限值设为 500；由于 8323 采集到的是对 Main Board A 板输出信号进行四分之一分压后的结果，所以 400mV 对应 Main Board A 板输出上下游流量信号的峰峰值为 1.6V。10mV 所对应的 A/D 转换的数值是 12.41，所以将"无需放大"的门限值设为 10；此时 10mV 对应 Main Board A 板输出上下游流量信号的峰峰值为 40mV。这样做的目的是保证系统来回切换时波形不失真。

4. 相关运算及其寻峰子程序设计

相关运算子程序负责对所采集到的上下游流量数据进行相关运算，以求出相关 τ 值。设井下传感器两路流量信号分别为 $x(t)$ 和 $y(t)$，则它们的互相关函数 $R_{xy}(\tau)$ 的表达式为

$$R_{xy}(\tau) = \lim_{T \to \infty} \frac{1}{T} \int_0^T x(t)y(t+\tau)\mathrm{d}t \qquad (4\text{-}12)$$

相关结果寻首峰子程序负责寻找相关结果的第一个最大极值点，这里采用差分并平滑的方法实现，公式如下：

$$y(n) = 0.25x(n+3) + 0.5x(n+2) + x(n+1) - x(n-1) - 0.5x(n-2) - 0.25x(n-3) \qquad (4\text{-}13)$$

则最大极值点为：$y(n)$ 由正值变为负值所对应的点。然后找出相关结果的最大极值点 Z 所对应的幅值，并判断第一个极值点 A 的幅值是否大于最大极值点 Z 幅值的二分之一，如果大于，则认为第一个极值点 A 就是所需要的峰；如果小于最大极值点 Z 幅值的二分之一的话，则继续向下寻找第二个极值点 B，并判断其幅值是否大于最大极值点 Z 幅值的二分之一。如此一直继续。具体实现时，程序中不能使用 "0.25*"，而使用 "/4"，原因是如使用 "0.25*" 的话，则 MC56F8323 认为这是浮点数运算，程序代码长度和运算速度会明显减慢。

5. τ 值计算与频率输出子程序设计

该子程序负责计算相关结果的 τ 值（单位 ms），并将结果以频率的形式输出。因 τ 值等于相关结果首峰位置（MaxPoint 点）乘以当前系统的采样周期，这里首先对 MaxPoint 的历史取值进行中值滤波，MaxPoint 的历史值存储深度为 TVHISIZE，默认值为 9；数组名为 TValueHis。所谓中值滤波，首先对 TValueHis[9] 进行排序，然后取第 5 个数(TValueHis[4])的值作为本次的输出值。当有新的 MaxPoint 值时，就把 TValueHis[0] 值丢弃，TValueHis[1] 赋值给 TValueHis[0]，TValueHis[2] 赋值给 TValueHis[1]······TValueHis[8] 赋值给 TValueHis[7]，把新的 MaxPoint 值记入 TValueHis[8]。也就是说，新的 MaxPoint 值取代最旧的 MaxPoint 值，然后再重新排序。τ 值（tValue）频率（f）输出所采用的公式为

$$f = 4\mathrm{kHz} / \mathrm{tValue} + 500\mathrm{Hz} \qquad (4\text{-}14)$$

本系统是先计算出相关结果的 MaxPoint 值，然后除以采样频率来得到 τ 值的，因采用的是整数除法，所以会带来误差。例如，当采样频率为 4000Hz 时，如果

MaxPoint=0～3，所对应的 τ 值都为 0；当采样频率为 2000Hz 时，MaxPoint=0～1，所对应的 τ 值也都为 0；如果这时再按照 f=4kHz/tValue+500Hz 来计算输出频率的话，就不能反映真实情况。当然，从实际情况来看，MaxPoint=0～3 的这种情况几乎是没有的。但为避免上述情况的发生，采用 MaxPoint 值来直接计算输出频率，具体关系如下（当 MaxPoint=0 时，输出频率 300Hz）。

（1）采样频率 4000Hz：f=16kHz/MaxPoint+500Hz，MaxPoint 取值范围 1～250，τ 值的范围 0.25～62.5ms，频率输出范围 16500～564Hz。

（2）采样频率 2000Hz：f=8kHz/MaxPoint+500Hz，MaxPoint 取值范围 1～250，τ 值的范围 0.5～125ms，频率输出范围 8500～532Hz。

（3）采样频率 1000Hz：f=4kHz/MaxPoint+500Hz，MaxPoint 取值范围 1～250，τ 值的范围 1～250ms，频率输出范围 4500～516Hz。

（4）采样频率 500Hz：f=2kHz/MaxPoint+500Hz，MaxPoint 取值范围 1～250，τ 值的范围 2～500ms，频率输出范围 2500～508Hz。

计算 TimerC1 Counter 寄存器初值 X 的公式为（设 f 为所需设置的频率值，所选择的计数脉冲为 IPBUS＝60MHz）：

$$\frac{1}{60000000} \cdot X = \frac{1}{f} \times \frac{1}{2} \tag{4-15}$$

不同采样频率下，X 的关系式如下。

（1）采样频率 4000Hz：X=60000×MaxPoint/(32+MaxPoint)。

（2）采样频率 2000Hz：X=60000×MaxPoint/(16+MaxPoint)。

（3）采样频率 1000Hz：X=60000×MaxPoint/(8+MaxPoint)。

（4）采样频率 500Hz：X=60000×MaxPoint/(4+MaxPoint)。

6. SCI1 中断服务子程序设计

该中断服务子程序在 56F8323 和上位机通信时使用，用于接收上位机发出的指令，并做出响应。上位机指令代码如表 4-3 所示。

表 4-3　上位机指令代码

指令代码	功能
0x55	开始发送原始数据标志
0xAA	停止发送原始数据标志
0x5A	开始发送 t 值数据标志
0xA5	停止发送 t 值数据标志
0xC5	通知下位机复位
0x15	设置 ADC 的采样频率为 1000Hz
0x25	设置 ADC 的采样频率为 2000Hz

续表

指令代码	功能
0x35	设置 ADC 的采样频率为 4000Hz
0x45	设置 ADC 的采样频率为 500Hz
0xF7	C_1, C_2, C_3 输出全部是高电平
0xF6	C_1, C_2 输出高电平；C_3 输出低电平
0xF5	C_1, C_3 输出高电平；C_2 输出低电平
0xF4	C_1 输出高电平；C_2, C_3 输出低电平
0xF3	C_2, C_3 输出高电平；C_1 输出低电平
0xF2	C_2 输出高电平；C_1, C_3 输出低电平
0xF1	C_3 输出高电平；C_1, C_2 输出低电平
0xF0	C_1, C_2, C_3 输出全部是低电平

参 考 文 献

[1] 刘兴斌, 胡金海, 孔令富, 等. 用于井下流体含水率测量的阻抗传感器激励电流切换电路: 中国, ZL200820091219. 7. 2009-07-08. 实用新型专利.

[2] 杜萌, 孔令富, 李英伟, 等. 一种自适应切换的阻抗传感器激励源设计. 电子技术, 2008, 45(10): 40-43.

[3] Kong L F, Li Y W, Liu X B, et al. Study on the measurement system of volume fraction and axial velocity in upward vertical pipe of oil-water two-phase flow. Proceedings of 2007 8th International Conference on Electronic Measurement&Instruments, 2007, 4: 500-505.

[4] 李英伟, 孔令富, 刘兴斌, 等. 基于互相关理论的油井流量测量系统. 电子器件, 2007, 30(4): 1458-1461.

[5] 李英伟, 孔令富, 刘兴斌. 基于 MC56F8323 微处理器的油井流量测量仪. 测井技术, 2005, 29(3): 265-267.

[6] 黄春辉, 胡金海, 刘兴斌, 等. 一种新型井下电导相关流量计数据采集处理模块. 石油仪器, 2006, 20(2): 16-17, 20.

[7] 李英伟, 孔令富, 刘兴斌, 等. 阻抗式含水率测量仪激励源的优化设计. 化工自动化及仪表, 2007, 34(2): 73-75.

[8] 李英伟, 孔令富, 刘兴斌, 等. 基于脉冲电流激励的阻抗式油井含水率测量系统. 东北大学学报(增刊 1), 2007, 28: 297-300.

[9] 刘铁军, 黄志尧, 王保良, 等. 基于双极性脉冲电流技术的电阻层析实时成像系统. 传感技术学报, 2005, 18(1): 66-69.

第5章 电导式持水率与流速测量仪实验结果分析

5.1 电导式持水率测量仪实验结果分析

采用电导式持水率测量仪在实验室进行了验证实验、在油水两相流动模拟装置上进行了动态实验,并在大庆油田进行了现场试验。

5.1.1 室内实验结果分析

本节首先进行了传统四电极电导传感器和激励屏蔽电导传感器的对比实验,验证了屏蔽电极的可行性;进而从电极沾污和双电层效应两方面对电导传感器测量结果的影响因素进行了详细分析。

1. 传感器屏蔽电极可行性验证实验

为了验证屏蔽电极的可行性,在电场存在漏失的实际情况下,分别使用传统四电极电导传感器和激励屏蔽电导传感器在室内进行了对比实验,结果如图 5-1 所示。实验中在传感器垂直管道内装满自来水,并在其被测区域内插入各种粗细不同的绝缘棒来模拟油水环状流型;所用绝缘棒半径为 0.5~4.5mm,对应含水率调节范围为 50%~95%,以 5% 递增。由于绝缘棒高度为 50mm,仅能覆盖激励电极之间的被测区域,而在传感器绝缘管段内仅有单一介质水,此时半径不同的绝缘棒所引起的轴向电流漏失程度也不相同。在没有插入任何绝缘棒时,记录传感器输出电压值,即为全水值;之后在每一含水率测量点下,均取 30 次测量结果的平均值作为混相值。

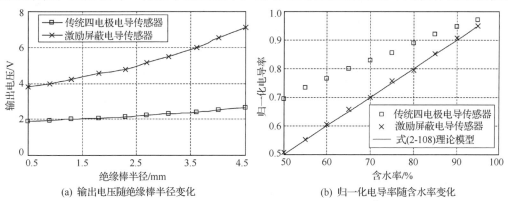

(a) 输出电压随绝缘棒半径变化　　　(b) 归一化电导率随含水率变化

图 5-1 电导传感器屏蔽电极可行性验证实验

　　图 5-1(a)给出了油水环状流型下，传统四电极电导传感器和激励屏蔽电导传感器输出电压值随绝缘棒半径 R_0 的变化情况。可以看出，随着半径 R_0 的增加，两种传感器的输出电压值均逐渐变大，说明传感器被测区域内油水阻抗变大；另外，由于存在轴向电流漏失，对某一固定 R_0 而言，传统四电极电导传感器输出电压值均小于激励屏蔽电导传感器的输出电压值。图 5-1(b)给出了两种传感器输出归一化电导率 σ_n 和含水率 K_w 之间的关系曲线，并与式（2-108）的理论模型进行了对比。可以看出，激励屏蔽电导传感器的测量结果与理论模型基本一致，但与传统四电极电导传感器的测量结果偏差较大。对传统电导传感器而言，由于实验所用绝缘棒仅覆盖了激励电极之间的被测区域，造成混相状态和全水状态下传感器的漏失程度不同，导致激励电流有效分量 I_{im} 和 I_{iw} 不相等，此时不能正确估计 σ_n，例如，当含水率为50%时，其与理论值的相对误差达 15%。对于激励屏蔽电导传感器而言，由于两屏蔽电极的作用，激励电流的漏失程度大大减小，此时混相状态和全水状态下的 I_{im} 和 I_{iw} 近似相等，所以 σ_n 能得到精确估计，测量结果与理论值的相对误差小于 3%，可见其测量精度与传统电导传感器相比有较大提高。

2. 传感器测量结果影响因素分析

　　首先将电导传感器两个激励电极在相对应的部分涂以绝缘介质硅油，模拟电极被沾污的情况。绝缘介质覆盖电极的长度比例分别为 1/4、1/2、3/4。然后在激励电极之间供以频率为 20kHz 的幅度恒定的交变电流。用直径为 4mm 的绝缘棒模拟油相，观察沾污前后电导传感器输出归一化电导率的变化，实验结果如表 5-1 所示。可以看出，传感器输出结果较无沾污时的最大偏差仅为 0.5%，表明激励电极沾污对传感器精度的影响较小。

表 5-1　电导传感器激励电极沾污后对输出结果的影响

分类	无沾污	沾污 1/4	沾污 1/2	沾污 3/4
归一化电导率	0.850	0.848	0.846	0.851

　　之后进行了测量电极被沾污的实验，当激励电极保持清洁时，两测量电极周角相对应部分被绝缘介质覆盖，模拟电极的沾污，覆盖比例为 1/4、1/2、3/4 时，电导传感器输出归一化电导率变化如表 5-2 所示，可以看出，最大沾污影响仅为 1.2%。考虑到实验中的沾污一种极限情况，实际测量时沾污通常不会这样严重，因此沾污对测量结果的影响很小。

表 5-2　电导传感器测量电极沾污后对输出结果的影响

分类	无沾污	沾污 1/4	沾污 1/2	沾污 3/4
仪器响应	0.850	0.848	0.847	0.840

最后进行了双电层效应对电导传感器测量结果影响的评价实验。由于双电层效应的存在，传感器的工作频率不能过低，但对于多电极系统，由于测量电极不通过电流，且传感器为恒流源供电，二测量电极之间的电压严格地等于电流强度与二者之间流体阻抗之积。由于双电层带来附加的电容和电阻不会对测量带来太大影响。因此，工作频率可以比双电极系统低得多。将电导传感器浸于自来水中。激励电极两端供以幅度恒定的交变电流，频率分别设置为 1Hz、10Hz、100Hz、1kHz、10kHz、20kHz、30kHz、50kHz。分别记录不同激励频率时两激励电极间和两测量电极间输出电压，结果如图 5-2 所示。由图可知，激励电极间电压会随工作频率的升高而降低，达到 10kHz 时电压趋于恒定，但当频率高于 30kHz 时电压继续降低，而测量电极在整个频段内保持恒定而不受频率影响，因而激励频率选择在 10k～30kHz 较为理想，实际应用时，系统采用 15kHz 的工作频率。

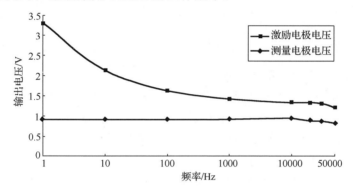

图 5-2　电导传感器激励电极和测量电极输出电压的频率特性

5.1.2　油水两相动态实验结果分析

动态实验在大庆测试技术服务分公司油水两相流动模拟装置上进行，该实验装置由长 8m、内径为 125mm 的透明有机玻璃井筒，高 45m 的油水稳压塔，标准流量计和四个内部相连的油水分离罐组成，结构如图 5-3 所示。实验所用流体为柴油和水，油水分别通过油泵和水泵被送到 45m 高的稳压塔，从稳压塔流出的油和水经过滤器、计量管段标准计量后进入模拟井筒；由模拟井筒出来的油水混合物进入油水分离罐，油水经过重力分离后，油相进入贮油罐循环使用，水相进入贮水罐循环使用。另外，为了模拟油井高矿化度情况，还在油水混合物中加入了少许电解质。实验时，将电导式持水率测量仪置于有机玻璃井筒内，并使用伞式集流器将测量仪和模拟井筒之间的空间封闭，迫使流体由仪器壁的上游进液口流入传感器内部，流体流经传感器后，再由下游出液口流出，从而使油水均匀混合，减小了油水之间的滑脱，提高了持水率测量的精度。

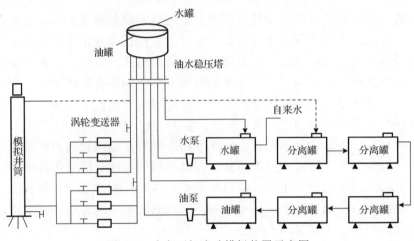

图 5-3　油水两相流动模拟装置示意图

1. 动态实验结果及仪器指标分析

实验中，油水各相流量和含水率由实验装置上的流量计精确给出，其中油水总流量在 $1\sim60\mathrm{m}^3/\mathrm{d}$ 范围内调节，含水率的调节范围依据流量而定；在高流量（$\geqslant40\mathrm{m}^3/\mathrm{d}$）时，含水率在 50%～100% 调节；在流量较低时，含水率调节范围随流量的减小而增加。在给定流量和含水率下，记录仪器在油水混相状态时的输出值，之后测量仪器在全水状态下的输出值，进而得到不同流量下仪器响应（电导传感器输出的归一化电导率值）和含水率的关系，如图 5-4 所示。从图中可以看出，仪器响应与标准含水率的关系具有明显的规律性，而且在低流量下，仪器响应不但取决于含水率，也与流量相关。当含水率保持不变时，仪器响应随流量的降低而向高含水方向移动。这一现象是由于油水两相流动规律造成的，由于油水之间的密度差，油相（油泡）以高于水相的速度向上流动因而在同一含水率下，低流量时的持水率要高于高流量时的持水率。随着平均流速的降低，油水速度差相对于平均流速增大，滑脱现象更为显著，导致持水率与含水率之差变大。目前，其他类型的仪器（如电容类含水率计）难以较好地反映低流速时的油水滑脱现象，而电导式持水率测量仪能够反映这一规律表明该仪器在低流量测量时具有明显的优势。

对于所用内径为φ18 的电导传感器，当总流量高于 $10\mathrm{m}^3/\mathrm{d}$ 时，仪器响应与含水率近似为一平坦曲线。此时，由于油水滑脱速度（当油水的密度差为 $0.83\mathrm{g/cm}^3$ 时，滑脱速度在 3.5～15cm/s）与总平均流速（45cm/s）相比很小，因而流量变化对含水率测量的影响也很小，此时在传感器的流动通道内持水率与含水率非常接近。将图 5-4 中的仪器响应（归一化电导率）利用 Maxwell 模型换算为持水率，可以判断 Maxwell 模型（式（2-4））的准确性，图 5-5 给出了各流量条件下 Maxwell 模型计算持水率与标准含水率的关系。由图可见，当流量超过 $10\mathrm{m}^3/\mathrm{d}$，含水率超过 70%时，持水率与含水率近似相等，Maxwell 模型计算的持水率与含水率也比较接近，所以此时 Maxwell 模型能够较好地反映相对电导率和持水率的关系。但随着含水率的增加，Maxwell 模型计算的持水率超过含水率，表明此时测量模型应予以修正。随着流量的降低，计算持水率超过标准含水率，这主要是由于低流速时油水之间的滑脱影响，导致持水率超过含水率。

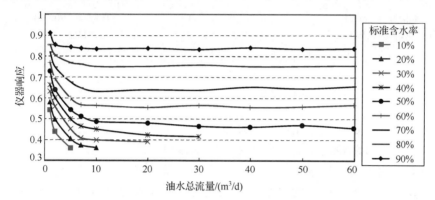

图 5-4　不同流量下仪器响应与含水率的关系

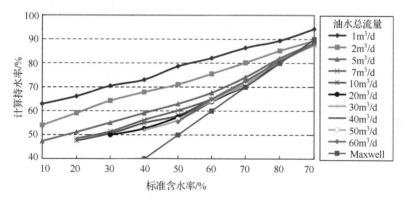

图 5-5　不同流量下计算持水率与标准含水率的关系

在油水两相流动模拟装置上对电导式持水率测量仪的重复性和一致性进行了实验评价，如图 5-6 所示。其中，图 5-6(a)和图 5-6(b)为 1#仪器进行两次实验得到的图版，两次实验相隔 15 天；对比可知，含水率最大相差±1%，证实了仪器具有良好的重复性。图 5-6(c)为 2#仪器在油水两相流动模拟装置上的实验图版，与图 5-6(a)和图 5-6(b)比较可知，仪器响应最大相差±1.5%；由于所测持水率只与相对电导率有关，因此仪器具有很好的一致性。上述实验表明，电导式持水率测量仪具有较高的精度，较好的重复性、稳定性和一致性，是一种较为理想的测量水连续时油水两相流含水率的方法。

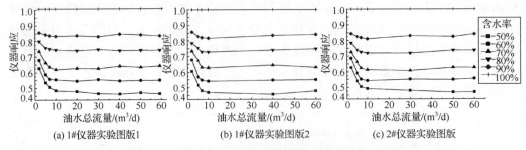

图 5-6　电导式持水率测量仪的重复性和一致性实验

2. 测量结果的含水率解释方法

一般来讲，确定油水分相产量要通过测量总流量和含水率来确定。通常的组分测量仪表只能直接测量两相流的持水率，即水体积含量，而无法直接给出含水率。含水率只有利用测得的持水率和流量，结合实验图版或理论模型来获取。本书也遵循这一思路。由于多相流动的复杂性，水连续时油水两相流的相对电导率不但决定于持水率，也相关于流速。因此根据相对电导率确定的含水率 K_w 是仪器响应和流体流速的二元函数，由于很难获得适用于所有仪器而又具有较高精度的 K_w 函数表达式，一般都通过在室内多相流动实验装置上以柴油、水为流动介质，在不同的流速和含水率下进行实验，获取标定图版。现场测井时，依据测得的仪器响应和流速，再根据图版推算出含水率 K_w。传统的确定 K_w 的方法是操作员在现场测井时根据仪器响应和测得的流量采用手工查图版，效率低，精度也受影响。

为此，提出了一种解释方法，可在计算机上实现，速度快、精度高。计算过程为：首先对在实验装置上获得的实验数据进行拟合，得到图版，并将拟合结果录入计算机；然后在现场测井时，对应于该深度点测得的井下流量，在图版上插值，得到在这一流量下，对应于含水率为 0%，10%，…，100%时的仪器响应；之后将得到的插值数据在直角坐标中绘出曲线，横轴为仪器响应，纵轴为含水率，该曲线表征了在这一流量下含水率与仪器响应的关系；最后通过插值，获得在这一流量下与仪器响应对应的含水值。

下面通过实例可以说明上述过程，假设仪器的实验图版如图 5-4 所示。如果现场测井时涡轮流量计指示流量为 25m³/d，阻抗含水率计的仪器响应为 0.60。为求得含水率，按照上述步骤，在对应于该流量下，由图版查得与含水率 90%、80%、70%、60%、50% 和 40% 对应的仪器响应分别为 $R_{90}=0.822$，$R_{80}=0.740$，$R_{70}=0.623$，$R_{60}=0.542$，$R_{50}=0.465$，$R_{40}=0.421$。然后以仪器响应为横坐标，以含水率为纵坐标，得到流量为 25m³/d 时的含水率-仪器响应的关系，如图 5-7 所示。根据图 5-7，采用三次样条函数进行插值，得到在此流量下与仪器响应 0.6 对应的含水率为 67.9%。同样地，可算得在流量 25m³/d 时，仪器响应为 0.5、0.6、0.7、0.8 和 0.9 时所对应的含水率值，计算结果如表 5-3 所示。这一方法求含水率简单准确，提高工作效率，现场应用效果良好，受到现场操作员的欢迎。

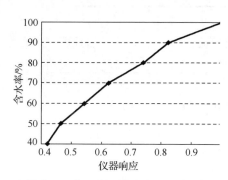

图 5-7　流量为 25m³/d 时仪器响应与含水率的关系曲线

表 5-3　流量为 25m³/d 时仪器响应所对应的含水率值

仪器响应	0.5	0.6	0.7	0.8	0.9
含水率/%	54.1	67.9	76.9	87.9	92.8

5.1.3　油田现场试验

电导持水率测量仪在模拟实验装置上进行技术指标检测和标定后，仪器投入现场应用，1999 年测井 135 口，2000 年测井 205 口，两年共测井 340 口。现场测井中，测试资料与井口化验结果符合较好。如北 4-100-丙 246，井口量油 25m³/d，化验含水 65%，测量产液 26.9m³/d，测量含水 66.6%，中 5-新 24，井口量油 75.3m³/d，化验含水 85.2%，测量产液 76.7m³/d，测量含水 83.2%。测量结果与井口化验结果十分接近。以北 4-100-丙 246 井为例说明测井情况。图 5-8～图 5-11 分别为在该井不同测点测量的混相值、全水值和含水率随时间变化曲线。

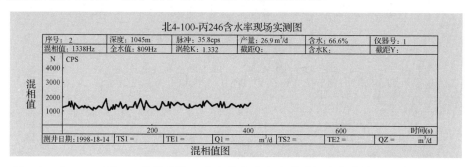

图 5-8　北 4-100-丙 246 井混相值、全水值和含水率随时间变化曲线（深度 1045m）

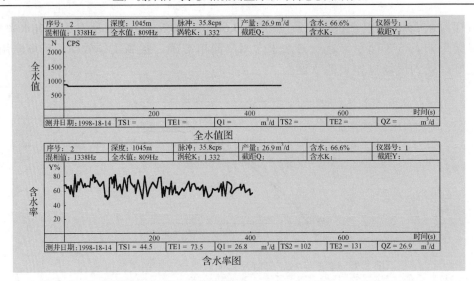

图 5-8　北 4-100-丙 246 井混相值、全水值和含水率随时间变化曲线（深度 1045m）（续）

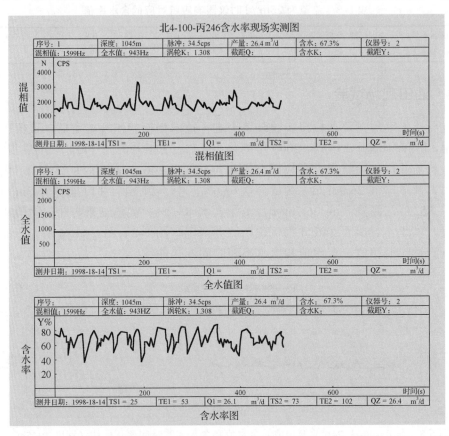

图 5-9　北 4-100-丙 246 井混相值、全水值和含水率随时间变化曲线（深度 1045m，重复）

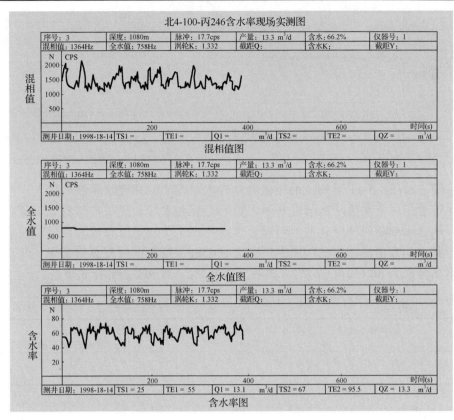

图 5-10　北 4-100-丙 246 井测量的混相值、全水值和含水率随时间变化曲线（深度 1080m）

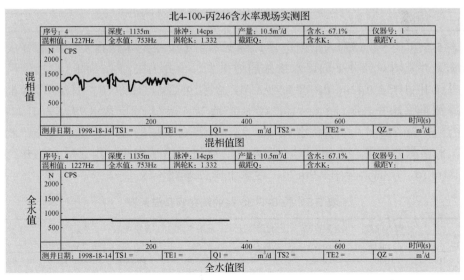

图 5-11　北 4-100-丙 246 井测量的混相值、全水值和含水率随时间变化曲线（深度 1135m）

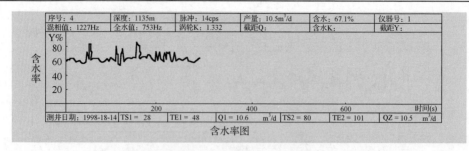

图 5-11　北 4-100-丙 246 井测量的混相值、全水值和含水率随时间变化曲线（深度 1135m）（续）

　　由图 5-8～图 5-11 可知，混相值波动较大，说明油井含水率波动较大。由全水值变化可看出，全水值从记录时开始，30 秒后已经稳定，说明传感器处于分离后的水中。从含水率随时间变化曲线可知，含水率在平均值附近有较大程度的波动，这是由于井内间歇出油造成的。图 5-9 是在 1045m 深度上的重复测量结果，两次测量的含水率分别为 66.6% 和 67.3%，相差只有 0.7%。表 5-4 是解释成果表。

表 5-4　北 4-100-丙 246 井的测井解释成果表

仪器编号：1#		涡轮 K 值	1.332	井口量油 25m³/d		化验含水 65%		
						测井日期：	1998/10/14	
层位	测点深度 /m	合层产液 /(m³/d)	分层产液 /(m³/d)	合层含水 /%	合层产水 /(m³/d)	分层产水 /(m³/d)	分层含水 /%	备注
萨 I	1045	26.9	13.6	66.6	17.9	9.6	70.6	1# 仪器
萨 II	1080	13.3	3.8	63.2	8.3	1.3	46.4	
萨III	1135	10.5	10.5	67.1	7.0	7.0	66.7	
重复：								
萨 I	1045	26.4		67.3				2# 仪器

　　表 5-5 和表 5-6 分别为采用电导式持水率测量仪在拉 6-1738 井测井解释成果表和依据测井资料对该井采取堵水措施的效果表。该井为采油六厂的一口抽油机井，堵水前该井日产液 142m³/d，产油 7 m³/d，含水 95.2%。1999 年 7 月 25 日经电导式持水率测量仪测井表明，高 I8～10(2) 分层产液 27.4 m³/d，分层含水 99%，高 II 11-13～16 层产液 36.8m³/d，分层含水 99%。这两个高含水层的总产液量占全井产液量的 58%。根据测井结果，采油厂对上述两个层段进行堵水作业。作业后，该井产液下降为 81m³/d，产油上升到 9.9m³/d，含水下降为 87.8%。

表 5-5　拉 6-1738 井的测井解释成果表

层位	测点深度 /m	合层产液 /(m³/d)	分层产液 /(m³/d)	合层含水 /%	合层产水 /(m³/d)	分层产水 /(m³/d)	分层含水 /%
高 I8～10(2)	1060	111.2	27.4	95.9	106.64	27.12	99.0
I1-13～16	1071	83.8	36.8	94.9	79.52	36.43	99.0

续表

层位	测点深度 /m	合层产液 /(m³/d)	分层产液 /(m³/d)	合层含水 /%	合层产水 /(m³/d)	分层产水 /(m³/d)	分层含水 /%
19～II1+2	1086	47	9	91.7	43.09	8.86	98.4
II4～10	1100	38	4.7	90.1	34.23	3.4	73.3
II12-14	1115	33.3	27.3	93.6	30.83	26.16	75.8
II16-17～18	1124	6	6	77.9	4.67	4.67	77.8

表 5-6　拉 6-1738 井堵水效果表

	堵前	堵后	效果
产液/(m³/d)	142	81	−61
含水率/%	95.2%	87.8%	−7.2%
产水/(m³/d)	134.9	71.1	−63.8
产油/(m³/d)	7.1	9.9	+3.8

现场测井应用表明,该仪器能够较准确测量油水两相流的含水率,能够识别高产水层。目前,该仪器已经在大庆胜利和江苏油田测井 340 口,创造测井收益 761.4 万元。表 5-7 列出的是采用电导式持水率测量仪测井资料进行堵水作业取得增油效果的部分油井。

表 5-7　用电导式持水率测量仪测井资料进行堵水取得增油效果的油井

井号	堵前日产油/t	堵前日产油/t	日增油/t	有效天数	增油总量/t
拉 6-1738	7	10	3	500	1500
西 60-10	5	7	2	400	800
北 4-6-丙 55	4	9	5	400	2000
北 2-4-P45	18	32	14	400	5600
杏 7-4-丙 17	4	15	11	400	4400
杏 3-310-29	1	2	1	400	400

电导式持水率测量仪的测井资料还在剩余油评价中获得应用。确定剩余油分布是老油田开发最重要的课题,是确定井位的依据,尤其大庆油田开始进行三次加密,搞清区块的平面剩余油分布更为关键。大庆生产测井研究所开展了用生产测井资料确定剩余油饱和度分布的研究。根据水驱油动力学原理,引入流管法,根据动态测井资料结合油藏静态资料,可确定平面上剩余油饱和度的分布。动态测井资料包括分层注入量、产液量和含水率;静态资料包括渗透率、孔隙度、束缚水与残余油饱和度、油水相对渗透率曲线、油水黏度分层剩余油饱和度填充图、等值线图等。这一成果为油藏的开发调整和三次采油的方案设计提供了依据。鉴于电导式持水率测量仪的含水率测量结果准确可靠,1999 年,该成果在采油三厂北三东 301 队区块应用时采用电导式持水率测量仪进行测井,共处理了 11 层和层组。图 5-12 为萨 I 层

组的平面剩余油分布。分布图直观地给出了剩余油富集区和水淹区,利用右侧的标尺可直接读出任意位置的饱和度值。从整个图上看,该层有潜力可挖,建议作为三次加密调整的主要对象。同样获得的萨Ⅲ组分布图表明该层也具有一定的开发价值,而萨Ⅱ组水淹严重,开发潜力很小。该厂地质认可这一结果,因为与地质经验分析相符。

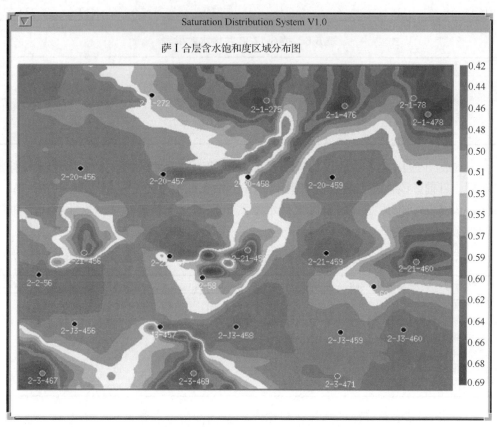

图 5-12　采用电导式持水率测量仪测井资料解释的萨Ⅰ层组的平面剩余油分布图

5.2　电导式流速测量仪实验结果分析

采用电导式流速测量仪在实验室进行了验证实验、在油水两相流动模拟装置上进行了动态实验,并在大庆油田进行了现场试验。

5.2.1　室内实验结果分析

相关法测速的机理就是利用流体内部流动噪声对传感器敏感场产生随机调制作

用，并根据传感器输出信号的相似性来实现速度测量，即将流速测量问题转化为时间间隔的估计问题。但该方法在测量时要求流动稳定，离散油相分散度尽可能均匀，以获得对称的具有明确尖峰的互相关函数曲线，否则可能出现不清楚的互相关尖峰，导致较大速度测量误差[1]。为了验证阵列相关电导传感器中测量电极对 M2-M0 和 M0-M3 的可行性，在室内采用阵列相关电导传感器进行了模拟实验，并与传统 6 电极电导传感器中测量电极对 M1-M2 和 M3-M4 的性能进行了对比。实验中在传感器垂直管道内装满自来水，并在其底部注入一定量的气泡来模拟泡状流型。实时采集电导传感器输出的四路电导波动信号，并对测量电极对 M2-M0 和 M0-M3 的输出信号 $w(t)$ 和 $z(t)$ 进行互相关运算，得到互相关函数 $R_{wz}(\tau)$，将其与测量电极对 M1-M2 和 M3-M4 输出信号 $x(t)$ 和 $y(t)$ 的互相关函数 $R_{xy}(\tau)$ 进行对比，结果如图 5-13 所示。

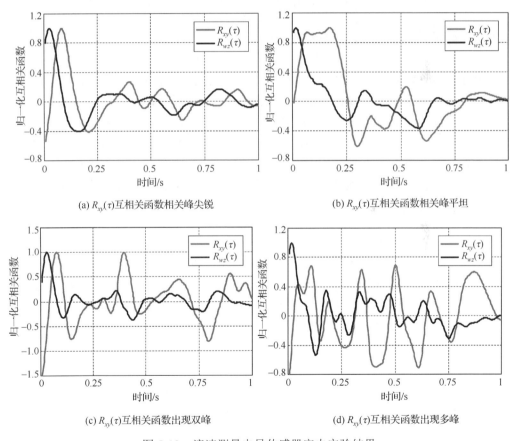

(a) $R_{xy}(\tau)$互相关函数相关峰尖锐　　　　　　　(b) $R_{xy}(\tau)$互相关函数相关峰平坦

(c) $R_{xy}(\tau)$互相关函数出现双峰　　　　　　　(d) $R_{xy}(\tau)$互相关函数出现多峰

图 5-13　流速测量电导传感器室内实验结果

从图 5-13 可以看出，在图 5-13(a)中，$R_{wz}(\tau)$ 和 $R_{xy}(\tau)$ 均具有明确的互相关尖峰，其中 $R_{wz}(\tau)$ 估计渡越时间为 25.8ms，对应流速为 0.465m/s；$R_{xy}(\tau)$ 估计渡越时间为

76.8ms，对应流速为 0.469m/s，二者吻合较好。在图 5-13(b)中，$R_{xy}(\tau)$具有一个平坦的相关峰，无法估计时延真值；但此时 $R_{wz}(\tau)$的相关峰依然非常尖锐，估计渡越时间为 12ms，对应流速为 1.0m/s。在图 5-13(c)中，$R_{xy}(\tau)$出现两个幅值相等的相关峰，所对应的渡越时间分别为 71.8ms 和 394ms，但不能确定时延真值；此时 $R_{wz}(\tau)$仍具有单一明确尖峰，估计渡越时间为 23.5ms，对应流速为 0.511m/s，该结果与 $R_{xy}(\tau)$中第一相关峰估计信息基本一致。在图 5-13(d)中，$R_{xy}(\tau)$出现多个幅值相等的相关峰，无法正确估计时延；但此时 $R_{wz}(\tau)$的主峰位置仍然非常明确，估计渡越时间为 11.25ms，对应流速为 1.07m/s。总的来说，当传统 6 电极电导传感器测量电极对 M1-M2 和 M3-M4 输出信号的互相关函数曲线的相关峰不明确，从而不能正确地估计时延时，阵列相关电导传感器中测量电极对 M2-M0 和 M0-M3 输出信号的互相关函数曲线仍然具有单一、尖锐的明确主峰，依然能正确估计流体流速。

5.2.2　油水两相动态实验结果分析

电导式流速测量仪动态实验在如图 5-3 所示的油水两相流动模拟装置上进行。实验时，将仪器置于有机玻璃井筒内，流量在 $1\sim100\text{m}^3/\text{d}$ 调节，含水率调节范围依流量而定。高流量时，为保证水为连续相，含水率不低于 50%；在低流量下，由于滑脱效应存在，含水率可低于 50%。例如，当流量在 $40\text{m}^3/\text{d}$ 以上时，含水率在 50%～90%调节；流量在 $5\text{m}^3/\text{d}$ 以下时，含水率最低可以到 0%。尽管此时水的流量为零，但井内死水仍能保证水为连续相。对应于每一流量，含水率每次改变 10%。

1. 动态实验结果及线性度指标评测

在给定流量和含水率下，记录测得的渡越时间，取其平均值，求得相关流速 v_c，从而获得不同含水率下相关流速与标准流量关系图版，如图 5-14 所示。当油水总流量超过 $5\text{m}^3/\text{d}$ 时，对图 5-14 进行最小二乘法拟合，得到相关流速与标准流量之间的线性相关系数为 0.9998，标准偏差为 0.072 m/s。考虑到与流量为 $100\text{m}^3/\text{d}$ 对应的相关流速为 3.09m/s，因此，满量程相对标准偏差为 2.3%。当流量低于 $5\text{m}^3/\text{d}$ 时，由于油水之间滑脱的影响，二者线性关系有一定程度偏离。在低流速下，油以比平均流速高得多的速度流过传感器，而测得的相关流速更趋近于油的流速，因此，指示流速要高于实际流速。测量结果能反映这一现象，间接上说明了相关测量结果是可信的。由图 5-14 还可以看到，当总流量高于 $5\text{m}^3/\text{d}$ 时，相关流速只与标准流量有关，与含水率无明显的依赖关系，这使解释模型得到简化。当总流量小于 $5\text{m}^3/\text{d}$ 时，相关流速与含水率有一定的关系，但不同含水率下流量测量误差同流量计量程相比很小。尽管从理论上来讲，电导式流速测量仪不需标定，但由于传感器敏感场廓形变化和灵敏度空间分布不均匀，以及传感器结构、信号处理电路等方面不确定因素，油水之间滑动等因素的影响，标定还是必需的[2]。在使用中，由于仪表常数稳定，两次标定之间的时间可以延长。

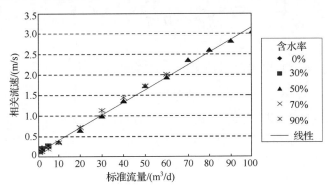

图 5-14　不同含水率下相关流速与标准流量的关系

根据图 5-14 可知，在流量高于 5m³/d 时，测量流量与标准流量的线性关系很好，且相关流速唯一地取决于流量，与含水率无明显的依赖关系。在低流量下，数据有一定离散性，但从全量程范围看，其差值很小。对图 5-14 中的数据进行拟合，得到被测流量 Q_0 和相关流量 Q_c 之间的关系：

$$Q_0=0.9953Q_c+0.6118 \tag{5-1}$$

将标准流量值代入式（5-1），得到平均相关流量与标准流量之差，如表 5-8 所示。由表可知相关流量和标准流量的最大差值为 3.2m³/d，考虑到仪器的满量程流量为 100m³/d，因此线性度的最大相对误差 Δ_1=3.2%。为了了解仪器在全量程范围内的工作特性，表中还给出了电导相关法测得的流量与标准流量差占示值的百分数。由表还可看到，即使在很低的流量下，电导式流速测量仪仍然具有很好的工作性能。

表 5-8　仪器测量结果线性误差的计算

标准流量/(m³/d)	1.00	2.00	5.00	10.0	20.0	30.0	40.0	50.0	60.0	70.0	80.0	90.0	100.0
平均相关流量/(m³/d)	1.01	2.02	4.96	9.94	19.4	30.8	41.64	52.0	61.2	73.2	81.3	88.7	96.9
相关流量与标准值差/(m³/d)	0.01	0.02	−0.04	−0.06	−0.6	0.8	1.64	2.00	1.20	3.2	1.3	−1.3	−3.1
差值与示值之比/%	1	1	−0.8	−0.6	−3	−2.7	4.1	4	2	4	1.6	−1.8	−3.1

2.　测量结果重复性和一致性指标评测

根据如下步骤确定电导式流速测量仪的重复性误差：首先根据式（5-2）求得每一流量下仪器 5 次测量结果的平均值：

$$\overline{x_k} = \frac{1}{5}\sum_{i=1}^{5} x_{ki}, \quad 1 \leqslant i \leqslant 5 \tag{5-2}$$

式中，x_{ki} 为对应第 k 个流量下 5 次测量中第 i 次测量的流量值。

之后用式（5-3）所示的贝塞尔公式计算出每一流量点的标准误差 σ_k：

$$\sigma_k = \sqrt{\frac{1}{n(n-1)}\sum_{i=1}^{n}(x_{ki} - \bar{x}_k)^2} \tag{5-3}$$

式中，$n=5$。

最后，按式（5-4）求出测量结果的相对误差：

$$\Delta_2 = \sigma_k / \bar{x}_k \tag{5-4}$$

在油水两相流模拟实验装置上，对一支仪器进行了 5 次重复性实验，结果如图 5-15 所示，通过上述方法求得重复性误差如表 5-9 所示，可知最大重复误差为 0.7m³/d，满量程最大相对误差 Δ_2=0.7%。

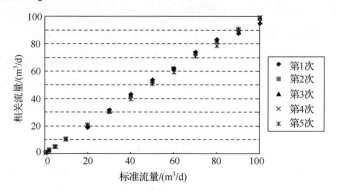

图 5-15　5 次测量相关流量与标准流量关系

表 5-9　电导式流速测量仪重复性误差的计算

装置提供的标准流量/(m³/d)		1.00	2.00	5.00	10.0	20.0	30.0	40.0	50.0	60.0	70.0	80.0	90.0	100.0
平均 相关流量/(m³/d)	1	1.01	2.02	4.98	9.98	19.8	31.2	42.5	53.1	61.5	73.7	81.8	88.9	96.2
	2	1.02	2.05	4.90	10.1	19.6	30.3	41.8	51.6	61.7	72.9	81.2	89.6	98.8
	3	0.98	1.98	5.01	9.94	20.3	29.5	40.1	49.5	60.2	69.9	79.8	92.3	99.5
	4	1.01	2.02	4.96	9.94	19.4	30.8	41.9	52.0	61.2	73.2	81.3	88.7	96.9
	5	0.99	1.99	5.03	10.2	20.5	30.6	39.6	50.8	59.6	71.3	78.8	90.5	98.8
平均值/(m³/d)		1.00	2.01	4.98	10.0	19.9	30.5	41.2	51.4	60.8	72.2	80.6	90.0	98.4
标准差/(m³/d)		0.01	0.01	0.02	0.05	0.21	0.25	0.45	0.62	0.39	0.70	0.56	0.63	0.7
差值与示值之比/%		1.1	0.6	0.5	0.5	0.9	0.7	1.4	1.2	0.7	1	0.7	0.7	0.7

在理论上，只要保证传感器的机械和电气特性一致，不同的电导式流速测量仪应有相同的仪表常数。因此，只要保证集流器密封效果良好，测量仪的一致性能够保证。图 5-16 及表 5-10 为 3 支电导式流速测量仪在油水两相流模拟装置上的实验结果。对比发现，三支仪器测量流量最大相差为 3 m³/d，最大一致性偏差 Δ_3=3%，这表明仪器具有较好的一致性。

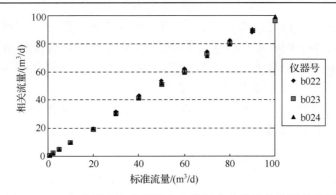

图 5-16　三支电导式流速测量仪在模拟实验装置上的测量结果

表 5-10　电导式流速测量仪一致性检测结果

标准流量/(m³/d)		1	2	5	10	20	30	40	50	60	70	80	90	100
平均相	B022	1.01	2.02	4.98	9.98	19.1	31.2	42.7	53.2	61.5	73.7	81.8	88.9	96.2
关流量	B023	0.97	2.05	5.02	9.81	19.2	30.9	41.1	51.2	59.9	72.9	80.3	89.4	96.0
/(m³/d)	B024	0.99	1.98	5.01	10.2	19.8	30.2	41.5	52.3	60.5	71.5	79.5	90.1	99.2
最大差/(m³/d)		0.04	0.07	0.04	0.39	0.7	1.0	1.6	2.0	1.4	2.2	2.3	1.2	3.0

5.2.3　油田现场试验

电导式流速测量仪经过室内实验和动态实验后,于 1999 年在大庆油田投入现场试验。在一厂至八厂范围内,选择了 11 口抽油机井进行了测试。井的含水率在 50%～95%,井口计量产液在 5.1～112m³/d。在试验中,井下仪器与集流器相接,与测井电缆相连,由绞车送入到井内。在测量过程中,信号传输采用三芯电缆。三芯电缆中的一芯用来控制集流器张合,另外两芯用来传输流动噪声信号[3]。当井下仪器达到指定深度时,位于传感器上游的集流器张开,迫使全部流体流经传感器。两路传感器测量的流动噪声信号通过测井电缆传输到地面。试验中,采用动态信号分析仪对流动噪声信号进行采集、处理,测得渡越时间,再根据在油水两相流模拟实验装置上获得的标定图版换算为流量。记录流量随时间变化曲线,然后取平均。计算机记录测量结果,并进行数据处理。完成测量后,集流器收拢,流量计移动到另一夹层进行测量。在现场试验中,对仪器在全流量井段的测量结果与井口计量进行了对比,发现二者符合良好。同时,对仪器的在井下的重复性、稳定性和一致性进行了试验,证实了电导式流速测量仪能够较好地用于井下油水两相流的流量测量。

1. 现场试验结果及仪器指标评价

表 5-11 给出了电导式流速测量仪在全流量井段的测量结果与井口计量的对比。由表可知,除北 1-40-521 井的井下测量值和井口计量流量差别较大之外,其余各井

与井口计量流量符合较好。如北 3-2-丙 77，井口计量流量为 77.4m³/d，测量结果为 78.6m³/d；北 3-1-P56 是一口聚合物驱采出井，井口计量流量为 91.6m³/d，测量结果为 94.5m³/d，表明该方法在聚合物驱采出井的产液剖面测量是有潜力的。对于北 1-40-521 井，测量值和井口计量差别较大。这是一口产气井，由于产出的气比油水的平均流速高，致使测量流速高于油水的平均流速。因此，该仪器还不能适应高产气量井的测量。怎样克服井内产气或脱气对测量的影响是下一步工作方向。

表 5-11　电导式流速测量仪在全流量井段测量结果与井口计量的对比

序号	测井日期	井号	第一点深度/m	测量流量/(m³/d)	井口计量/(m³/d)	流量差/(m³/d)
1	99.6.29	北 3-2-丙 77	1136	78.6	77	1.6
2	99.7.6	北 3-10-丙 246	1039	57.3	54.7	2.6
3	99.7.13	北 4-60-丙 255	1085	18.6	15.5	3.1
4	99.7.30	北 1-40-521	964	55.6	37	（产气）
5	99.8.3	北 2-J4-441	906	56.9	52	5
6	99.8.4	北 3-1-P56	1145	94.5	91.6	2.9
7	99.8.11	北 2-J6-420	958	36.1	33	3.1
8	99.8.14	凹 268-76	1090	4.6	5.1	−0.5
9	99.8.15	芳 128-60	1480	10.9	9.1	1.8
10	99.8.16	南 8-31-642	1016	40.2	36	4.2
11	99.8.17	拉 6-1738	1060	104.9	112	−7.1

图 5-17 和图 5-18 分别为电导式流速测量仪在抽油机井北 2-J4-441 井、北 3-10-丙 246 井中某测点上所测的流量曲线。这 2 口井的流量曲线幅度变化与油井的冲次频率相吻合，表明流量计能够适应流量脉动变化情况下的瞬时流量测量。流量曲线形状规则，均值稳定。试验表明，在高含水的油水两相流的场合，相关流量计将成为涡轮流量计有效补充或替代手段。

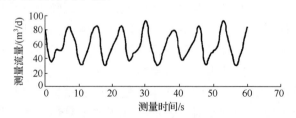

图 5-17　北 2-J4-441 井 906m 深度测井成果图

现场试验取得 11 口井合格资料，测井情况如表 5-12 所示。共起下仪器 15 支次，其中在 2 口井中使用 2 支仪器测成，还在 2 口井中使用 2 支仪器重复测井成功，其余的 7 口井中均使用一支仪器测成。由此看来，仪器的可靠性是比较好的。

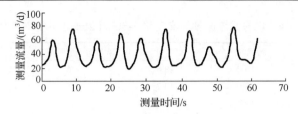

图 5-18　北 3-10-丙 246 井 1041.3m 深度测井成果图

表 5-12　电导式流速测量仪现场测井情况表

序号	测井日期	井号	仪器编号	完成情况
1	99.6.29	北 3-2-丙 77	B022 B024	B022 集流器坏，B024 测量成功
2	99.7.6	北 3-10-丙 246	B023	测量成功
3	99.7.13	北 4-60-丙 255	B023 B024	B022 一路输出坏，B024 完成
4	99.7.30	北 1-40-521	B024	测量成功
5	99.8.3	北 2-J4-441	B022	测量成功
6	99.8.4	北 3-1-P56	B022 B024	两次测量成功
7	99.8.11	北 2-J6-420	B022	测量成功
8	99.8.14	凹 268-76	B022	测量成功
9	99.8.15	芳 128-60	B023	测量成功
10	99.8.16	南 8-31-642	B022	测量成功
11	99.8.17	拉 6-1738	B024 B023	两次测量成功

　　表 5-13 为电导式流速测量仪对每口井的总产液重复测量结果。测量时将仪器下到测点，打开集流器进行全井眼集流，使全部流体流经传感器，然后进行流量测量。试验时，为了减小集流器不稳定性对测量的影响，更好地验证传感器本身的重复性，在完成一次测量后，保持集流器张开，隔 15 分钟后进行第二次测量。同样还在其他某些点进行了第三次测量。由表 5-13 可知，每口井的总产液重复最大相差 1m³/d。表 5-14 为试验样机在北 4-60-丙 255 井中的各深度上的重复测量对比，由表可知，重复结果最大相差为 0.2m³/d。因此，根据上述结果，可认为电导式流速测量仪有很好的重复性。

表 5-13　电导式流速测量仪测井结果的重复性

序号	测井日期	井号	测点深度/m	第一次测量/(m³/d)	第二次测量/(m³/d)	两次差值/(m³/d)
1	99.6.29	北 3-2-丙 77	1165	78.6	79.3	0.7
2	99.7.6	北 3-10-丙 246	1039	57.3	57.6	0.3
3	99.7.13	北 4-60-丙 255	1085	18.6	18.6	0
4	99.7.30	北 1-40-521	964	55.6	55.8	0.2
5	99.8.3	北 2-J4-441	906	56.9	57.9	1.0
6	99.8.11	北 2-J6-420	958	36.1	35.4	0.7
7	99.8.14	凹 268-76	1090	4.5	4.2	0.3
8	99.8.15	芳 128-60	1480	10.9	11.0	0.1
9	99.8.16	南 8-31-642	1064	16.7	17.7	1.0

表 5-14 电导式流速测量仪在北 4-60-丙 255 井重复测量对比

序号	层位	测点深度/m	第一次测量/(m³/d)	第二次测量/(m³/d)	两次差值/(m³/d)	仪器编号
1	萨 II 1(1)~(2)	1085.0	18.6	18.6	0	B024
2	萨 I 4+5(1)	1095.0	14.7	14.5	0.2	B024
3	萨 I 4+5(2)~4+5(3,4)	1099.6	13.0	13.1	0.1	B024
4	萨 II 4(1)	1123.0	9.6	9.4	0.2	B024

在现场试验中,对仪器的一致性也进行了测试。表 5-15 和表 5-16 为两支仪器在北 3-1-P56 井和拉 6-1738 井的测井结果,从表 5-15 中可看出两支仪器测量最大相差 2.3m³/d;从表 5-16 可以看出前两点重复得较好,最后一点重复结果相差较大。从井内取出仪器时发现 B023 的集流器有破损,由此推断损坏发生在最后一个测点,造成流体漏失,致使指示流量偏小。综合考虑仪器在油水两相流模拟装置所进行的大量实验均具有良好的结果,因此电导式流速测量仪本身的一致性是有保证的。

表 5-15 两支电导式流速测量仪在北 3-1-P56 井测量结果对比

序号	层位	测点深度/m	B022#仪器/(m³/d)	B024#仪器/(m³/d)	二支仪器流量差值/(m³/d)
1	葡 1-3	1145	94.5	96.8	2.3
2		1156.2	60.3	59.9	0.4
3	葡 3-4	1160.8	39.6	38.6	1.0

表 5-16 两支电导式流速测量仪在拉 6-1738 井测量结果对比

序号	层位	测点深度/m	B024#仪器/(m³/d)	B023#仪器/(m³/d)	二支仪器测量差值/(m³/d)
1	高 I8~10(2)	1060	109.6	104.9	4.7
2	高 I11-13~16	1071	86.7	84.8	1.9
3	19~ II 1+2	1086	46.8	30.1	16.7

2. 仪器适用范围和典型测井实例

由于涡轮流量计的量程比一般在 30~50,要测量 1~100m³/d 的流量,要使用两种到三种规格的流量计。而电导式流速测量仪的流量测量范围更宽,量程比达到 100,因此一支仪器就可完成这一范围内的测量,如表 5-17 所示。由表可知,所测油井覆盖流量范围较宽,这是该方法的突出优点。实际应用发现,虽然在 2m³/d 以下时仪器测量精度有所下降,但仍可具有较高的分辨率,这对过环空测井具有重要价值。表 5-17 中同时给出了 11 口井的含水率分布,可以看出,仪器在流量高的情况下可以用于含水率在 50%~95%的井,在流量低的情况下可以适用于含水率更低的油井。因此,只要水为连续相且又非单相流,电导式流速测量仪就能正常工作。目前大庆多数油井都满足这样的条件,因此该仪器具有广泛的应用前景。

表 5-17 　电导式流速测量仪现场试验油井的井口计量流量和化验含水率

序号	测井日期	试验井号	井口计量流量/(m³/d)	化验含水率/%
1	99.6.29	北 3-2-丙 77	77.4	91
2	99.7.6	北 3-10-丙 246	54.7	90
3	99.7.13	北 4-60-丙 255	15.5	60
4	99.7.30	北 1-40-521	37	75
5	99.8.3	北 2-丁 4-441	52	80
6	99.8.4	北 3-1-P56	91.6	73
7	99.8.11	北 2-丁 6-420	33	78
8	99.8.14	凹 268-76	5.1	61
9	99.8.15	芳 128-60	9.1	59
10	99.8.16	南 8-31-642	36	30
11	99.8.17	拉 6-1738	112	95

　　北 3-1-P56 是一口聚驱采出井。该井于 1996 年 9 月投产，1997 年 4 月补孔。射孔井段为 1147.2～1160.5m 的葡 1-3 层和 1161.1～1166.8m 的葡 3-4 层。井口计量产液 91.6 m³/d，井口化验含水率为 73%。1999 年 8 月 4 日采用两支电导式流速测量仪 B022 和 B024 对该井进行了测试。图 5-19 和图 5-20 分别为两支仪器在各深度点的流量测井曲线，图 5-21 为仪器 B022 在两个深度点重复测井曲线，可以看出，流量曲线形状规则，与抽油机井的波动周期对应明显，流量均值稳定。表 5-18 给出了两支仪器在各测点的流量测量值，两支仪器测量结果对比很好，采用 B022 在 1145 和 1160.8 两点重复测量结果非常接近。上述结果表明，用电导式流速测量仪测量聚合物驱采出井是可行的。

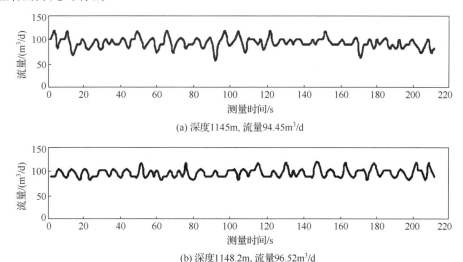

(a) 深度1145m, 流量94.45m³/d

(b) 深度1148.2m, 流量96.52m³/d

图 5-19 　流量计 B022 在北 3-1-P56 井各个深度点的流量测井曲线

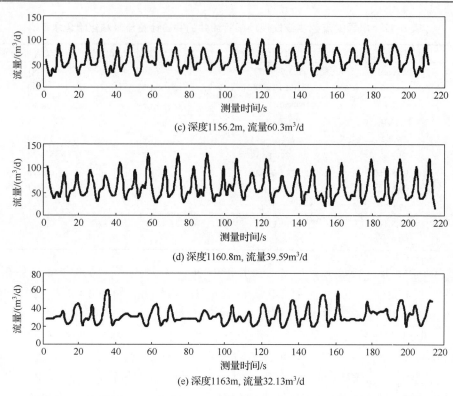

(c) 深度1156.2m, 流量60.3m³/d

(d) 深度1160.8m, 流量39.59m³/d

(e) 深度1163m, 流量32.13m³/d

图 5-19　流量计 B022 在北 3-1-P56 井各个深度点的流量测井曲线（续）

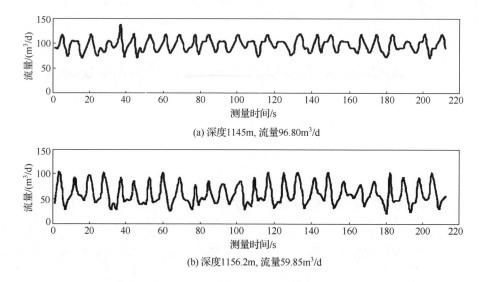

(a) 深度1145m, 流量96.80m³/d

(b) 深度1156.2m, 流量59.85m³/d

图 5-20　流量计 B024 在北 3-1-P56 井各个深度点的流量测井曲线

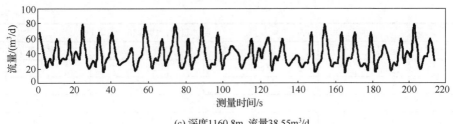

(c) 深度1160.8m，流量38.55m³/d

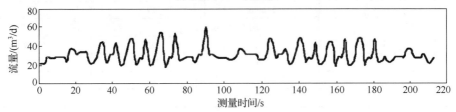

(d) 深度1163m，流量30.94m³/d

图 5-20 流量计 B024 在北 3-1-P56 井各个深度点的流量测井曲线（续）

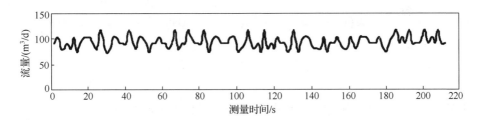

(a) 深度1145m，流量95.33m³/d

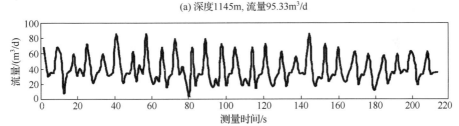

(b) 深度1160.8m，流量39.27m³/d

图 5-21 流量计 B022 在北 3-1-P56 井两个深度点的重复测井曲线

表 5-18 两支流量计在北 3-1-P56 井测井结果

序号	层位	测点深度/m	合层产液/(m³/d)	分层产液/(m³/d)
井号：北 3-1-P56			测井日期：1999 年 8 月 4 日	
采用 B022 仪器：				
1	葡 1-3	1145	94.5	
2		1148.2	96.5	36.2
3		1156.2	60.3	20.4

续表

井号：北 3-1-P56		测井日期：1999 年 8 月 4 日		
序号	层位	测点深度/m	合层产液/(m³/d)	分层产液/(m³/d)
4	葡 3-4	1160.8	39.6	7.5
5		1163	32.1	
B022 重复：				
1	葡 1-3	1145	95.3	56.0
2	葡 3-4	1160.8	39.3	
采用 B024 仪器：				
1	葡 1-3	1145	96.8	36.9
2		1156.2	59.9	21.3
3	葡 3-4	1160.8	38.6	7.7
4		1163	30.9	

参 考 文 献

[1] 胡金海, 刘兴斌, 黄春辉, 等. 相关流量计水平条件下两相流实验效果分析. 测井技术. 2006,
30(1): 54-56.

[2] 王芳, 刘兴斌, 黄春辉, 等. 电导式相关流量测量技术应用研究. 国外测井技术, 2009(4):
42-45.

[3] 刘兴斌, 胡金海, 周家强, 等. 电导式相关流量测井仪在产出剖面测井中的应用. 测井技术,
2004, 28(2): 138-140.

第6章 光纤探针持气率测量基本理论与优化技术

光纤探针作为一种新的持气率测量技术,其研究还处于初级阶段,其加工工艺和测量方法均有很大的提升空间。光纤探针的敏感头是最先接触到相态的部件,其辨别相态能力直接关系到整个测量系统的性能。为了提高光纤探针的灵敏度,本章针对油气水三相流测量问题,对光纤探针的敏感头和光路系统进行了优化设计,使其在尽量对气泡影响小的情况下获取更多的流体信息。

6.1 光纤探针相态检测工作原理

测量持气率的前提是光纤探针能灵敏地鉴别出气液两相,如图 6-1 所示,根据全反射原理,光源产生的光通过光纤传递到探针敏感头,进而根据返回光线的强度来判定气液两相。由于气液的折射率不同,当光线由光纤入射到气体中时,气体折射率较小,大部分光线由探针返回,返回光的强度大;而当光经光纤入射到液体时,液体折射率较大,大部分光线散射到液体中,返回的光强度小。由于气体和液体的折射率相差很大,返回的光强度差别就很大,从而很容易地区别气体和液体[1]。

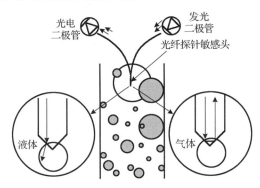

图 6-1　光纤探针识别气液相态示意图

探针反射的回光信号强度不仅与探针所处的流体介质有关,还与探针敏感头的形状、材质,甚至和介质接触的方式有关。由于流体流动是随机的,因此探针接触介质的方式也是随机的,在这方面难以进行理论分析,但是可以对探针敏感头进行优化,使探针在不同相态中输出的信号尽可能满足测量要求。图 6-2 为光纤探针的结构示意图,可以看出,从实现结构上一根光纤探针可分为传导区和探测区;其中传导区负责传光,探测区主要用于探测光纤的回光功率,并最终由传导区返回给探测器。一般来说，在传光过程中的能量损耗可以忽略不计，因此分析如何从敏感头探测区获得较强的回光功率对提高光纤探针持气率测量的精度非常重要。

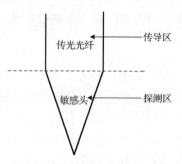

图 6-2　光纤探针结构示意图

　　图 6-3 是圆锥形光纤探针敏感头分别置于空气和水中检测相态的原理图。首先利用光电探测器把从光纤探针中返回的光信号转换成电信号，然后根据电信号的强弱来辨别光纤敏感头是处于气相还是液相。因此，获得在气相和液相下回光强度的差值对辨别相态是很重要的。回光强度主要取决于四个因素：光纤探针敏感头折射率、气相和液相的折射率、光纤探针敏感头形状、光纤敏感头的平滑度。其中，敏感头形状对回光强度起着直接作用，其返回的光束是传光光束在敏感头发生全反射后散射回光纤的结果。本节以圆锥形敏感头为例对光纤探针相态检测可行性进行分析，圆锥形敏感头能最大利用光线全反射特性，可以得到清晰的高信噪比信号，特别适用于气液检测[2]。图 6-3 中虚线描述的扇形区域是光束在纤芯中传播的角度区域，这个区域由纤芯和包层的折射率决定，也就是由传输光纤决定。沿着探针敏感头的粗实线表示对应点位置的全反射区域，这个区域由锥形角、入射光线的位置、光纤折射率和介质共同决定。当传播区域不包含在全反射区域时，纤芯的光束散射出去，此时回光强度较低；当传播区域包含在全反射区域时，一些光束反射回纤芯，此时回光强度较高。当探针置于空气中的时候，大部分光束返回光纤，所以回光强度很高；但当探针置于水中的时候，几乎所有光束通过敏感头散射到水中，所以回光强度很低。

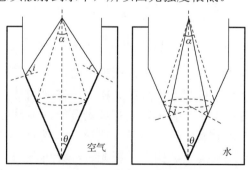

图 6-3　相态检测原理图

当圆锥形光纤探针接触气泡前表面的时候，敏感头渐渐暴露于空气中，全反射区域越来越大，所以回光强度增大了，光电转换的输出电压也增大了。设返回光束的强度记为 V_{out}，I 表示在高度为 h 处的回光功率，S 为敏感头逐渐暴露在各相中的面积，h 为敏感头暴露在空气中的高度。

$$V_{\text{out}} = \int_s I(h)\mathrm{d}s \qquad (6\text{-}1)$$

为了对式（6-1）进行计算，现对回光功率 I 在敏感头的分布做两个假设：一是光纤中光束强度分布是均匀分布的；二是敏感头表面对向内反射光线是光学粗糙的，也就是说，光束在敏感头表面进行全反射后产生散射光，几乎所有散射光线返回到传输光纤作为反射光束强度，则光纤探针在气液相中回光强度的差值为

$$\Delta V_{\text{out}} = \int_s \Delta I(h)\mathrm{d}s = \int_s I_{\text{gas}}(h)\mathrm{d}s \int_s I_{\text{liquid}}(h)\mathrm{d}s \qquad (6\text{-}2)$$

式中，ΔI 是特定高度处的返回能量差值。由于敏感头暴露在空气中的面积 S 是 h 的函数：

$$S = \int_0^1 2\pi \tan\theta h(H'/H)\mathrm{d}\frac{h(H'/H)}{\cos\theta} \qquad (6\text{-}3)$$

因此，式（6-2）可写为

$$\Delta V_{\text{out}} = \int_s \Delta I(h)\mathrm{d}s = \beta h \qquad (6\text{-}4)$$

式中，β 为回光强度系数，其与锥角 θ 的关系为

$$\beta = K\frac{\sin\theta}{\cos^2\theta} \qquad (6\text{-}5)$$

式中，K 为常数因子，β 表示气液两相中回光功率差值的强度。在设定 $h=1$ 时，得到 β 随半锥角的变化曲线，如图 6-4 所示。可以看出，光纤探针敏感头锥角越大，回光功率差就越大，且基本上呈指数增长，所以锥角大的光纤探针具有更好的气液鉴别灵敏度。因此利用光纤探针在气液两相中得到回光功率的差别来进行相态检测的方法是可行的。

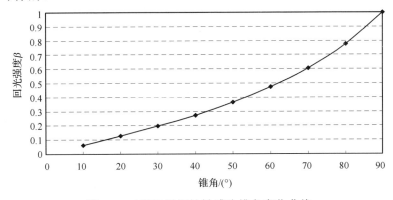

图 6-4　β 随光纤探针敏感头锥角变化曲线

6.2　光纤探针敏感头材质优化设计

在整个光路传感系统中，以 LED 发光二极管作为传感系统激励光源，耦合光纤作为光路的传输部分，在耦合光纤的输出端接一个光电二极管用以接收经光纤探针敏感头传递回的光信号，系统光路如图 6-5 所示。常用的光纤材质有石英、玻璃、蓝宝石和塑料，本书利用 Zemax 软件对这四种典型材质的探针敏感头进行仿真测试，为选出适合在油井井下使用的最优材质。

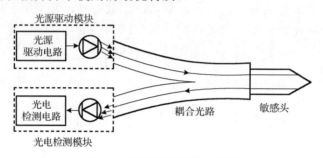

图 6-5　光纤探针结构示意图

光电二极管的衡量指标是照度，即在给定的共同的一个方向上物质表面每单位投影面积上的光照强度。故本书根据探测器上收集的照度及能量总和即回光功率对不同材质的敏感探头进行对比分析，通过对比探测器上收集的照度和回光功率看哪种材料识别相体更灵敏。在进行仿真优化时，首先将 Zemax 非序列模式中以光纤探针敏感头和耦合光纤连接处设置为起始原点，耦合光纤的 object type 栏设定为 imported，材料设置为 SILICA（二氧化硅），敏感头选用 standard len。其次对光源进行定位，光源的空间位置坐标为（0, 6.076, −34.34），关于 x 轴旋转 20°，能量参数设定为 3.75(10^{-3}W)。因为耦合系统光路出射光纤末端是接光电探测器，故此处在 Zemax 中仿真时放置一个探测器，因为实际使用时光电二极管的尺寸为 1.93(mm)，故探测器选用 2×2(mm^2)；同时确定探测器的空间位置，仿真中探测器空间位置坐标为(0,−6.076,−34.34)；关于 x 轴旋转−20°，材料设置为 ABSORB，目的是收集不同形状的探头的回光功率。然后在 Zemax 非序列模式中保持光源、光纤、探测器的材料、空间位置及其他的所有参数一致的情况下，仅改变光纤敏感头 material 一栏，其中材料的选择使用 Zemax 中的 SILICA（石英）、AL_2O_3（蓝宝石）、BK7（玻璃）、PMMA（塑料）分别进行仿真。图 6-6 分别是石英光纤敏感探头、玻璃光纤敏感探头、蓝宝石光纤敏感探头、塑料光纤敏感探头的回光功率图，x, y 轴定义为以探测器中心为原点，探测器在 x, y 各方向上的长度值（mm），z 轴为功率值（mW）。

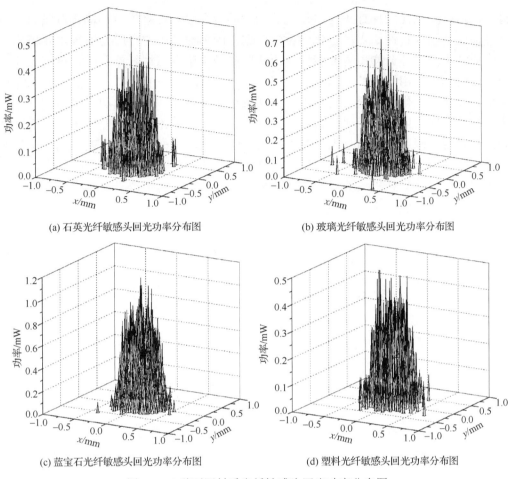

(a) 石英光纤敏感头回光功率分布图　　　　(b) 玻璃光纤敏感头回光功率分布图

(c) 蓝宝石光纤敏感头回光功率分布图　　　　(d) 塑料光纤敏感头回光功率分布图

图 6-6　4 种不同材质光纤敏感头回光功率分布图

通过对图 6-6 分析可知，四种材质探测器上接收的回光功率峰值都集中在探测器中心位置呈由中心向两边逐渐递减的分布趋势，且功率主要集中在探测器中心 $1mm^2$ 范围内，靠近探测器边缘处功率降低为 0。对不同材质仿真数据进行采集，得出图 6-7 所示四种不同材质敏感头探测器上收集的总回光功率曲线图。理论上石英光纤、玻璃光纤、蓝宝石光纤和塑料光纤都能实现对气相和液相的识别。玻璃光纤尽管具有相对高的透明性及精确的光学系数，但由于其脆性大，在井下特殊的工作环境下很容易破裂或是熔化，以致可能无法准确反射回光功率而不能正常工作。由于所选敏感头材质必须适应油井的特殊环境同时需保证回光功率值较大，且由仿真结果得知玻璃光纤的功率值次于蓝宝石故不选择玻璃光纤。相对玻璃光纤，塑料光纤虽然柔性好、弯曲半径小，但存在损耗大、耐温低、带宽窄的缺点。而石英光纤具有强度高，弯曲性能好且优良的光学特性的优点，光路中的传输光纤可采用石英材质，这样一来光纤探针头与传输光纤均为同一介质，可避免由于耦合造成的光损耗。但除了物理特性还需考虑化学特性问题，因为油井中的介质为油气水多相流，其中原油中的一部分物质为酸碱性，而此类酸碱物质会腐蚀石英介质。石英光纤工作一段时间后，由于探针尖端被腐蚀变形导致不能及时反映相态，从而出现光纤敏感头不能正常工作的情况，而且由仿真结果可知石英光纤的回光功率最小，故也不选择石英材料。同三者相比，蓝宝石光纤具有更优良的化学、物理性质，它不仅耐高温，且耐酸碱腐蚀，而且也具有很好的光学特性，这样不会出现玻璃光纤在井下容易破裂或熔化，也不会出现石英光纤易被腐蚀和塑料光纤损耗大的现象，且仿真结果得出蓝宝石光纤探头的回光功率值最大，因此结合仿真结果与实际使用所需条件选用光纤探针敏感头材质为蓝宝石。

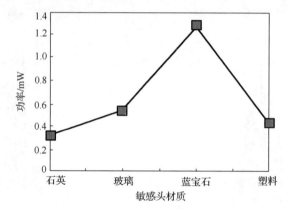

图 6-7   4 种不同材质敏感头探测器上回光功率曲线图

6.3   光纤探针敏感头形状优化设计

敏感头是光纤探针最主要的传感部分，其对探针的灵敏度及可靠性至关重要，因此敏感头形状优化是光纤探针检测相态能否成功的关键。在保证光纤探针获得足够高的回光功率的前提下，还应尽量减小敏感头的尺寸，以减少探针对流体流动的干扰。

6.3.1   敏感头形状优化基本原理

Niewisch[3]运用光线追迹方法分析了光纤探针尖端处光线的传播方式，他认为光纤探针尖的形状可由式（6-6）四次多项式描述：

$$f(r) = ar^4 + br^3 + cr^2 + dr + e \tag{6-6}$$

通过改变多项式的系数来改变光纤探针尖端的形状，从光纤敏感头不同形状着手分析。针对固定形状的多模光纤敏感头而言，其芯径远远大于光波长，所以对于此敏感头上收集的光功率可以通过几何光学模型计算方法来进行计算，且唯有符合光纤全反射条件的光线才能返回探测器。结合这种研究思想，本书提出 8 种光纤探针敏感头形状进行初步分析对比（图 6-8），八种形状敏感头光纤探针分别为(a)圆锥形光纤探针，(b)球形光纤探针，(c)抛物线形光纤探针，(d)双曲线形光纤探针，(e)椭球形光纤探针，(f)锥球形光纤探针，(g)锥直锥形光纤探针，(h)抛物线锥形光纤探针（以下简称锥喇形光纤探针），如图 6-8 所示为各形状敏感探头的剖面图。

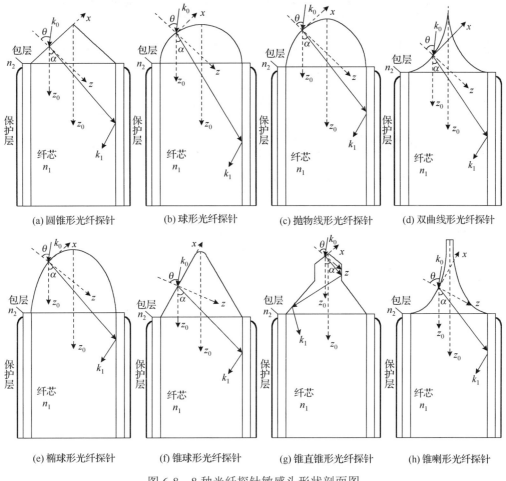

图 6-8　8 种光纤探针敏感头形状剖面图

探测器中接收到返回光的功率是一个十分重要的参数，因为一定条件下空气中返回光的光功率越大，敏感头在空气与液体中区分信号越明显，所以整个敏感头表面收集的光功率是一个重要的衡量指标。如图 6-8 所示的球形敏感头，光线入射到敏感头端面上发生折射进入纤芯，基于全反射原理在敏感头内进行传输。设

(x, y, z) 代表局部坐标系，同时设 (x_0, y_0, z_0) 代表全局坐标系，由于其原点可是任意的一点，因此未在图中给出。为计算敏感头收集的光功率，首先在光纤敏感头表面上选取任意一点，取 (x, y, z) 局部坐标系，假定 x 轴与球形探针敏感头外端面相切，z 轴垂直敏感头端面，针对轴对称形状的敏感头，比方圆锥形及下文研究的六种其他形状光纤敏感头，则能够将 x、z 轴选取为敏感头中心轴所在的纵截面上，z_0 沿敏感头中心轴方向。在气相介质中，则任意入射光 k_0 在局部球坐标系 (r, θ, ϕ) 中，可以表示为

$$k_{0x} = k_0 \sin\theta\cos\phi, \quad k_{0y} = k_0 \sin\theta\sin\phi \tag{6-7}$$

式中，θ 代表入射角，ϕ 代表方位角。经过敏感头界面折射后，光线进入敏感头内部，入射光矢量变为 k_1，由折射定律有

$$k_{1x} = k_{0x}, \quad k_{1y} = k_{0y}, \quad k_{1z} = \sqrt{\left(\frac{2\pi n_1}{\lambda}\right)^2 - k_{1x}^2 - k_{1y}^2} = \sqrt{\left(\frac{2\pi n_1}{\lambda}\right)^2 - k_0^2 \sin^2\theta} \tag{6-8}$$

式中，n_1 代表纤芯的折射率。假定纤芯和包层分界面上的全反射临界角为 θ_c，当 k_1 和 z_0 的夹角小于 $\theta_{max} = \dfrac{\pi}{2} - \theta_c$ 时，光线在纤芯内发生全反射并继续传输，如果纤芯和包层的折射率分别为 n_1 和 n_2，则传输光应满足：

$$k_1 \cdot z_0 \geqslant \frac{2\pi n_1}{\lambda}\cos\theta_{max} = \frac{2\pi n_1}{\lambda} \cdot \frac{n_2}{n_1} = \frac{2\pi n_2}{\lambda} \tag{6-9}$$

图 6-8 中 α 代表 z_0 和 z 的夹角，在局部坐标系下，z_0 方向的单位矢量可以表示为 $z_0 = (\sin\alpha, 0, \cos\alpha)$，那么式（6-9）可转化式为

$$k_{1x}\sin\alpha + k_{1z}\cos\alpha \geqslant \frac{2\pi n_2}{\lambda} \tag{6-10}$$

将式（6-7）和式（6-8）代入式（6-10），可以推出：

$$\sin\theta\cos\phi\sin\alpha + \sqrt{n_1^2 - \sin^2\theta}\cos\alpha \geqslant n_2 \tag{6-11}$$

因此可以计算出此点收集和进入光纤敏感头的光功率为

$$p(\alpha, \beta) = \iint T(\theta, \varphi)\sin\theta \mathrm{d}\theta\mathrm{d}\varphi \tag{6-12}$$

式（6-12）中 $T(\theta, \varphi)$ 代表经敏感头表面上的点光源传入纤芯的辐射量，其中 $\theta \in [0, \pi/2]$，$\varphi \in [0, 2\pi]$。一般情况下，敏感探头上任意点收集的光功率是角 α 和 (x_0, y_0, z_0) 坐标系下方位角 β 的函数。由于任一光源发射的光能量都是辐射在它周围的一定空间内，因此在进行有关光辐射的计算时也是一个立体空间问题，由图分析，式（6-12）的积分限即接收立体角是两部分立体角的交叉部分，一是包括各种情况

传输光线的立体角，二是包括各种情况折射光线的立体角，对于如上述的八种轴对称形状光纤探针敏感头，各自的光功率仅是 α 的函数。因此，在整个光纤探针敏感头表面收集的总功率为

$$\iint p[x_0, y_0, z_0(x_0, y_0)]\mathrm{d}S = \iint p[x_0, y_0, z_0(x_0, y_0)]\sqrt{1 + z_{0x}'^2 + z_{0y}'^2}\,\mathrm{d}x_0\mathrm{d}y_0 \quad (6\text{-}13)$$

式中，$p[x_0, y_0, z_0(x_0, y_0)]$ 是式（6-10）中的 $p(\alpha, \beta)$ 在全局坐标系 (x_0, y_0, z_0) 下转化之后的表达式，$z_0(x_0, y_0)$ 代表探针敏感头曲面的方程，z_{0x}' 和 z_{0y}' 分别代表 $z_0(x_0, y_0)$ 关于 x_0 和 y_0 的偏微分。式（6-13）积分在探针敏感头和光源接触的表面区域上进行计算的，对于球形敏感头，选敏感头球心作为坐标原点，则式（6-13）能简化在球坐标系下计算，有

$$I = 2\pi R^2 \int_0^{\alpha_{\max}} p(\alpha)\sin\alpha\,\mathrm{d}\alpha \quad (6\text{-}14)$$

式中，R 代表球半径，$\alpha_{\max}$ 代表全局坐标系 z 轴和局部坐标系 z_0 轴的最大夹角。相对另外 7 种形状光纤探针椭圆形或圆锥形等其他形状的敏感探头而言，收集的总功率式（6-13）则通过数值积分进行计算。综上利用 Zemax 软件对光纤探针敏感头内部光线传输继续进行仿真测试即光线追迹，下面具体介绍如何将探针放入耦合系统光路中进行软件仿真。参照光纤基本原理知光纤的组成部分纤芯与包层，内外都是圆柱形结构，因此光纤在软件中有多种模拟方法，其中之一是用两个圆柱体来模拟，另一种用两个标准镜来模拟。欲选用标准镜片模拟的方法，选用这种方法是因为此法简单，同时也为后续的不同形状敏感头内部光线传播追迹的准确性提供保证。光纤的纤芯材料使用软件中的 SILICA（二氧化硅），在 Zemax 中标准面的每一个点坐标是由式（6-15）决定的。

$$z = \frac{cr^2}{1 + \sqrt{1 - (1+k)c^2 r^2}} \quad (6\text{-}15)$$

式中，c 代表面的曲率即半径的倒数，r 代表径向坐标，k 表示 conic 系数。当式中的 $k < -1$ 时曲面为双曲面，当 $k = -1$ 时曲面为抛物面，当 $-1 < k < 0$ 或 $k > 0$ 时曲面为椭圆面，$k = 0$ 时根据半径设置不同，可分别表示出球面和圆锥面。因此在软件中可以模拟出上述提出的八种形状敏感头，据此分别进行仿真分析。模拟时需要注意的是让两个标准镜中的纤芯放置在包层里面，故模拟时包层的项目栏要在模拟纤芯的项目栏前面。具体使用的光纤的纤芯半径数值为 0.3mm，包层的半径设置为 0.33mm，材料设置为 SILICA（二氧化硅），纤芯放在包层的下面，且纤芯栏的 inside of 填写为包层项目栏的编号，具体的设计结果如图 6-9 所示。由图中可以看出，有部分光不是在纤芯中传播，而是在包层之间传播，这部分光必须加以控制，Zemax 中可以

通过控制面的类型将这部分光先给吸收，面选项中的 coating 选项中选择包层的侧面，属性值为 absorb（吸收），就可以控制这部分光，对分析结果没有影响，由此奠定仿真基础，为下一步敏感头形状优化做准备。

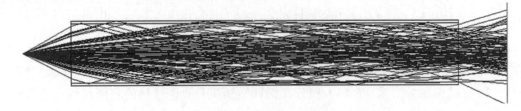

图 6-9　基于 Zemax 光线追迹法的光纤设计图

6.3.2　敏感头形状优化方法实现

本节主要介绍采用光线追迹手段对光纤敏感头形状优化的方法实现。衡量持气率测量光纤探针所用敏感头性能的一个十分重要的指标是经敏感头反射回探测器上的照度参量值。基于 Zemax 光学软件收集光纤探针敏感头置于空气和水中的照度曲线分布及回光功率，通过分析光路中探测器上的照度峰值及回光功率总和对敏感头进行衡量比较，继而对光纤探针敏感头形状适宜度进行仿真验证，直至得到敏感头在空气和水中的反射率之差最大，找到最佳的形状[4]。基于上述研究及模拟的耦合系统光路及其参数设置，在 Zemax 非序列模式中保持光源、光纤、探测器的材料、空间位置及其所有参数一致的情况下，仅更换光路耦合系统中探测系统的敏感探头。例如，先将耦合系统光路中的探针敏感头位置放置一个如图 6-8(a)所示的圆锥形光纤探针，并且每更换一次探针敏感头都对光路进行百万次的光线追迹，依次类推有如下各形状光纤探针敏感头光线追迹图如图 6-10 所示。

点击 Zemax 软件中 Dvr 项目栏即弹出 detector viewer，利用末端的探测器收集经光纤敏感头返回的功率值，最终得到八种不同形状光纤探针敏感头分别置于空气介质中时光学系统的回光功率图。由于 Zemax 中只能得到功率关于坐标 x，y 的平面颜色分布图，无法立体地显示功率的分布，结合 origin 数值分析软件，将 Zemax 最后探测器上追迹得到的功率分布转化为立体分布图，得到各形状回光功率如图 6-11 所示。图中 x，y 坐标轴分别为设置的模拟探测器的边界长度，z 轴为光纤敏感头置于气相介质时，光线经敏感头全反射传输回出射端探测器上的回光功率。由图 6-11(a)圆锥形敏感头回光功率分布图可知，其功率主要集中在探测器中心±0.5mm，即探测器中心 $1mm^2$ 范围内，且功率最大值要明显高于其他七种形状敏感头的功率最大值；由图 6-11(b)球形敏感头回光功率分布可知，其功率主要集中在探测器中心 $1mm^2$ 范围内，且在其分布范围内，功率值起伏较大；由图 6-11(c)抛物线形敏感头回光功率分布图可知，其功率主要集中在探测器中心 1mm² 范围内，且呈阶梯状分布；图 6-11(d)双曲线形敏感头回光功率分布图可知，其功率主要集中在探测器中心 1mm² 范围内，且其呈平凸形分布，探测器上得到的功率值几乎相等；由图 6-11(e) 椭球形敏感头回光功率分布图可知，其功率主要集中在探测器中心 1mm² 范围内，且在其分布范围内，功率值起伏也比较大；由图 6-11(f)锥球形敏感头回光功率分布图可知，其功率主要集中在探测器中心 1mm² 范围内，且呈阶梯状分布；由图 6-11(g) 锥直锥形敏感头回光功率分布图可知，其功率主要集中在探测器中心 1mm² 范围内，且呈阶梯状分布，但功率值低于其他 6 种敏感头；由图 6-11(h)抛物线锥形敏感头回光功率分布图可知，其功率主要集中在探测器中心 1mm² 范围内，且呈明显的阶梯状分布，功率值相对其他形状也较低。综上所述，由仿真结果图可知，八种形状敏感头整体趋势回光功率较大的位置都集中在探测器中心位置，并且功率值主要集中在探测器中心 1mm² 范围内，大于探测器边长 0.5mm 即探测器中心 1mm² 范围时功率值几乎下降到 0，功率值随 x，y 轴长度增加而减小，功率最大的是圆锥形敏感头，最小的是双曲线形敏感头，平整度最高的是双曲线形敏感头。

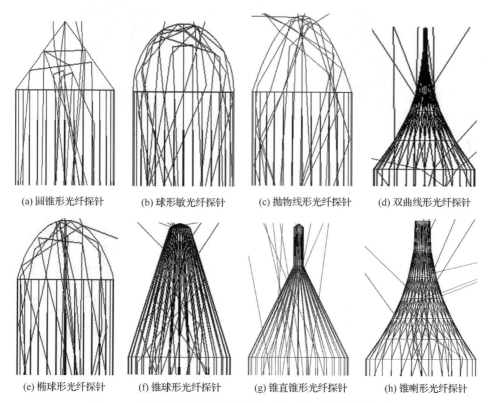

(a) 圆锥形光纤探针　　(b) 球形敏光纤探针　　(c) 抛物线形光纤探针　　(d) 双曲线形光纤探针

(e) 椭球形光纤探针　　(f) 锥球形光纤探针　　(g) 锥直锥形光纤探针　　(h) 锥喇形光纤探针

图 6-10　不同形状的光纤探针敏感头光线追迹仿真剖面图

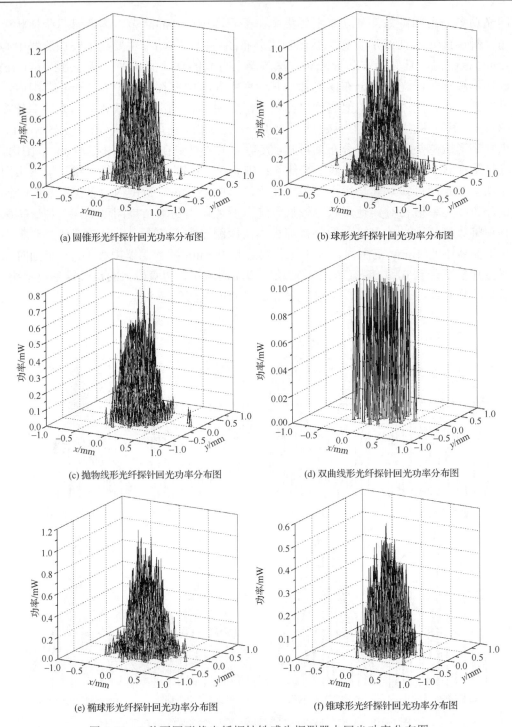

(a) 圆锥形光纤探针回光功率分布图　　　　(b) 球形光纤探针回光功率分布图

(c) 抛物线形光纤探针回光功率分布图　　　　(d) 双曲线形光纤探针回光功率分布图

(e) 椭球形光纤探针回光功率分布图　　　　(f) 锥球形光纤探针回光功率分布图

图 6-11　8 种不同形状光纤探针敏感头探测器上回光功率分布图

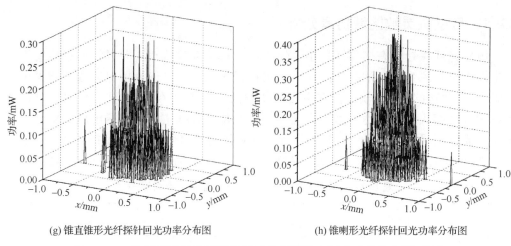

(g) 锥直锥形光纤探针回光功率分布图　　　　　(h) 锥喇形光纤探针回光功率分布图

图 6-11　8 种不同形状光纤探针敏感头探测器上回光功率分布图（续）

　　利用不同形状光纤探针敏感头仿真数据，计算得出八种不同形状敏感头时光探测器上收集的照度峰值及回光功率值，结果如表 6-1 所示。由表中可知，在相同条件下八种光纤敏感头经过百万次光线追迹后，锥形光纤探针的回光功率最高，双曲线形光纤探针的回光功率最低。照度峰值得到的也是圆锥形光纤探针最高，双曲线形光纤探针的最低。最后结合仿真结果图及工程制作难易及表 6-1 分析，因为八种形状收集到的照度最大值和回光功率均为圆锥形光纤敏感头最大，故由上述仿真结果得出光纤探针的核心器件敏感头形状为圆锥形。

表 6-1　八种形状探针敏感头时探测器上的照度最大值和回光功率值

敏感头形状	照度最大值/(W/cm²)	回光功率/mW	敏感头形状	照度最大值/(W/cm²)	回光功率/mW
圆锥形	1.147	1.302	椭球形	1.052	1.188
球形	0.956	1.013	锥球形	0.574	0.333
抛物线形	0.765	0.728	锥直锥形	0.287	0.024
双曲线形	0.096	0.022	锥喇形	0.378	0.308

6.4　光纤探针敏感头锥角优化设计

　　研究发现光纤探针敏感头表面光洁度及其尖端角度是影响传感器的回光率的两大因素，只有当敏感头角度确定后，探针敏感头上入射光分布及其相应入射角才能随之确定，因此角度是一个衡量其灵敏度的一个重要指标。本节主要通过对光纤探针敏感头灵敏度仿真分析来实现持气率测量光纤探针敏感头锥角优化设计。

6.4.1 敏感头灵敏区域仿真分析

虽然光纤探针具有横截面积小、体积小、重量轻等特点，并且能够直接置于微小空间中进行测量，在油井井筒内也只占据极小的空间。但为了保证测量结果更加精确，本节结合 Zemax 软件仿真不同角度敏感头的灵敏区域，主要手段是通过调节光纤探针敏感头长度来达到对锥尖角度的控制从而根据仿真结果得出最佳角度。所采用的光纤直径为 600μm，则光纤半径已知通过几何计算容易得出 15°～90°（依次递增 5°）锥尖角度分别对应的敏感头锥形尖端长度，各长度近似值如表 6-2 所示。

表 6-2　圆锥形敏感头锥尖角度与锥尖长度对照表

角度/(°)	15	20	25	30	35	40	45	50
锥长/mm	2.28	1.70	1.35	1.12	0.95	0.82	0.72	0.64
角度/(°)	55	60	65	70	75	80	85	90
锥长/mm	0.58	0.52	0.47	0.43	0.39	0.36	0.327	0.3

在 Zemax 中模拟锥形光纤探针，可以使用 standard len 选项，也可以在其他的机械设计软件（PROE、SolidWorks 等）将探针设计好后，保存成 sat 文件格式放入 Zemax 规定的文件夹中，然后直接调用就可以。对复杂形状的光纤探针而言可以使用第二种方法，对圆锥形光纤探针而言直接使用 standard len 选项，前面六项设置为探针的位置与旋转角度，material 选项是材料，后面九项分别表示为前后面的半径、conic 系数、有效高度、高度、厚度。因为选用的蓝宝石光纤探针敏感头形状为圆锥形，故所用的圆锥形光纤探针前后面的半径和 conic 系数都为 0，前表面的有效高度为光纤半径为 0.3mm，后表面为 0.001mm，厚度根据不同敏感头长度即不同敏感头锥角进行取值。这里主要仿真不同锥角的蓝宝石光纤探针敏感头置于空气介质中敏感单元内部不同位置的回光功率值。仿真步骤类似上述对不同敏感头形状的仿真步骤，在 Zemax 非序列模式中保持光源、光纤、探测器的材料、空间位置及其他的所有参数一致的情况下，仅调节探测系统的敏感探头的长度（即不同角度），并且每更换一次角度都对光路进行百万次的光线追迹，经折射后，用软件中的通用万用表进行分析，最终得到不同角度的敏感头处于空气中时光学系统的回光功率图，如图 6-12 所示，图中横轴为锥尖半径长度（mm），纵轴为功率值（mW）。

通过图 6-12 不同锥角回光功率仿真曲线图可分析出，敏感头角度在 15°～90°，每个角度都有一个较大回光功率的锥半径位置。图 6-12(a)～(i)即敏感头锥角在 15°～55°时，功率曲线都是先随锥尖半径的增大而增大，但当增大到锥尖四分之一处值后功率值又随锥尖半径的增大而减小，共同点是探针回光功率最大的位置均在锥尖半径 0.075mm 位置处，即这一角度范围的敏感头功率最大及最敏感区域均为距离锥尖四分之一处；图 6-12(j)～(n)即锥尖角度在 60°～80°时，功率曲线都是先随锥尖半径的增大而增大，当增大到锥尖二分之一处值后功率值又随锥尖半径的增大而减小，共同点是探针回光功率最大的位置均在锥尖半径 0.15mm 位置，即这一角度范围的敏感头功率最大及最敏感区域均为距离锥尖二分之一处；图 6-12(o)～(p)曲线图趋势不同于前面讨论角度，在锥半径较小处功率最大，说明这两个角度下光线在顶角处产生全反射的光线最多，故而在此处功率值都较大，然后二者功率值都是先随锥尖半径的增大而减小，当减小到锥尖四分之一处值后功率值又随锥尖半径的增大而增大，在锥尖半径为 0.15mm 位置处达到最大，随后又随锥半径的增大而减小。

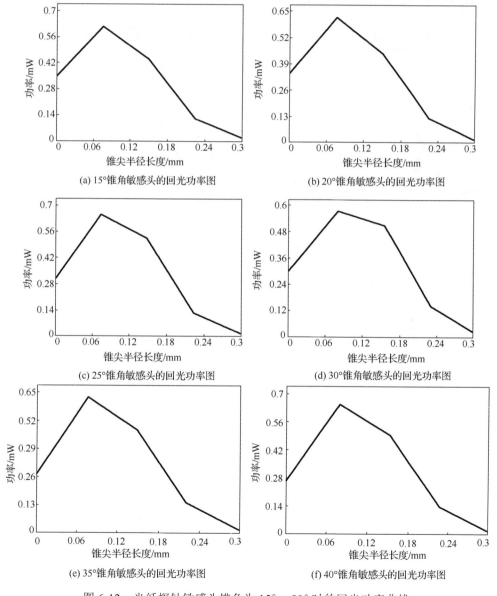

(a) 15°锥角敏感头的回光功率图

(b) 20°锥角敏感头的回光功率图

(c) 25°锥角敏感头的回光功率图

(d) 30°锥角敏感头的回光功率图

(e) 35°锥角敏感头的回光功率图

(f) 40°锥角敏感头的回光功率图

图 6-12　光纤探针敏感头锥角为 15°～90°时的回光功率曲线

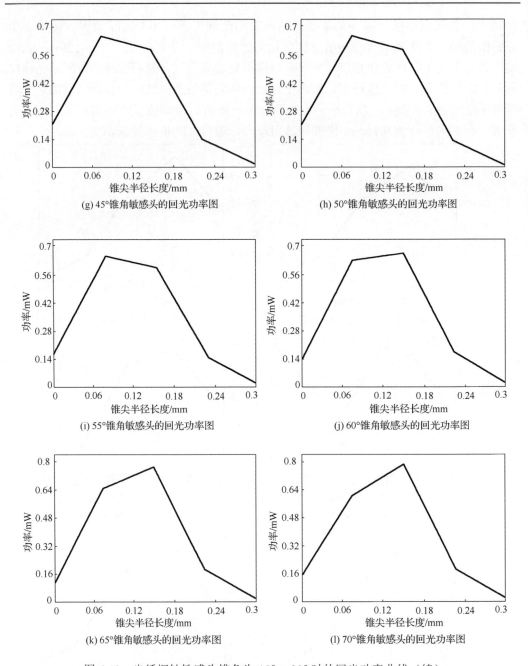

(g) 45°锥角敏感头的回光功率图　　　　(h) 50°锥角敏感头的回光功率图

(i) 55°锥角敏感头的回光功率图　　　　(j) 60°锥角敏感头的回光功率图

(k) 65°锥角敏感头的回光功率图　　　　(l) 70°锥角敏感头的回光功率图

图 6-12　光纤探针敏感头锥角为 15°～90°时的回光功率曲线（续）

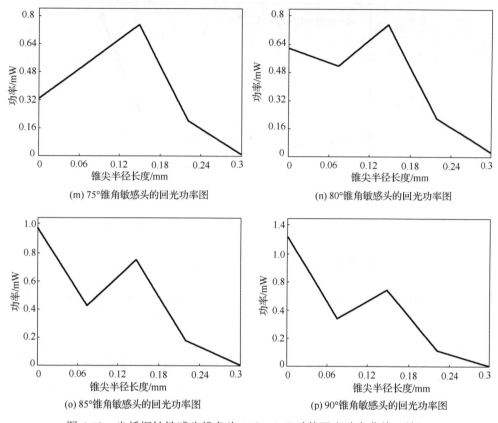

(m) 75°锥角敏感头的回光功率图　　　　　　　(n) 80°锥角敏感头的回光功率图

(o) 85°锥角敏感头的回光功率图　　　　　　　(p) 90°锥角敏感头的回光功率图

图 6-12　光纤探针敏感头锥角为 15°～90°时的回光功率曲线（续）

考虑到实际应用时，由于不同流型油气水三相流中气泡尺寸大小不一，有时气泡尺寸较大但有时却很小；故为了使光纤探针更有利于识别相态，应选择灵敏区域靠近敏感头尖端的锥角。为此我们选择灵敏区域小于锥尖半径四分之一的锥角，由图 6-12 可知，满足该条件的锥角范围分别为 15°～55°和 85°～90°。由于在实际应用时，最终检测的是探测器上的光线强度，即探测器上收集到的光线强度越高，其光电转换输出的电信号就越强，因此对于锥角的选择还需结合在光路中探测器上收集的回光功率做进一步分析，结果如图 6-13 所示。可以看出，在 15°～90°锥角范围内，探测器上收集的回光功率随角度的增加呈先降低后增大的趋势，为此选取回光功率大于 0.38mW 所对应的敏感头锥角，范围为 15°～30°和 75°～90°。综上所述，结合图 6-12 和图 6-13，从敏感头的灵敏区域和探测器上收集的回光功率两方面考虑，光纤探针敏感头锥角范围 15°～30°和 85°～90°均可满足要求。

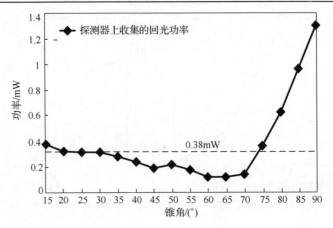

图 6-13　15°～90° 敏感头在探测器上收集到的回光功率曲线

6.4.2　敏感头对流体流动影响分析

考察光纤探针敏感头对流体流动产生的影响，从而进一步对敏感头锥角进行优化。油气水三相流在管道截面上的许多流动变量是不相同的，所有流动变量是空间坐标系上三个方向。如果用三元流动模型分析油气水三相流十分有难度，下面精简分析模型，用二维数值模拟来反映管道内部的流场，建立二维图形的一个面来代表气液两相流动的管道。采用二维结构对模拟井筒进行数值模拟，过程采用如下简化方法，因为各种工况条件恒定即不进行热交换，故不考虑流体上升时产生的能量损耗，因为在出口处不产生回流，即出口处表压为 0。对本节涉及的模拟采用流体体积函数（Volume of fluid，VOF）模型，此模型利用的是两相或多相流没有互相穿插的原理。气水两相流模拟中使用的是空气和水，模拟条件为常温常压。因为气水两相物理特性不同，因外界环境条件变化，将导致流动参数发生改变。20℃ 时，水的密度 $\rho_W = 998.2 \text{kg/m}^3$，水的动力黏度 $\mu_W = 1.005 \text{mPa} \cdot \text{s}$。空气的密度和空气的动力黏度分别由气体状态方程式（6-16）和式（6-17）计算：

$$\rho_G = \frac{P}{R(t + 273.15)}, \quad \text{kg/m}^3 \tag{6-16}$$

$$\mu_G = \mu_{G0} \left(\frac{t + 273.15}{273.15} \right)^{\frac{3}{2}} \frac{273.15 + c}{t + 273.15 + c} \tag{6-17}$$

式（6-16）中，R 为气体常数，其值为 $278.1 \text{J/(kg} \cdot \text{K)}$。式（6-17）中，$\mu_{G0}$ 是 0℃ 时一个大气压下空气的动力黏度，其值为 $1.71 \times 10^{-2} \text{mPa} \cdot \text{s}$，$c$ 是 Sutherland 常数。当温度 $t = 20$℃ 时，可得空气的密度 $\rho_G = 1.2431 \text{kg/m}^3$，空气的动力黏度 $\mu_G = 1.8096146 \times 10^{-2} \text{mPa} \cdot \text{s}$。

采用 Fluent 软件模拟管道半径为 20mm 的圆管中垂直上升的气水两相流动，仿真模型如图 6-14 所示。仿真时，首先采用 Gambit 建立二维模型，这里根据实际情况模拟油井，所以定义下端为进液口，上端为出液口。模型具体尺寸为：外部圆筒直径 20mm，筒高 50cm；内部放置一根光纤探针，探针总长 125mm，探针位置置于圆筒中心，探针尖端距离下进液口 25cm，探针末端距离上出液口 12.5cm。对模型计算区域进行网格划分，网格划分之后定义进出液口类型均为质量流量。然后单击 Fluent 软件，选择其中的 2D 求解器，模拟的步骤如下：读取并检查网格，选择所用的求解模型、设置流体材料、相、边界条件等，最后用 VOF 模型计算求解。需要注意以下问题。启动 Fluent 读入网格之后应对网格进行 check，重点留意最小体积的大小，保证最小体积是一个正数，且由于 Gambit 建立二维模型时单位是 m，在 Fluent 中检查网格后，单击 scale 进行单位转换，转换为 mm。建立求解模型时，保留 2D 非定常分解求解器的默认设置不变。激活多相流 VOF 然后选择 VOF scheme 下的 geo-reconstruct（几何重建方案）。此方案是通过分段线性的方法描述多相流体之间的界面，计算流体力学软件中此法是最精确的方法，并且适用于普遍常用的非结构化网格。在设置时间、空间步长的关系上，通常情况下，时间越短，收敛速度

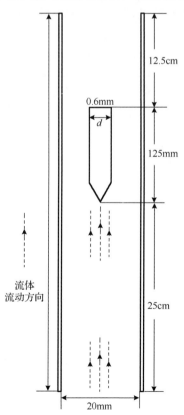

图 6-14　光纤探针对气水两相流流动影响 Fluent 仿真模型

越快，相对的稳定性越差。所以模拟过程中，通常开始设置较小的 courant，假如稳定性较好，然后根据需要适当增加 courant。设置重力选项，在 x 轴方向设置为 0，y 轴方向设置 gravitational acceleration 为−9.81m/s²。在 fluid materials 的列表中选择所使用的物料；这里设置相时先设两相，即气和水，参数即为上述所求。在设置混合相边界条件时，空气的质量流率通过上述计算已得知，此处流量值填 0.0316741kg/s；第二相水的流量值为 8.78416kg/s。模拟中气水两相流的模拟圆管进液口选质量流量进口，圆管的出液口选压力出口，在出口处不产生回流，即出口处表压为 0 管壁设为固体壁面。

图 6-15 给出了光纤探针敏感头锥角为 15°、25°和 90°时气水两相流流场中速度分布矢量图。可以看出，探针置于在垂直上升的流体内，在远离探针的液体都呈现垂直向上的流动状态，靠近探针处流体的速度开始减小且速度方向发生改变。这一仿真结果说明，尽管探针敏感头尺寸很小，但靠近敏感头尖端处的流型及流速都在不同程度上发生了相应的变化。由此分析敏感头锥角对流场存在一定程度的扰动，锥角 90°时虽然回光功率最大，但由于其尖端不如 15°和 25°尖锐，对流体阻碍最大，故实验不能采用。结合 6.4.2 节敏感头的灵敏区域和探测器上收集的回光功率两方面因素，光纤探针敏感头最佳锥角范围为 15°～30°。实际应用时，考虑到加工误差等因素，光纤探针敏感头锥角具体指标选择为 20°±2°。

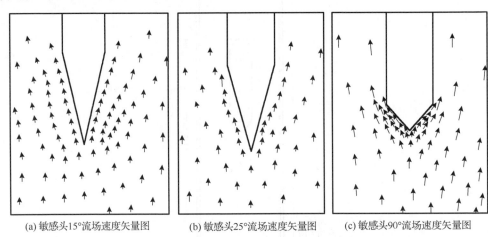

(a) 敏感头15°流场速度矢量图　　　(b) 敏感头25°流场速度矢量图　　　(c) 敏感头90°流场速度矢量图

图 6-15　锥形光纤敏感头气水两相流流场速度分布矢量图

6.5　光纤探针光路系统优化设计

由于油井井下测试工艺条件限制，测井仪只能由油管和套管之间的狭小环套空间进入待测产层，那么就要求测井仪的外径必须小于 20mm。由于光纤探针需要安装在测井仪内部，所以要求其外径小于 5mm；在这狭窄的空间内，需要放置激励光源、光电探测器、耦合光路、光源驱动电路和信号检测电路等部件。因此为减小能量损失，必须提高耦合光路的传光效率，如何对耦合光路结构进行优化是本节研究的一个重要问题。另外，光纤中传输的光是由光源发出的，由于光纤探针体积狭小，只能选用发光功率较小的 LED 光源。由于 LED 光源本身结构限制，从其发出的光耦合进光纤时会有部分光线发散而无法进入光纤，进而导致探测器上收集的回光功率很小，如何将光源发出的光有效地耦合进光纤是本节研究的另一个重要问题。

6.5.1　耦合光路优化设计

传统光纤探针的耦合光路通常使用 2×1 光耦合器，但目前通用的 2×1 光耦合器均是在 2×2 光耦合器基础上改装的，因此无论光线是在进入还是射出耦合器时，只要有光经过就意味着会损耗一半的光强。也就是说，光源发出的光经光耦合器传输到探针敏感头时，入射光能量只有原来总能量的一半；当敏感头的反射回光经光耦合器传回到光电探测器后，在探测器上接收的光能量也只有敏感头反射回光能量的一半。因此使用光耦合器会造成大量的光能量损失，受光耦合器分光比不同导致分光效果不同的启发，本节提出光纤束耦合光路思想，并采用 Zemax 软件进行仿真分析。其仿真模型与图 6-5 类似，不同之处在于一是耦合光路不是光耦合器而是光纤束，二是耦合光路前端为锥形蓝宝石敏感头。由于蓝宝石光纤敏感头直径为 600μm，因此耦合光路光纤束的最大直径也为 600μm，综合考虑敏感头面积，耦合光路的复杂程度与后期信号采集的难易，本节提出六种光纤束耦合光路方案。

方案一采用 16 根石英光纤制作光纤束，其横截面如图 6-16(a)所示，图中编号为 2～16 的 15 根光纤连接光源（LED 发光二极管），其芯径均为 100μm；中间 1 号光纤连接光探测器，其芯径为 400μm。在进行光路仿真时，在 Zemax 非序列模式中设置模拟光纤使用 standard len 选项，以便加快光纤追迹时的运算速度。以图 6-16(a)中垂直于纸面向外为 z 轴、水平方向为 x 轴、竖直方向为 y 轴，设定 1 号光纤圆心为坐标原点。此时 1 号光纤坐标为（0, 0, 0），根据三角函数关系可知其他（2～16 号）光纤的坐标，如 2 号光纤坐标为（0, 0.25, 0）、16 号光纤坐标为（0.101684, 0.228386, 0）。所有光纤的材质均设置为 SILICA，2～16 号光纤的半径为 0.05mm，长度为 20mm；1 号光纤半径为 0.2mm，长度为 22mm，这样设计的优点是避免光源发出的光耦合进接收光纤中，使仿真结果更加精确。仿真时注意光纤、光源、光探测器之间的一一对应，尽可能将对应的放置在一起，图 6-16(b)为 Zemax 仿真光路图，图 6-16(c)为仿真光路横截面图。

方案二采用 30 根芯径为 100μm 的石英光纤制成光纤束，其横截面如图 6-17(a)所示，图中编号为 5～30 的 26 根光纤连接光源，编号为 1～4 的 4 根光纤连接光探测器。以图 6-17(a)中垂直于纸面向外为 z 轴、2 号和 4 号光纤水平方向圆心线为 x

轴，1 号和 3 号光纤竖直方向圆心线为 y 轴，设定 2 号和 4 号光纤的切点为坐标原点。此时 2 号光纤坐标为（0.05, 0, 0）、4 号光纤坐标为（−0.05, 0, 0），根据三角函数关系计算可得其他 28 根光纤的坐标，如 1 号光纤坐标为（0, 0.086602, 0）、30 号光纤坐标为（0.15, 0.173205, 0）。在进行 Zemax 仿真时，除光纤束的芯径、位置和连接方式外，其他参数均与方案一相同，图 6-17(b) 为 Zemax 仿真光路图，图 6-17(c) 为仿真光路横截面图。

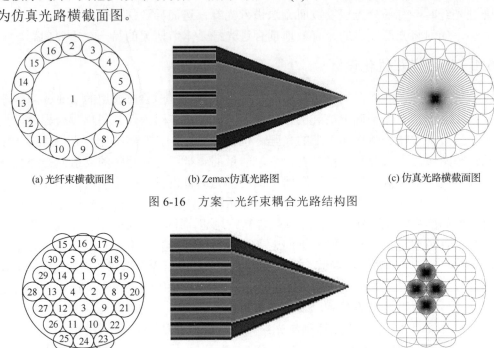

(a) 光纤束横截面图　　　　(b) Zemax仿真光路图　　　　(c) 仿真光路横截面图

图 6-16　方案一光纤束耦合光路结构图

(a) 光纤束横截面图　　　　(b) Zemax仿真光路图　　　　(c) 仿真光路横截面图

图 6-17　方案二光纤束耦合光路结构图

　　方案三光纤束横截面如图 6-18(a)所示，其所用光纤的数量、芯径、位置均与方案二相同，唯一不同是光纤束的连接方式，其编号为 5、6、10、11、15～30 的 20 根光纤连接光源，编号为 1～4、7～9、12～14 的 10 根光纤连接光探测器。除此之外，其他 Zemax 仿真参数也均与方案二相同，图 6-18(b)为 Zemax 仿真光路图，图 6-18(c)为仿真光路横截面图。

　　方案四光纤束横截面如图 6-19(a)所示，其所用光纤的数量、芯径、位置均与方案二相同，唯一不同是光纤束的连接方式，其编号为 3～5、7～8、11、14、16、18、21～23、25、27、28 的 15 根光纤连接光源，其余 15 根光纤连接光探测器。除此之外，其他 Zemax 仿真参数也均与方案二相同，图 6-19(b)为 Zemax 仿真光路图，图 6-19(c)为仿真光路横截面图。

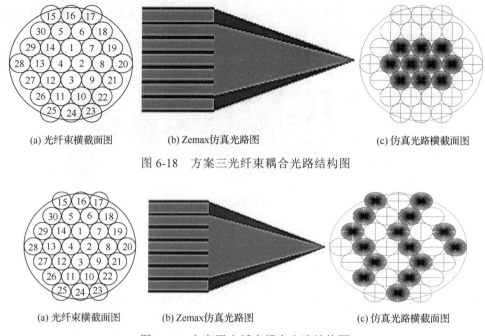

(a) 光纤束横截面图   (b) Zemax仿真光路图   (c) 仿真光路横截面图

图 6-18 方案三光纤束耦合光路结构图

(a) 光纤束横截面图   (b) Zemax仿真光路图   (c) 仿真光路横截面图

图 6-19 方案四光纤束耦合光路结构图

方案五采用 7 根芯径为 $200\mu m$ 的石英光纤制成光纤束，其横截面如图 6-20(a) 所示，图中编号为 1～6 的 6 根光纤连接光源，7 号光纤连接光探测器。以图 6-20(a) 中垂直于纸面向外为 z 轴、3 号和 6 号光纤水平方向圆心线为 x 轴，1、2 号光纤切点与 4、5 号光纤切点连线为 y 轴，设定 7 号光纤圆心为坐标原点。此时 7 号光纤坐标为（0, 0, 0），根据三角函数关系计算可得其他 6 根光纤的坐标，如 1 号光纤坐标为（0.1, 0.173205, 0）、2 号光纤坐标为（–0.1, 0.173205, 0）。在进行 Zemax 仿真时，除光纤束的芯径、位置和连接方式外，其他参数均与方案一相同，图 6-20(b)为 Zemax 仿真光路图，图 6-20(c)为仿真光路横截面图。

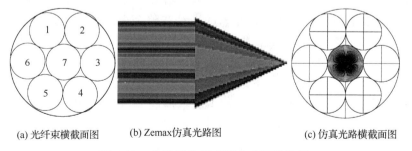

(a) 光纤束横截面图   (b) Zemax仿真光路图   (c) 仿真光路横截面图

图 6-20 方案五光纤束耦合光路结构图

方案六光纤束横截面如图 6-21(a)所示，其所用光纤的数量、芯径、位置均与方案五相同，唯一不同是光纤束的连接方式，其编号为 1、3、5 的 3 根光纤连接光源，编号为 2、4、6、7 的 4 根光纤连接光探测器。除此之外，其他 Zemax 仿真参数也均与方案五相同，图 6-21(b)为 Zemax 仿真光路图，图 6-21(c)为仿真光路横截面图。

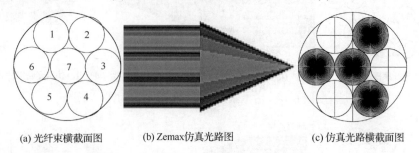

(a) 光纤束横截面图　　　(b) Zemax仿真光路图　　　(c) 仿真光路横截面图

图 6-21　方案六光纤束耦合光路结构图

利用不同光纤束耦合光路的仿真数据，计算得出六种不同结构光纤束耦合光路时光探测器上收集的回光功率值，结果如表 6-3 所示。由表中可知，在相同条件下六种光纤束经过百万次光线追迹后，方案二光纤束的回光功率最低，分析原因是由于该方案中连接光探测器的光纤在整个光纤束中所占比例很小，导致探测器上收集到的回光功率也很小，仅有 0.304mW；方案三中连接光探测器的光纤数量较方案二有所增加，但仅集中在整个光纤束的中心区域，所以回光功率虽较方案二略有增加，但依然很小，仅有 0.576mW；与方案二和方案三相比，方案四进一步增加了连接光探测器的光纤数量，且让这些光纤分散分布于整个光线束中，结果表示回光功率值由于大幅度增加，达到了 1.92mW；方案一中，虽然连接光探测器的光纤在整个光纤束中所占比例很大，但连接光源的光纤所占比例很小，此时光源发出的光不能有效耦合至光纤束中，从而导致光探测器上收集到的回光功率也偏小，为 1.12mW；虽然方案五中连接光探测器的光纤在整个光纤束中所占比例并不是很大，但由于其采用外径为 200μm 的粗光纤，其光耦合效率较 100μm 光纤要高，因此在光探测器上收集的回光功率也达到了 1.80mW；方案六结合了方案一至方案五的优点，其采用外径 200μm 的粗光纤，连接光探测器的光纤在整个光纤束中呈分散分布，且所占比例也较大，因此该方案光纤束的回光功率最高，达到了 3.28mW，是方案四的 1.7 倍，是方案五的 1.82 倍，是方案一的 2.93 倍，故采用该方案作为光纤探针的耦合光路。另外，从制作光纤束的加工难度方面考虑，用 7 根光纤做成光纤束要比用 16 根和 30 根光纤做成光纤束容易得多，加工成本最低，且稳定性和一致性也更好保证，因此方案六是一个可以满足实际需要的切实可行的方案。

表 6-3　六种光纤束耦合光路时光探测器上的回光功率值

	方案一	方案二	方案三	方案四	方案五	方案六
回光功率/mW	1.12	0.304	0.576	1.92	1.80	3.28

6.5.2　光源光路优化设计

光源是光纤探针中的主要器件，其功能是把电信号转换成光信号。综合考虑油井井下狭小的工作环境及温度变化等因素，光纤探针选用 LED 发光二极管作为光源，其具有体积小、供电电源简单且易与光纤耦合等特点。LED 发光二极管顶端呈扁平矩形或椭圆形，光线从 LED 顶端射出，且射出的光线呈半球形轴对称分布。在 Zemax 非序列模式中，光源的选项是 source radial 项，该项包含如下几个条件：x 位置、y 位置、z 位置、x 倾斜、y 倾斜、z 倾斜、显示光线数目、分析光线的数目、LED 发光二极管的功率、波长、x 轴发散角、y 轴发散角。对于所用的发光二极管。在仿真时，根据光源规格书中给出参数将 x、y 发散角分别设置为±40°范围内，初始位置设置为 0，倾斜量为 0，功率为 2.75mW。仿真结果如图 6-22 所示，其中图 6-22(a) 为光源光强分布图，图 6-22(b) 为 LED 耦合效率曲线图。从图 6-22(a) 可以看出，LED 光源在±40°角位移范围内，轴向中心位置 LED 发光的光强最大，随着角位移的增大光强值呈递减趋势，且角位移超出−20°～20°范围时光强值迅速减小；也就是说，LED 光源发出的光主要集中在轴向中心附近。从图 6-22(b) 可以看出，在 LED 光源顶端处，耦合效率最高，距 LED 顶端位置越远，耦合效率越低；也就是说，光纤和 LED 光源的间距越近越好，以便能让更多的光耦合进光纤。

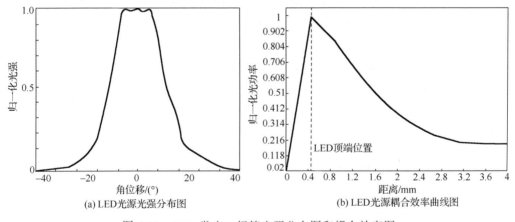

(a) LED光源光强分布图　　　　　　(b) LED光源耦合效率曲线图

图 6-22　LED 发光二极管光强分布图和耦合效率图

通常光源的发光面要比光纤纤芯截面大，距离光源越近，光强也就越高，但假如将此光源紧邻光纤，直接放在光纤端面一侧，那么将导致一定程度的光通量散射到光纤外部，所以这样放置的结果使二者耦合效率降低，因此有必要在光源照射端与入射光纤间增加一个聚焦透镜以使更多的光耦合进光纤。由两个折射面所限定的透明体称为透镜，它是构成光学系统的最基本的光学元件，能满足对物体成像的各种要求。透镜可分为凹透镜和凸透镜两类，中心厚度小于边缘厚度的称凹透镜，中心厚度大于边缘厚度的称凸透镜。凡凸透镜，$f' > 0$，具有正光焦度，对光束起会聚作用，凡凹透镜，$f' < 0$，具有负光焦度，对光束起发散作用。一般的透镜都是由双球面或平面与球面构成的。因为它们的形状主要由球面构成，因而只有近轴光线才能理想成像。因为球面是最容易加工和最便于大量生产的曲面，所以在实际光学系统中应用得最广泛。非球面透镜在改善成像质量和简化结构等方面有其好处，但由于加工和检验的困难，应用的相对较少。选用平面与弧面相结合的凸透镜，用 Zemax 软件做出透镜，透镜由两个面组成，一个是平面，另一个是弧面。使用代码为 BK7 的玻璃材质，其折射率为 1.5168，焦距为 1.98363。通过 Zemax 中的 FICL 光学优化函数，自动优化出耦合效率最高时透镜的最佳尺寸，即半径为 1.8mm，厚度为 2mm，如图 6-23 所示。

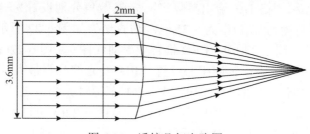

图 6-23　透镜几何光路图

　　根据上述耦合系统光路，以光源为原点，将透镜放置在距离光源 0.4mm 处，结合图 6-22(b)光源耦合效率的仿真结果及考虑到透镜焦距的因素，若要所有光线全部进入光纤，入射光纤的最佳位置是放置在距离透镜中心 2.4mm 处。将此透镜加入光路中后光纤探针结构如图 6-24 所示，采用 Zemax 仿真得到加装透镜后光探测器上收集的回光功率如图 6-25 所示。由图 6-25 可以看出，回光功率随探测器边长的增加而减小，其能量的分布主要集中在探测器中心±1.5mm 范围内，即探测器中心 2.25mm² 范围内且最大值出现在探测器的中心位置，远离探测器中心的位置上能量逐渐减小。与图 6-11(a)未加装透镜时的探测器上的回光功率进行对比可知，图 6-25 中探测器上单位面积内收集的能量值明显增多，经计算得到回光功率较图 6-11(a) 相比提高了 56%。由此可知，在光源光路中加装透镜后，提高了光探测器上收集到的回光功率，进一步提高了光纤探针的灵敏度。

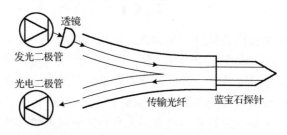

图 6-24　加装透镜的光纤探针结构示意图

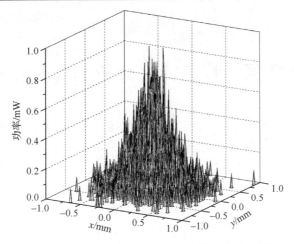

图 6-25　加装透镜后光探测器上的回光功率图

参 考 文 献

[1] 于莉娜, 杜胜雪, 李英伟, 等. 基于蓝宝石光纤探针的油气水三相流含气率测量方法. 测井技术, 2014, 38(2): 139-143.

[2] 郭学涛, 油气水三相流数值模拟与持气率测量方法研究[硕士学位论文]. 秦皇岛: 燕山大学, 2009: 32-41.

[3] Niewisch J. Design and applications of fiber-optic liquid-level sensor. Siemens Forsch Entwicklber, 1986(15): 115-119

[4] 张勇, 李英伟, 刘兴斌, 等. 持气率测量光纤探针敏感头仿真及形状优化. 石油管材与仪器, 2015, 1(2): 82-84, 88.

第 7 章 光纤探针响应特性分析与阵列结构优化设计

光纤探针作为测量油气水三相流持气率的第一环节，其性能优劣对整个测量系统的准确性和可靠性有直接影响。油井井下油气水三相流具有随机性，在管道内部其各相分布并不均匀，导致在管道横截面上的持气率分布具有非线性，单个探针只能测得其周围的局部持气率信息，不确定的持气率分布特性导致难以通过单支探针准确测得整个截面持气率，为了从流体测量区域内获得尽量多的和全面的有效持气率信息，保证油井井下持气率的测量准确度，对单光纤探针进行扩充，采用阵列光纤探针进行测量，其每个探针作为一种局部测量工具，可以实现对局部流体信息的精确测量，再结合管道模型进行参数的整体计算，得到比单探针更全面的持气率信息[1]。光纤探针个数选取需要遵循一定原则，光纤探针个数过多会严重阻碍流体的流动，降低整个测量设备的性能，因此有必要对光纤探针的阵列结构进行优化，以增强测量系统的鲁棒性和稳定性，提高测量的准确性和可靠性。

7.1 光纤探针响应特性分析

在生产测井中，提高油气水三相流测量参数的准确性十分必要。油气水三相流在垂直上升管内流动时，由于气相与液相之间存在密度、黏度、相对速度差等物理上的差异，流体呈现出泡状流、弹状流、环状流等各种流型，不同流型对应着不同的气泡形态，表现出光纤探针的输出信号不同。因此研究光纤探针在复杂油气水三相流中的响应特性，可以深入了解探针刺穿气泡机理，为传感器优化、后续的信号处理及误差来源分析提供依据。本节首先对光纤探针刺穿典型椭球形气泡的过程进行了分析，然后针对不同刺穿位置、不同刺穿角度的响应特性进行了仿真分析。

7.1.1 气泡在油气水三相流中的存在形式

油气水三相流中气相特性可以用气泡形状、上升速度和气泡动态等来表述，不同气泡形状可用于表征不同的流态，所以研究三相流中气泡存在形状以及相应形状的信号响应至关重要。由于流体的复杂性和随机性，油气水三相流中气泡的形态不仅与其周围介质的性质（如流体黏度）有关，还和气泡表面的界面性质（如表面张力）有关。如图 7-1 所示，油气水三相流中运动的气泡大体可以分为球形、椭球形、扁椭球形和扁椭球帽形等。这些不同形状是由气泡在水中的表面张力、水的黏度和浮力，及其不同大小气泡各个力所占比重不同等因素综合作用的结果。对小尺寸气泡，如体积等价直径小于 1mm 时，气泡在水中的表面张力占主导作用，呈现出近似球形。对于中等尺寸的气泡，表面张力和介质流体对气泡的惯性力都是重要的，结果导致气泡会显示出非常复杂的形状和运动特性；当气泡呈现出椭球形状时，常常会缺少首尾对称，在比较极端的环境中，由于很大的形状波动，中等尺寸气泡不能被描述为任何一种简单规则的几何形状，这种复杂性来自于各种变动模式的叠加，气泡形状变动以不同的幅度和不同的频率发生，但形状变化的主导模式是有规律的，或者以气泡高度、宽度的延伸和压缩为特性，或者以气泡的纵横比为特性进行变化。对大尺寸气泡，一般体积大于 3cm³，即等价直径大于 18mm，其主要是由惯性力或者浮力控制的，并且基本忽略了表面张力和液体介质黏度的影响，在液体黏度小于 50mPa·s 情况下，气泡呈现出接近 100° 圆心角的球帽形，底部有时相对平坦，但有时表现为锯齿状。

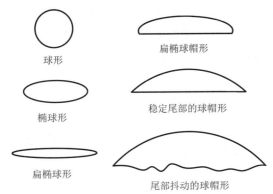

图 7-1　油气水三相流中几种典型的气泡形态

在垂直上升管流中，由于浮力作用，气泡比周围液体运动得快，大气泡比小气泡上升得更快，其运动方式非常复杂，气泡上升路线和方位的变化与气泡形状有密切关系。圆球气泡运动通常是直线运动，一旦气泡变形成扁椭球形，造成了不稳定，导致螺旋和之字轨迹运动，并且扁椭球气泡的形状和速度展示了无序的特性，当气泡尺寸进一步变大的时候，运动又变回带有振荡成分的直线型，反过来，气泡形状的变化引起振荡阻力，导致了气泡在上升方向上气泡速度的复杂变动。因此，气泡在横向和轴向运动上展示了复杂的变化路线，但整体上还是随着流体方向向上，横向变化不大。光纤探针针对井下不透明和高压复杂环境的条件，可以应用于三相流气相参数的测量。虽然环境的复杂多变致使不能用任何一种确定的形状描述气泡，但发现每种气泡都呈现一种轴对称的形态，为了便于研究，需要对气泡进行有效假设，一般情况下需要知道探针刺穿气泡的时间分布，并可由此推算气泡尺寸等，由于气泡越小越接近于球形和椭球形，且复杂的大气泡形状也是由小气泡合并生成的，所以大部分气泡整体上可用球形和椭球形来近似。

7.1.2　探针垂直刺穿气泡中心位置时的响应特性

采用光纤探针实时记录探针从气泡中心垂直刺穿椭球形气泡的全过程，结果如图 7-2 所示，系统采样频率为 10kHz，即从 0.1s 到 0.2s 系统采集了 1000 个数据。现图 7-2 中探针刺穿气泡过程分为三个主要阶段：第一阶段为气泡前表面破裂阶段，即 *AB* 段。探针在 t_1 时刻开始接触气泡的前表面，对其进行刺穿。由于探针和界面的直接作用力，导致气泡薄膜变薄以至破裂，探针敏感头接触到越来越多的气相，信号电平从液相电平 V_L 增长到气相电平 V_G。这个阶段对应的信号上升时间为 τ_{12}。第二阶段为探针穿过气泡中的稳定阶段即 *BC* 段。探针刺破气泡前表面到达气相电平 V_G 后，探针裸露的蓝宝石敏感头部一直处于气相中，所以电平一直处于稳定状态。这个阶段对应的停留时间是 τ_{23}。第三阶段为气泡后表面破裂阶段即 *CD* 段，也就是探针处于气液过渡的阶段。探针开始接触气泡的后表面，液相很快沿着探针头部表面渗上来，表面张力是薄膜变形直至破裂，信号电平从 V_G 下降到 V_L。这个阶段对应的信号下降时间为 τ_{34}。整个探针刺穿气泡的过程完成。

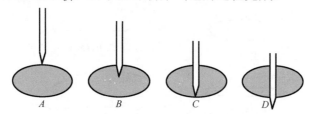

(a) 探针从气泡中心垂直刺穿椭球形气泡过程示意图

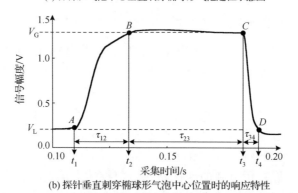

(b) 探针垂直刺穿椭球形气泡中心位置时的响应特性

图 7-2　探针从气泡中心垂直刺穿椭球形气泡的过程示意图和响应特性曲线

在 *AB* 和 *CD* 段产生的原因是由于气液两相界面与探针头部接触时，在表面张力的作用下，探针敏感头上有气膜和液膜，探针处于气液两相造成了两个过渡带。从图中可以看出上升时间 τ_{12} 明显大于下降时间 τ_{34}，分析其原因有两点：一是在垂直上升的三相流中，由于存在一个向上的速度，气泡的上表面受到下方的空气的冲力小于气泡的下表面受到的下方的水的冲力，也就是空气所给予促使气泡破裂的冲力小于水；二是气液界面过渡比液气界面过渡所需要的变形幅度小，当探针作用于气泡上表面凸面时候，上表面要先变成凹面才被刺破，而当探针作用于下表面凹界面的时候，曲率被打破前一直保持原有状态即可，结果气液转换比凸界面的液气界面有更快的过渡。了解了气泡的刺穿机制后，在以后的信号处理中对阈值的选择就要根据信号形态进行严密分析，以求得更精确结果。

7.1.3　探针垂直刺穿气泡不同位置时的响应特性

在井下环境中，光纤探针传感器的位置是固定的，流体是随机的，气泡运动无特定规律可循，每个气泡不可能都是从中心被刺穿，气泡被探针刺穿位置具有随机性，这就导致了刺穿气泡不同位置时对应不同的信号响应。图 7-3 对光纤探针从气泡中心到边缘刺穿进行了描述，以典型的球形气泡为例，气泡半径为 R，气泡球心到探针轴的垂直距离为变量 x，在变化的 x 下，在每一个位置分别让探针刺穿气泡。

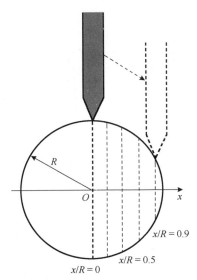

图 7-3　光纤探针刺穿球形气泡不同位置的示意图

在 Zemax 软件中，对图 7-3 进行建模，模拟气泡半径 R 为 2mm，根据气泡球心到探针轴的垂直距离不同分为九种偏离位置，分别为 0mm、0.50mm、1.0mm、1.5mm、1.6mm、1.7mm、1.9mm、1.98mm、2mm 九种情况，以 x/R 进行归一化后得到的刺穿位置 X 分别为 0、0.25、0.5、0.75、0.8、0.85、0.95、0.99、1。在每个初始刺穿位置下，由于气泡在水相中轻易移动会离开水中环境，以探针移动代替气泡移动，探针尖端从气泡前表面开始刺穿，每刺穿一次进行百万次的光线追迹，以 0.05mm

进行步进，直至探针完成对整个气泡的刺穿，最终得到不同 X 下的信号刺穿响应图，仿真结果如图 7-4 所示。

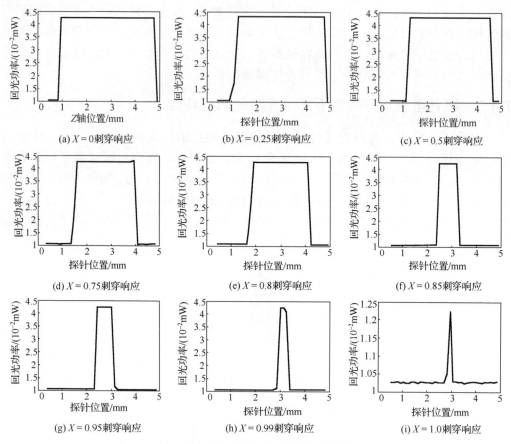

图 7-4　光纤探针刺穿球形气泡不同位置时的响应特性

由图 7-4 可以看出探针在离气泡中心不同距离 X 处得到了不同的信号响应，探针在从中心刺穿气泡时能得到最长的气相滞留时间，且返回光的强度具有较大值，随着探针远离气泡中心，气相信号的响应时间越来越短，这种气相滞留时间随着 X 的变大而减少的趋势比小气泡比如半径为 1mm 的时候更为明显。另外当探针从气泡最边缘刺穿的时候，不仅气相响应时间变得更短，而且信号的幅度也下降了。图 7-5 对于从边缘刺穿出现的小幅度信号进行了分析，解释此种情况下小幅度信号持续时间短和幅度小的原因。当探针到达液气界面的时候信号开始上升，探针继续刺穿气泡，但是由于探针与气泡接触面较大导致探针不能刺穿气泡完全进入气相，导致最大信号幅度过小，探头在稳定的气液界面到达之前再次完全湿润，于是在探头还未完全到达气相之前信号就开始下降，在气泡更大的情况下这种效果更是明显。

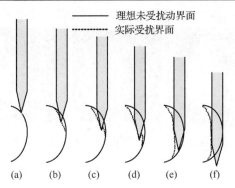

图 7-5　光纤探针从边缘刺穿气泡的示意图

7.1.4　探针倾斜刺穿气泡不同角度时的响应特性

在三相流中由于井下流体的随机性和复杂性，气泡不可能总是以垂直上升的方向流动，因此光纤探针不可能像理想情况那样总是垂直地刺穿气泡，探针与气泡界面的法向量呈现不同夹角也是常见的情况，此时对应的探针信号响应也会不同。如图 7-6 所示，定义探针与气泡表面法线方向的夹角为 β，现在研究探针和气泡表面法线夹角 β 对光纤探针回光能量大小带来的影响，假设气泡的速度向量仍然与油井下管道的轴线不完全是平行的，而是在径向上有一定的分量，这就是夹角 β 产生的原因。在改变探针与气泡表面法线的夹角的情况下仿真了探针的信号响应，夹角的变化范围为 $0° \sim 60°$。

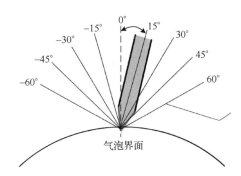

图 7-6　光纤探针与气泡界面法线不同夹角示意图

在每个角度分别让探针对气泡进行刺穿，探针每次到达一个位置对光线进行百万次光线追迹，使得探针在每个角度下均完成对气泡表面的刺穿，最终得到不同角度下的刺穿响应，图 7-7 给出了探针与气泡表面法线不同夹角下的仿真模型，由于所模拟的气泡为轴对称形，当探针与法线夹角为如图 7-6 所示的负角度时，其仿真结果与对应的正角度一样，因此本节只选取正角度的情况下进行光线追迹。

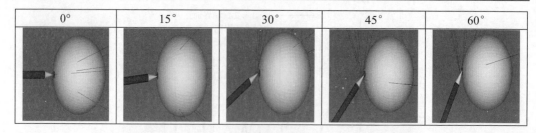

图 7-7　光纤探针与气泡界面法线不同夹角的仿真模型

　　仿真的回光功率数据经归一化处理后得到回光功率随刺穿角度变化的关系图，如图 7-8 所示。由图得知，当光纤探针从中心垂直刺穿气泡界面的时候，即 $\beta=0°$ 时，探测器能得到最大的回光功率，以后随着 β 的增加，探测器的回光功率呈递减趋势。尤其注意的是，当 $0°<\beta<30°$ 时，回光功率随着角度 β 的增加变化得较快，也就是回光功率变化对 β 角有着强的敏感性；当 $30°<\beta<45°$ 时，回光功率随着 β 的增加基本上没有变化；当 $45°<\beta<60°$ 时，回光功率随着角度 β 的增加又变化得较快，呈现较大的敏感性。通过上述分析，可以了解到不同的刺穿角度在探测器上对应着不同的回光功率，即探测器的回光功率强度与夹角 β 有密切的关系，这为以后探测器的校正和信号处理提供了依据，并且基于角度和信号大小的关系，经过处理的信号可以用来区别探针刺穿气泡的角度，对以后测量速度参数提供了很大的潜在信息。

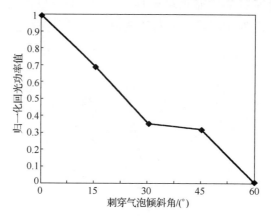

图 7-8　探针回光功率与刺穿角度的关系图

7.2　阵列光纤探针结构优化设计

　　在实际测量时，需要在测量管道内放置一根或多根光纤探针，每支探针能够测量得到管道内某一径向位置的局部含气率，通过建立局部含气率与整体截面含气率之间的理论模型，即可测量得到油气水三相流的截面含气率（即持气率）。但单光纤探针测量持气率具有片面性，不利于提高测量结果的准确性；阵列光纤探针即在测量管道内放置多根探针，其兼容了单探针和多探针的性能，在泡状流、段塞流等诸多三相流流型中广泛应用，其对流体流型识别和流场参数监测均具有非常重要的意义。但是在应用阵列光纤探针时存在一些困难，其主要来自于探针的结构和有效尺寸，例如，探针数量太少，只能探测有限的局部信息，导致错过许多有用的气泡；但探针过多，对流体阻力作用太大，当气泡穿过多探针时，会发生严重的变形，从而导致测量误差增大。为了对测量管道内阵列光纤探针的结构进行优化设计，必须首先研究油气水三相流中含气率的分布规律。为此本书采用 Fluent 仿真软件模拟油气水三相流，因为三相流的流型比两相流复杂得多，为使仿真结果覆盖性更广，需要进行多次试验模拟，得到各种情况下气相分布特征。

7.2.1　阵列光纤探针结构设计

　　理想的光纤探针传感器中所有的探针可以对流体产生任何影响，且当气泡流经探针的时候其运动状态也不应该发生变化，即光纤探针理应作为一种虚拟探针，只测参数，不扰流体的性能，达到非侵入性的目的，所以探针对流体的阻碍作用可以作为衡量光纤探针传感器结构优化的指标。另外，单个光纤探针测量获取流体信息的能力较差，不利于提高测量的准确性，所以针对单个光纤探针测量的片面性和探针过多会对流体造成阻碍作用，本节提出几种光纤探针阵列结构，并定义了优化准则，使得优化后的光纤探针阵列传感器能够在测量准确性和不损坏管道之间达到较好的折中，满足生产测量需求。

　　光纤探针的结构排布是决定获得测量信息多少的先决条件，但在此之前应确定探针个数的上限。原则上说探针充满整个管道能测得最多含气率信息，但实际上，由于油井井下集流型传感器管道内径仅为 20mm，此时探针个数的增多会严重阻碍管道内油气水三相流的流动，从而导致测量失败。另外，探针个数增多的同时，驱动电路和信号处理电路也会相应增加，导致测井仪器过长，从而降低测量成功率。所以光纤探针的个数不宜过多，针对油井井下 20mm 传感器内径而言，光纤探针个数不应超过 5 个。此时，由于光纤探针个数有限，为保证含气率测量结果的准确性，要对探针的安放位置进行优化排布，针对油井井下集流型传感器，提出了四种光纤探针阵列结构，见图 7-9。

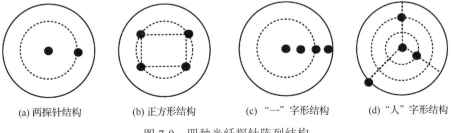

(a) 两探针结构　　　(b) 正方形结构　　　(c) "一" 字形结构　　　(d) "人" 字形结构

图 7-9　四种光纤探针阵列结构

　　图 7-9(a)是两探针结构，即在圆形管道的正中心位置放置一个探针，第二支探针放置在圆形管道的 1/2R 处，这样，中心探针能够大概测得位于中心的含气率信息，而第二支探针则能够测得圆形管道比较边缘的含气率信息。图 7-9(b)是正方形四探针结构，即在圆形管道的 1/2R 处，均匀垂直的放置四个探针，这样放置的目的是，让每个探针测量其所在的 1/4 圆的含气率信息，如果气相均匀的在圆截面分布，这无疑是比较好的探针阵列结构。图 7-9(c)是"一"字形四探针结构，即四个探针依次放置在中心、1/4R、1/2R、3/4R 处。这样设计的目的是让每支光纤探针能够测得所在半径的圆环内的含气率信息。图 7-9(d)是"人"字形四探针结构，此结构同第三种，也是四个光纤探针依次放置在中心、1/4R、1/2R、3/4R 处，但是对探针进行了打散，使外围三个探针与中心连线后相互之间呈 120°角。

　　两探针结构的优势是探针个数较少，在满足含气率测量的前提下，最大限度地减少对流体的阻碍作用。但是，由于流体的随机性和分布不均匀性，两探针测量对信号的捕捉能力有限，测量结果准确性有待提高。"一"字形四探针结构把四个探针聚集到一起，可能会带来一些不可预测的影响，对这种结构的加工制作也是种挑战。正方形四探针结构和"人"字形四探针结构，最大限度了打散了四探针结构的排布，保证了在四个探针测量的前提下相对减少对流体的干扰，这种排布是在对流体的流动规律完全没有了解的前提下进行的排布，即把整个圆截面平均分成 4 块，每个探针测得信号代表相应的整个区域，为了使得流态分布与光纤探针阵列结构匹配，需要对三相流气相分布特征进行研究。

7.2.2　油气水三相流含气率分布仿真分析

　　当今油井多为低产液油井，对石油进行注水开采，伴随有天然气产生，上升管中油气水三相流各个产层含水率多者会高达 90%。针对此情况，使用 Fluent 软件模拟了油气水三相流总流量在 5～30m³/d，不同相含率时垂直上升管内油气水三相流动[2]。仿真之前对流体限定一些条件，环境参数温度设定为 20℃，压力设定为 0.1MPa 保持不变，在改变总流量和各相体积比例条件下，流体不可压缩，没有热量质量转移，且各相之间不存在相对滑动。水的密度 $\rho_w = 998.2 \text{kg/m}^3$，水的动力黏度 $\mu_w = 1.005 \text{mPa} \cdot \text{s}$。油品设为 46#液压机床油，其密度、运动黏度和动力黏度分别由式（7-1）、式（7-2）和式（7-3）计算。

$$\rho_O = \frac{897}{1 + 1.646(t-8) \times 10^{-3}}, \quad \text{kg/m}^3 \tag{7-1}$$

$$\nu_O = 1.2223 t^{0.3684} \exp(-0.2352 \ln^2 t) \times 10^{-4}, \quad \text{m}^2/\text{s} \tag{7-2}$$

$$\mu_O = \nu_O / \rho_O, \quad \text{Pa} \cdot \text{s} \tag{7-3}$$

由式（7-1）～式（7-3）可得，油的密度为 $\rho_O = 879.6\text{kg/m}^3$，油的动力黏度为 $\mu_O = 39.27\text{mPa·s}$。空气密度和动力黏度分别由式（6-16）和式（6-17）计算，得到的空气密度 $\rho_G = 1.2431\text{kg/m}^3$、空气的动力黏度 $\mu_G = 1.8096146 \times 10^{-2}\text{mPa·s}$。

1. 垂直上升管油气水三相流轴截面含气率分布仿真

由于本节研究以气相为中心，气相含量很少时油水比例不同相态分布不会有太大差异；所以各种工况并不是划分得越细致越好，例如，总流量很大，含气量很小时，油水之间就不用进行太多次的划分。现仿真了十五种工况，总流量分别为 $5\text{m}^3/\text{d}$、$20\text{m}^3/\text{d}$、$30\text{m}^3/\text{d}$，气液比例分别设定为 $1:9$、$3:7$、$5:5$、$7:3$、$9:1$。在利用计算流体动力学软件研究油气水三相流的气相分布规律时，需要对数值计算区域进行确定，仿真时采用的油井管道半径为 10mm，选取的管道长度为 200cm。经过一系列求解步骤后，得到了不同工况下垂直上升管油气水三相流轴截面的气相分布结构，由于仿真结果太多，限于篇幅，现只列出总流量为 $20\text{m}^3/\text{d}$ 时的气相分布结构图，如图 7-10 所示。图中，黑色区域表示气相，白色区域表示液相，灰色区域表示气液过渡，相应颜色的面积可表征其含量的多少，通过不同比例的油气水配置得到的仿真图可以看出，恒定总流量下，随着气相比例的增加，黑色区域所占的比重越来越大。

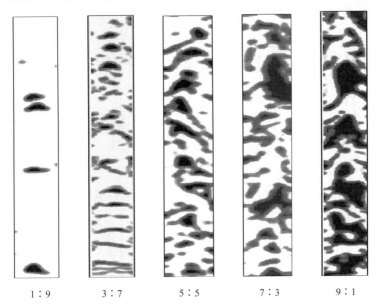

$$1:9 \qquad 3:7 \qquad 5:5 \qquad 7:3 \qquad 9:1$$

图 7-10　总流量 $20\text{m}^3/\text{d}$ 不同气液比下气相分布结构图

如图 7-11 所示，采集轴截面上七个径向位置的气相分布信号，对每个位置均进行气相点提取。图中七个位置在径向均匀分布，位置分别是 -9mm、-6mm、-3mm、0mm、3mm、6mm 和 9mm。

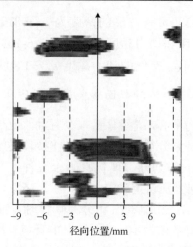

径向位置/mm

图 7-11　管道轴截面上七个径向采样位置示意图

对管道轴截面的气相分布结构图进行二值化处理,当像素点为 0 时,判定为液相;当像素点为 1 时,判定为气相。计算出图 7-11 所示各个径向位置气相采样点数与总采样点数之比,得到不同工况下气相分布状况图和轴截面上含气率趋势分布图。图 7-12 给出了总流量为 20m³/d、气液比为 5:5 时 7 个径向位置的信号响应和含气率分布图。

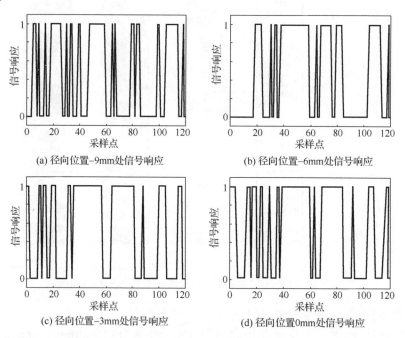

(a) 径向位置-9mm处信号响应

(b) 径向位置-6mm处信号响应

(c) 径向位置-3mm处信号响应

(d) 径向位置0mm处信号响应

图 7-12　流量 20m³/d 气液比 5:5 时各径向位置的信号响应及含气率分布

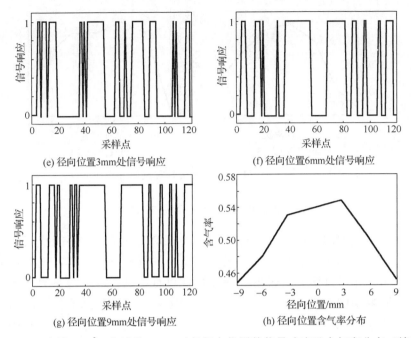

图 7-12　流量 20m³/d 气液比 5∶5 时各径向位置的信号响应及含气率分布（续）

　　图 7-13 给出了流量为 20m³/d，气液比分别为 1∶9、3∶7、7∶3、9∶1 时各个径向位置的含气率分布。可以看出，随着气液比的不断升高，计算得到的含气率也随之增加，经过校准后，可得到真实的含气率。另外，在每种工况下，含气率一般都是在中心轴线附近出现最大值，随着距离管壁越来越近的位置，含气率逐步下降。说明在油气水三相流中，无论气量多少，气相分布都满足中心到两边递减的趋势，且在整体上基本满足同一半径处的含气率呈对称关系，这就为提出的四探针阵列结构优化提供了依据，即在同一半径位置处只放置一个探针来测量相应半径覆盖的区域。

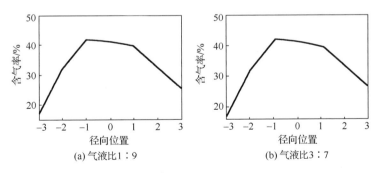

图 7-13　流量 20 m³/d 不同气液比时含气率分布图

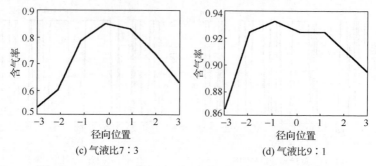

(c) 气液比7:3　　　　　　　　　　　　(d) 气液比9:1

图 7-13　流量 20 m³/d 不同气液比时含气率分布图（续）

2. 垂直上升管油气水三相流横截面含气率分布仿真

上文是对轴截面的气相分布进行了研究，但单个轴截面并不能代表全部所有轴截面的分布特性，为全面了解不同工况下管道内的气相分布详情，现对管道横截面上的气相分布规律进行研究。采用 Fluent 软件进行仿真，其环境参数和各相参数的设置与前文完全相同，当油气水三相流充分稳定后，得到传感器管道内轴截面的含气率分布。图 7-14 和图 7-15 分别给出了总流量为 30m³/d 时，气液体积比为 3:7 和 1:9 两种情况下的气相分布特性。

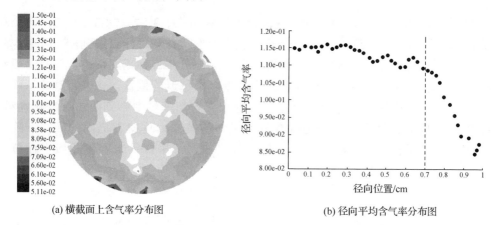

(a) 横截面上含气率分布图　　　　　　　　(b) 径向平均含气率分布图

图 7-14　流量为 30m³/d 气液比为 3:7 时管道横截面上的含气率分布

从图 7-14 和图 7-15 可以看出，横截面含气率的分布规律呈现近似抛物线形，即在管道中心区域内含气率值较高，越是靠近管道壁面含气率值越低，且在中心区域（70%管道半径以内的区域）气相含量比较稳定，而在边缘区域（70%管道半径以外的区域），气相含量的分布下降得比较快。在不同的总流量和含气量下，重复上述实验均得到相似的结果，说明在管道横截面上，无论总流量大小，无论气泡含量多少，气泡含量在整体上总是呈现由中心到管壁呈递减的趋势，一方面气相在管道的中心区域集中，这就表示了在中心放置光纤探针的重要性，另一方面气相由中心向管道边缘梯度式递减，且气相主要集中在70%管道半径以内的区域，这说明了在非中心放置光纤探针的必要性并且需要遵循一定原则。

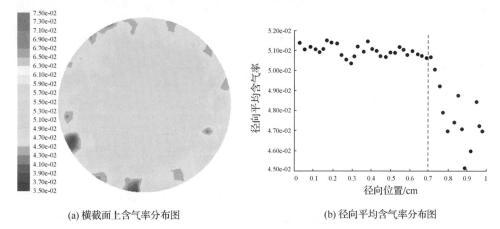

(a) 横截面上含气率分布图　　　　　　　(b) 径向平均含气率分布图

图7-15　流量为30m³/d气液比为1∶9时管道横截面上的含气率分布

7.2.3　阵列光纤探针结构优化实现

对于光纤探针阵列结构的优化提出两个优化指标，首先是光纤探针组合阵列捕捉响应信号的范围的能力，在管道的圆截面上，越是能测得每个位置的信号响应信息越是能够精确的测得含气率；然后侧重光纤探针组合阵列对流体的阻碍作用，探针个数过多或者探针排布过于紧密，会严重阻碍管道内的流体的流动，使气泡变形对气体信号产生干扰。所以对阵列光纤探针进行优化设计时，必须兼顾两个关键因素。通过上节Fluent软件模拟了三相流，得到了气相分布特性规律，据此，本节针对光纤探针阵列结构的径向位置和探针放置角度进行了优化。

1. 阵列光纤探针结构径向位置优化

在上节利用FLUENT仿真软件对不同工况下的三相流进行的模拟结果显示，在各种工况下，管道截面的气相分布都呈现出相似的规律性，一方面在特定圆截面上，气相含量在管道中心出现峰值，在管道壁上具有最小值，即由中心边缘呈递减趋势，并且气相含量的分布在圆截面上以圆心呈现旋转对称的分布规律；另一方面在管道的各个轴线上，气相含量依然在中心轴线出现峰值，在管道壁上具有最小值，即由中心边缘呈递减趋势，并且气相含量的分布在各个轴线上沿着中心轴线呈现近似对称的分布规律。从模拟三相流得出的规律可知，只要在每个管道半径处放置一个光纤探针，次探针的测量就能代表管道同一半径相应位置处的测量结果，基本上就能全面地测量到整个圆截面的气相特性，也就是在放置四个探针的时候，每个探针绕圆心经过旋转一周后，扫过的不重复的面积之和尽量大，由此引出有效覆盖因子的定义来衡量光纤探针阵列采集气相信息的能力。有效覆盖因子是指放置在圆截面的所有探针以圆心为中心旋转以后扫过的未重复区域的面积之和与整个圆截面的面积之比，以 ω 表示。

$$\omega = \frac{\sum_{i=0}^{k} S_0 \cup S_1 \cup \cdots \cup S_i}{\pi R^2} \tag{7-4}$$

第 i 号光纤探针测量有效面积计算为：

$$S_i = \pi(R_i + r)^2 - \pi(R_i - r)^2 \tag{7-5}$$

其中，R 表示管道圆截面的半径，r 表示光纤探针的半径，R_i 表示第 i 号光纤探针所在管道半径的位置坐标。

在提出的正方形四探针结构中，虽然四个探针均匀地放置在圆形管道的横截面上，但有效投影长度只是单个探针的直径即 2mm，也就只能有效地测得在管道横截面圆环直径为 2mm 的圆环面积，不能覆盖圆截面的大部分区域，且由计算得到有效测量面积比"一"字形和"人"字形小得多，测量具有一定的片面性。根据实际油田井下的管道半径为 10mm，探针的半径为 1mm，若使放置的四个探针实现高效测量，应该把四个探针均匀放置在半径不同的环形区域，图 7-16 给出了四种探针径向放置的分布图，横轴表示探针放置的径向坐标位置，纵轴表示探针放置的角度坐标位置。图 7-17 和图 7-18 直观地给出了正方形四探针结构的有效测量面积和不同半径处依次放置探针的有效测量面积。正方形结构的有效面积，明显小于探针在不同半径处依次排列的情况，而且根据上节气相在圆管中心集中的规律，综合两点正方形结构不是合适的选择。当是四个探针时候，径向坐标依次是 0mm、3mm、6mm、9mm 处。这样的排布比起正方形的排布能测到更多的测量信息，提高测量的准确性。

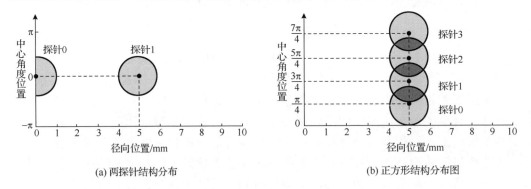

(a) 两探针结构分布　　　　　　　　(b) 正方形结构分布图

图 7-16　四种探针结构的径向分布图

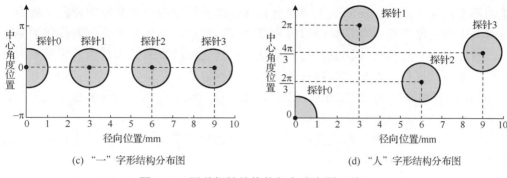

(c) "一"字形结构分布图　　　　　　　(d) "人"字形结构分布图

图 7-16　四种探针结构的径向分布图（续）

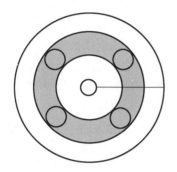

图 7-17　正方形四探针结构有效面积

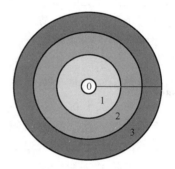

图 7-18　四探针分布不同半径的四个环形区域

表 7-1　不同结构探针阵的有效测量因子

不同结构	两探针	正方形	"一"字形	"人"字形
有效测量面积/mm²	21π	20π	73π	73π
ω	21/100	1/5	73/100	73/100

由表 7-1 中不同结构光纤探针的有效测量面积和有效测量因子比较可知，在四种探针阵列结构中，正方形四探针结构具有最小的有效测量因子，虽然探针个数比两个探针多，但是其有效测量面积并不比两探针结构大，"一"字形四探针结构和"人"字形四探针结构具有最大的有效测量因子，且比正方形四探针结构的有效测量因子要大得多，所以从测量的有效性和信息全面性上来说，"一"字形四探针结构和"人"字形四探针结构是比较可靠的光纤探针阵列结构，下面从另一个方面对两种结构进行分析，以取得最佳结构。

2. 阵列光纤探针结构角度优化

油气水三相流井下管道的环境是狭小的，阵列光纤探针势必对流体产生阻碍作用，流体的运行状态也会由此而在光纤探针局部发生变化，比如流体停滞，造成测量的不准确性。由此，在满足上节对光纤探针阵列的径向位置进行优化的基础上，再对其进行角度优化，尽量减少这种不良效应。为此，在满足径向位置优化的基础上，设计出两种结构进行比较，得到最佳的探针之间的夹角。所谓探针之间的夹角是指四个探针在同一圆横截面进行投影时，以探针 0 为基准，分别连接探针 0 和探针 1，探针 0 和探针 2，探针 0 和探针 3，以得到三条线之间呈现的夹角。如图 7-19 所示，α_{12}、α_{23}、α_{13} 就是所定义的探针之间的夹角。

　　针对不同探针夹角会对流体产生不同程度的阻碍作用，以尽量较少这种阻流作用和降低对流体的干扰为目的来优化探针之间的夹角。对流体的干扰作用主要是以探针之间的相互作用体现出来，各个探针之间距离越近，对流体造成的干扰会越大，所以应最小化探针之间相互作用，这通过最大化探针之间距离来体现，当然，优化的前提是四个探针满足上节所说的径向位置优化。每支探针对流体造成的影响不只是限于探针截面上的所在区域，也会对探针截面附近的区域造成影响，这样每个探针实际对流体产生的影响的实际区域是大于探针本身的横截面的，令探针半径为 r，产生的有效影响区域扩大至是半径为 $3r$ 的区域，若两个探针距离太近，必定会相互干扰，称之为二次干扰。如图 7-20 所示，阴影部分表示两支探针有效影响区域相互作用对流体造成二次干扰的面积，面积越大，表示对流体造成的干扰和阻碍就严重，造成测量不准确性和降低测量系统的寿命，应尽量降低对流体的二次干扰。表 7-2 是在不同角度下的干扰情况。

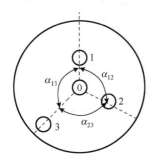

图 7-19　探针之间夹角表示

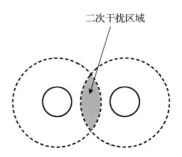

图 7-20　探针之间的二次干扰

表 7-2　不同角度下的干扰情况

α_{12}	α_{23}	α_{13}	干扰面积
0°	0°	0°	33mm^2
120°	120°	120°	11mm^2

　　图 7-21 直观地给出了两种排布下探针之间的二次干扰情况，其中阴影部分为二次干扰区域，左边的二次干扰区域明显大于右边的干扰区域。由计算得到的干扰面积可知，四探针"人"字形结构只在 0 号探针和 1 号探针之间存在二次干扰，而四

探针"一"字形结构的干扰面积是四探针"人"字形结构的 3 倍。虽然四探针"一"字形结构成功匹配了流体含气率的分布规律，能全面测量信号，但是多个探针排列紧密，对流体阻碍作用较大，而四探针"人"字形结构兼顾了测量准确性和足够大的探针分散度，对流体干扰较小，是比较理想的排列方式。

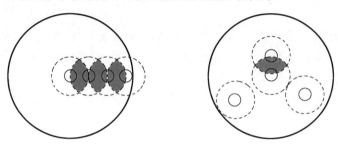

图 7-21　两种典型的探针之间的二次干扰情况

参 考 文 献

[1]　于莉娜，孔维航，孔令富，等. 垂直上升管内多光纤传感器持气率估计算法研究. 测井技术，2013, 37(5): 476-480.
[2]　于莉娜，李英伟，郭学涛，等. 垂直上升管内油气水三相流数值模拟方法研究. 油气田地面工程，2010, 29(3): 15-16.

第8章 光纤探针持气率测量仪研制与实验结果分析

本章使用在第 7 章所提出的蓝宝石光纤探针及其阵列结构，研制了光纤探针持气率测量仪，并使用 AMI（alternative mark inversion）Manchester 码协议实现了对井下光纤探针输出数据的编码传输，最后采用光纤探针持气率测量仪在实验室进行了验证实验，在油气水三相流动模拟装置上进行了动态实验，并在大庆油田进行了现场试验。

8.1 光纤探针持气率测量仪整体结构设计

光纤探针是整个持气率测量仪的关键部件，结构如图 8-1 所示，主要由蓝宝石敏感头、不锈钢保护套管、密封盘根、电路密封筒和三根导线组成[1,2]。其中，蓝宝石敏感头采用本书 6.2～6.4 节优化后的结构参数，材质为蓝宝石，形状为圆锥形，顶端锥角为 20°±2°，直径为 600μm，其外部采用直径 1.2mm 的不锈钢管密封，敏感头顶端裸露部分长度为 3mm。不锈钢保护套管的直径为 2mm，内部封装了结构如本书 6.5 节图 6-21 所示的光纤束耦合光路，其由 7 根芯径为 200μm 的石英光纤制成，其中 3 根光纤连接光源，4 根光纤连接光探测器。密封盘根主要用于光纤探针安装时密封探针和测井仪控制电路之间的连接部分。电路密封筒中封装了光源及其发射电路、光探测器及其接收电路，所用光源的波长为 940nm，输出功率为 3.75mW；光探测器接收光波长范围为 320～1100nm，峰值波长为 960nm。引出的三根导线分别为供电线、信号线和地线。当光纤探针供电之后，光源在发射电路的控制下发出光线，光线由光纤束耦合光路传输到蓝宝石敏感头，因敏感头所接触介质的折射率不同，对光线的反射程度也不相同，导致光纤探针中光探测器上接收到的光信号强度不同，因而在信号线上输出电压的幅度就会不一样，这样该处介质折射率的变化就转化为电压变化，根据光纤探针信号线上输出电压的大小可以区别介质的相态。图 8-2 给出了蓝宝石光纤探针的实物图，其耐温指标为 125℃，以满足油井井下高温环境的需求。

图 8-1　蓝宝石光纤探针结构示意图

1. 蓝宝石敏感头；2. 不锈钢保护套管；3. 密封盘根；4. 电路密封筒；5. 光源发射电路；
6. 光探测器接收电路；7. 供电线；8. 信号线；9. 地线

图 8-2　蓝宝石光纤探针实物图

光纤探针持气率测量仪由伞式集流器、阵列光纤探针及装有测量仪控制系统的电路筒组成，结构如图 8-3(a)所示，实物如图 8-3(b)所示。阵列光纤探针采用本书第 7.2.1 节图 7-9(d)所示的四探针结构，实物如图 8-3(c)所示，其中探针 1 位于管道圆心位置处，探针 2 位于径向位置 2.5mm 处，探针 3 位于径向位置 5mm 处，探针 4 处于径向位置 7.5mm 处，管道内径为 10mm。在实际使用过程中，首先是将持气率测量仪连同测井电缆下放到井下预定位置；然后通过测井电缆给集流器供电，使集流器张开，以封堵套管和测井仪器之间流体的流动通道，迫使流体全部或绝大部分流经光纤探针，并经上出液口重新流回井筒；最后再通过测井电缆给测量仪控制系统供电，使光纤探针处于工作状态，采集油井井下流体的气相分布信息，并通过 Manchester 码传输电路将光纤探针测量的原始数据由测井电缆实时上传至地面上位机，随后地面分析系统对数据进行分析处理，并计算出流体的持气率信息。

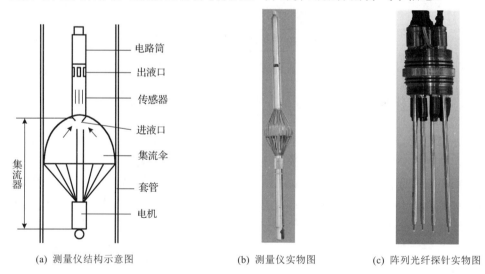

(a) 测量仪结构示意图　　　　　　　(b) 测量仪实物图　　　　　(c) 阵列光纤探针实物图

图 8-3　光纤探针持气率测量仪结构示意图和实物图

8.2　光纤探针持气率测量仪控制系统设计

光纤探针持气率测量仪控制系统的主要功能是对四路探针的输出信号进行放大、A/D 转换等预处理，并将数据采集结果实时传输到地面上位机。由于在油田实际应用中，光纤探针持气率测量仪只能使用单芯电缆作为传输介质，也就是说，该单芯电缆既作为供电电源又要作为信号的传输介质。由于四路光纤探针原始数据信息量较大，此时传统的模拟基带传输已经不能满足需求，为了在单芯电缆中传输大量测井信息，充分利用其频带宽度，提高信息传输速率，本系统选用 AMI Manchester 码协议对井下数据进行编码传输，图 8-4 给出了单芯电缆 AMI Manchester 码传输示意图。AMI Manchester 码是一种较为先进的编解码方式，具有编码电路简单、编码后的模拟信号自带时钟信息、较一般的 Manchester 码的误码率低、消耗功率低、模拟信号传输易于恢复、解码可由软件实现、节约成本等诸多优点。

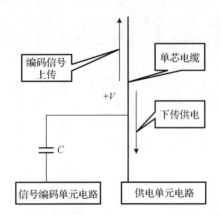

图 8-4　单芯电缆 AMI Manchester 码传输示意图

8.2.1　控制系统整体设计思想

光纤探针持气率测量仪 AMI Manchester 码编解码系统整体结构如图 8-5 所示。其中，井下部分主要由 AMI Manchester 编码器构成，该编码器的主要功能是将输入的四路光纤探针数据进行 AMI Manchester 码编码，并将编码后的数据加载到单芯电缆上进行远程传输。地面部分主要由数据采集卡和上位机软件构成，数据采集卡主要用来采集单芯电缆上传的编码信号序列，该采集卡可以设置采样频率、采集通道以及每通道一帧 USB 数据采集的长度。上位机软件主要实现对应 AMI Manchester 码的解码功能，该软件会按一定的规则将解码后的串行数据分离为并行的四路数据实时显示到工作前台以方便工作人员查看，同时要将处理的数据按一定的阈值设置计算出油井井下流体的实时持气率信息[3]。

光纤探针持气率测量仪控制系统组成如图 8-6 所示，主要包含光纤探针输出信号放大模块、A/D 转换模块、PIC 单片机 Manchester 码编码模块、差分和功率放大模块以及电源供电模块。该控制系统首先对四路光纤探针输出的模拟信号进行放大预处理，并对其进行 AD 采集后，交由 PIC 单片机进行 Manchester 码编码，然后对编码后的信号进行差分和功率放大,以将 Manchester 码信号加载到单芯电缆上进行远距离传输。由于地面上位机与 AMI Manchester 码编码器间采用单芯电缆传输,即该电缆上要实现传输数据和仪器供电两个功能,因此本系统采用电压 40～50V 的直流供电。电源供电模块为整个控制系统提供工作电压,使其能够正常工作。

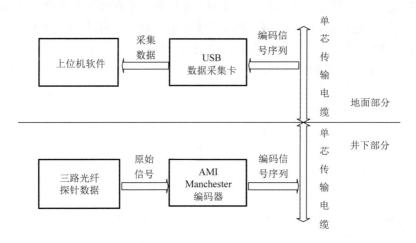

图 8-5 光纤探针持气率测量仪 AMI Manchester 码编解码系统整体结构图

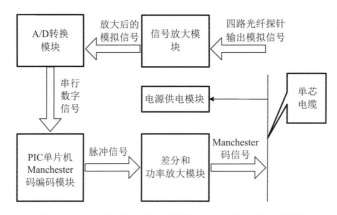

图 8-6 光纤探针持气率测量仪控制系统组成框图

AMI Manchester 码编码是将 AMI 码与 Manchester 码相结合的一种编码技术,该编码是将 Manchester 码码型中的高低变换电平用 AMI 码思想中的正负电平变化代替,相当于将 Manchester 码进行一次"微分",即在 Manchester 码的上升沿处为正脉冲,而在下降沿处为负脉冲,该正、负脉冲被处理为圆润的"正弦波"形状。这样新型的编码形式使得该编码既具有了较强的抗干扰能力,又具有了自带时钟信号、易于传输等特性;在单电缆的传输过程中,信号的损耗率更低,且更易于信号的解码过程。本系统中采用的是双极性 11.4584Kbit/s 的归偏 Manchester 码，该码型是在不归零 Manchester 码的基础上，将不归零 Manchester 码的上升沿用正脉冲替换，下降沿用负脉冲替换而成；此处该不归零 Manchester 码是用电平由低到高代表"0"，由高到低代表"1"。一般在 20 位 Manchester 码的码字中，前 3 位是为同步位，紧跟着是 16 位数据，最后为奇偶校验位。其中 16 位数据中的前 4 位为测井仪器的测量参数地址，常被地表仪器用来监测和向下传输特定命令。在本系统中由于只实现井下编码数据的上传功能，所以在定义 20 位 Manchester 码标准时，并不需要将 16 位数据位中的前 4 位作为测量参数地址，所以这 16 位数据均作为光纤探针数据位，每 4 位代表一个光纤探针通道传输的编码数据。本系统所实现的 Manchester 码标准如下所示。

调制方式：基带传输，11.4584Kbit/s

编码规则：归零 Manchester 码，3 位（同步）+16 位（数据）+1 位（奇校验）

工作模式：半双工

传输介质：5000m 单芯电缆

每帧 Manchester 码字时间间隔：每数据字之间间隔 256μs

奇校验位：奇数时为 0，偶数时为 1

图 8-7 所示为本系统所采用的归偏 Manchester 码的波形图，由于基带传输速率为 11.4584Kbit/s，所以相应的归偏 Manchester 码位单元周期约为 87μs；三位同步头采用先负脉冲后正脉冲的同步方式，每个脉冲同步单元周期为 1.5 个位单元周期，约为 131；传输编码中正负脉冲宽度采用 20μs；16 位数据传输次序是由高到低（D15～D0）。

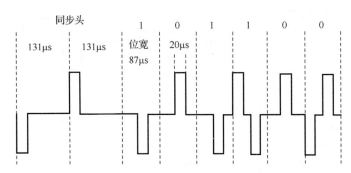

图 8-7　11.4584Kbit/s 归偏 Manchester 码时序图

8.2.2　信号放大和 A/D 转换模块设计

信号放大和 A/D 转换模块主要负责对阵列光纤探针输出的四路信号进行放大和模数转换等处理，以供后续的 PIC 单片机对探针数据进行 Manchester 码编码。光纤探针输出信号幅度在 0～1.5V，这并不算是微小信号，通常并不需要放大。但是由于本系统中后续 A/D 转换模块的满量程输入范围是 0～4.096V，所以为了使输入到 A/D 转换模块的信号幅度接近其满量程范围，提高 A/D 转换精度，我们设计了放大倍数为 2 倍的信号放大模块，其原理如图 8-8 所示（以 CH1 为例）。该模块选用 AD820BR 做主芯片，AD820BR 是一款精密、低功耗、FET 输入运算放大器，可以采用 5～36V 单电源供电，该放大器具有单电源供电能力，其输出电压摆幅仅比电源电压小 10mV。本模块采用负反馈方式来搭建信号放大电路，在负输入端并联两个 1kΩ 电阻，并在运算放大器的同相输入端串联一个 500Ω 电阻，组成放大倍数为 2 倍的信号放大电路。图 8-8 中四路光纤探针输出信号 SI1、SI2、SI3 和 SI4 经 AD820BR 芯片放大后相应的输出信号是 CH1、CH2、CH3 和 CH4，以供后续 A/D 转换模块进行模数转换。

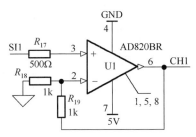

图 8-8　信号放大模块电路原理图

本系统采用 MAX187 芯片为核心搭建了 A/D 转换电路，其原理如图 8-9 所示。MAX187 是一款工作在单电源电压下的 12 位逐次逼近型串行 A/D 转换器，它具有转换速度快、精度高、自带内部基准电源等优点。由于 MAX187 具有较小的封装尺寸和简单的外围电路，加上 75kHz 的高速采样速率以及所需的电源消耗极低等特点，该芯片特别适合应用于对电源消耗和空间要求极为苛刻的生产测井领域。图 8-9 中，MAX187 芯片 VDD 引脚接 5V 工作电压，并连接了 0.1μF 和 10μF 两个旁路电容，以滤除供电电源的噪声，以免影响芯片的转换精度。通过拉高 SHDN 引脚来选择 MAX187 的内部基准工作状态，此时 A/D 转换满量程范围为 0～4.096V。MAX187 的模拟信号输入管脚是 AIN 管脚，由于在同一时刻其只能对一路信号进行 A/D 转换，所以在图 8-9 中使用 CD4051 模拟开关来作为四路光纤探针信号的选通电路。CD4051 是一个单刀八掷的模拟开关，其最多可选通 8 路模拟信号中的一路作为输出，满足本模块的处理要求。CD4051 中 VDD 管脚为器件工作电源接入端，电压范围为 3～15V，由于信号放大电路输出的四路信号 CH1、CH2、CH3 和 CH4 的电压幅度均小于 5V，所以本模块采用 5V 供电即可。CD4051 的 INH 管脚为输入通道使能端，当 INH 为高时，禁止所有通道选通；本模块将 INH 接地，使能通道选择功能。图 8-9 中，X0～X7 为 8 个模拟信号输入端，本模块选择 X4、X5、X6 和 X7 四个通道分别作为信号 CH2、CH3、CH1 和 CH4 的输入接口，对应的通道选择端 A、

B、C 二进制控制位分别为 100、101、110 和 111，选通的信号通过 X 管脚输出给 MAX187。MAX187 芯片使用 SPI 串行接口将 A/D 转换结果传输给 PIC 单片机，其时钟引脚 SCLK、片选引脚 CS 和数据引脚 DOUT 分别连接 PIC 单片机 SPI 端口的时钟端 AD_SCK、片选端 AD_CS 和数据端 AD_SDO。

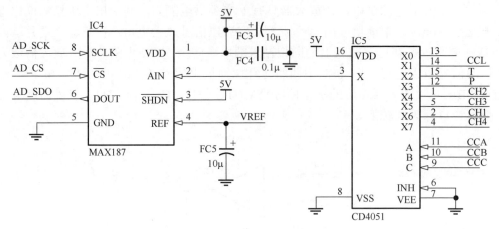

图 8-9　A/D 转换模块电路原理图

8.2.3　PIC 单片机 Manchester 码编码模块设计

以 PIC18F2550 单片机为核心的 Manchester 码编码模块电路原理如图 8-10 所示，该模块使用两片 PIC18F2550 芯片搭建，其中 IC2 芯片负责控制 A/D 转换模块，并将光纤探针数据的 A/D 转换结果通过 SPI 串行总线传递给 IC1 芯片，以对其进行 Manchester 码编码。芯片 IC1 和 IC2 的 OSC1 管脚连接了一个功耗约为 2.5mA 的 16M 晶振，该晶振工作在 5V 电压下，可以提供稳定的 16MHz 脉冲来作为其工作的外部时钟源。IC2 芯片的 RA0、RA1 和 RA2 三个管脚分别连接 CD4051 的三个通道选择端 A、B 和 C，以选择相应的通道进行 A/D 转换。IC2 芯片的 RB4、RA3 和 RA6 三个管脚分别连接 MAX187 芯片的三个 SPI 通信接口 SCLK、DOUT 和 CS 管脚，其中 RB4(AD_SCK)为同步时钟输出管脚、RA3(AD_SDO)为数据输入管脚、RA6(AD_CS) 为片选输出管脚。IC1 芯片中的 RA1(PLUS+)和 RA0(PLUS-)输出两路脉冲信号，分别用于图 8-7 所示 Manchester 码时序图中的正负脉冲。

PIC18F2550 芯片的 SPI 接口采用 MSSP 模式实现，要让 SPI 串行端口工作，必须把 MSSP 模块的使能位 SSPEN 置 1，这样就可以把引脚 SDI、SDO、SCK 和 SS 作为 SPI 接口的专用引脚。此外还得对其各个管脚的方向位进行定义：SDO 引脚定义为输出，即 PORTC<7>=0；SDI 引脚定义为输入，即 PORTB<0>=1；SYNCS 定义为输出，即 PORTB<2>=0；在从动方式下，SCK 引脚为输入，即 PORTB<1>=1；在

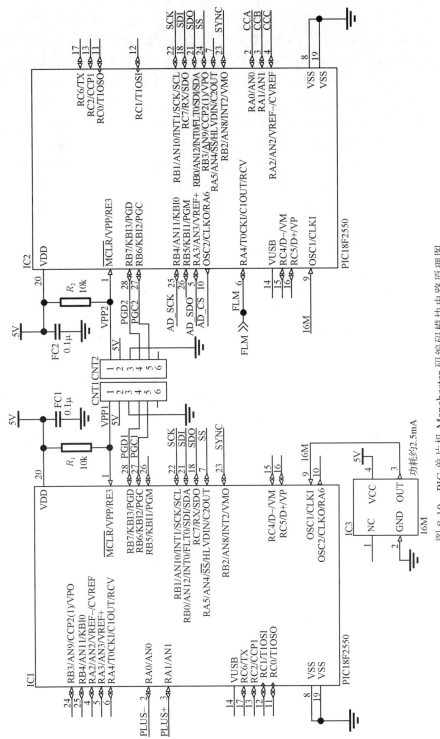

图 8-10　PIC 单片机 Manchester 码编码模块电路原理图

从动方式下如果用到 SS 引脚，则 PORTA<5>=1。在选择 SPI 工作模式时，需要使用 SPI 模式下的控制寄存器 SSPCON1 和状态寄存器 SSPSTAT，通过对相应的控制位（SSPCON1<5：0>和 SSPSTAT<7：6>）编程来设置 SPI 接口的模式和状态：主控模式（SCK 作为时钟输出）、从动模式（SCK 作为时钟输入）、时钟极性（SCK 处于空闲状态）、从动选择模式（仅从动模式下）。图 8-10 中，芯片 IC1 和 IC2 中的管脚 SCK、SDI、SDO、SS、SYNC 分别连接在一起，前四个管脚分别对应 SPI 模式中的串行时钟线、串行数据输入线、串行数据输出线、从选择线，SYNC 是两芯片间同步时钟信号的连接线。两片 PIC18F2550 芯片之间使用的是 SPI 从动模式，由于不能控制时钟 SCK 的输出，从动模式只能在 SCK 引脚上有外部时钟脉冲时候开始传输和接收数据，外部时钟由 SCK 引脚上的外部时钟源提供。本设计是采用同步从属工作方式，要进入该工作方式 SPI 必须处于从动模式下，并使能 SS 引脚控制（SSPCON1<3：0> = 04h）。IC1 在与 IC2 芯片单元通信时，采用中断方式接收 IC2 单元的数据，当时钟从空闲状态转换到有效状态时，也即时钟从低电平转化为高电平后，IC2 单元开始发送数据；当 IC1 单元的 SS 管脚为低电平时，开始接收数据。

在 IC2 芯片的 Manchester 码编码程序设计中，使用 RXDTBUFL 和 RXDTBUFH 两个变量来保存 SPI 通信接收到的数据。通过将 TXDTBUF、RXDTBUFL 和 RXDTBUFH 依次循环向左移动一位，参考 RXDTBUFH 中的 bit7 对 bit6 位数据进行编码。TXDTBUF 变量在移位过程中暂时用于保存 RXDTBUFL、RXDTBUFH 变量移出的数据位，同时 TXDTBUF 变量的第七位将作为奇偶校验位，最终进行编码。由上述双极性归偏 Manchester 码编码规则可知，在首次发送 RXDTBUFH 变量 bit6 位数据时，应将 RXDTBUFH、RXDTBUFL 和 TXDTBUF 三变量依次向左循环移动一位，并将 bit7 置为 0，这样在编码数据位时才不会出现未编码数据。TXBITCNT 为 Manchester 码位计数器，用于记录已发送的数据位数。由前面可知，电缆上 Manchester 码有 16 位数据和一位奇偶校验位，因此 TXBITCNT 用于计数到 17。由于编码过程不允许中断，当数据开始被编码时必须关闭中断。当 TXBITCNT 计数器为 0 时，一帧数据编码完成并打开中断，并由 RXDTBUFL、RXDTBUFH 接收新传来的数据。这样接收数据和编码数据串行进行，保证电缆上不会出现数据丢失现象。奇偶校验位采用异或方式获取，首先将 DATABUFH 临时变量赋值 RXDTBUFH，并将 DATABUFH 与 RXDTBUFL 异或，结果存放在 DATABUFH 中，对该临时变量中 1 的个数进行计数即可获得奇偶校验位的值。依据图 8-7 所示的归偏 Manchester 码时序图，得到其编码流程如图 8-11 所示，其过程为：第一步，发送同步头的前半部分，延时 131μs，发送同步头的后边部分，延时 131μs。第二步，对 RXDTBUFH 的 bit7、bit6 位做判断后，进入到相应编码分支进行时序调制。第三步，根据所构建编码移位系统中的 TXBITCNT 计数器，进行循环调制，当不满足条件时，返回第二步继续执行，否则执行第四步。第四步，发送奇偶校验位，并完成单字节数据的 Manchester 码编码。

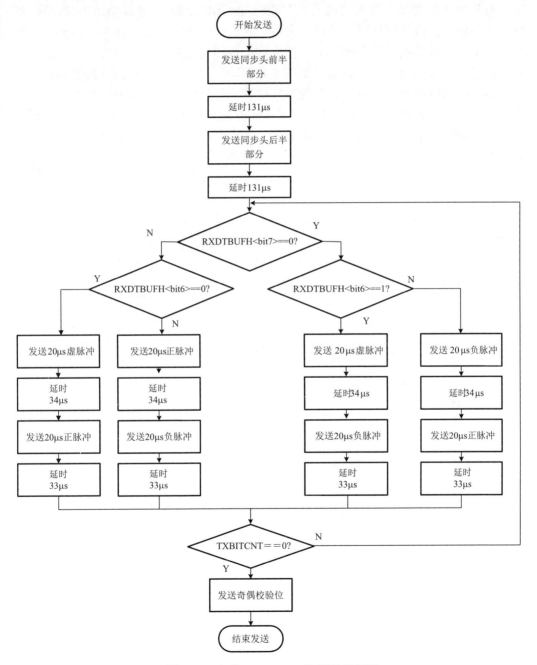

图 8-11　归偏 Manchester 码编码流程图

8.2.4　差分功率放大和电源供电模块设计

　　差分功率放大模块的主要功能是首先将 PIC18F2550 单片机输出的 PLUS+ 和 PLUS−两路脉冲信号进行隔直处理，之后对其进行差分放大并整合为一路输出，最后经功率放大后搭载到单芯电缆上以便传输。该模块主要由隔直电容、差分放大器以及功率放大器构成，其电路原理如图 8-12 所示。由于 PIC18F2550 输出的脉冲是低频信号，所以该模块选用 0.1μF 的隔直电容。差分放大器主要由 CA3140 芯片构成，放大倍数为 3.48(=$R_5/R_3=R_6/R_4$)倍。CA3140 的工作电压范围是 4～36V，它既可以采用双电源供电，也可以采用单电源供电；本电路中 CA3140 采用虚地下的双电源供电方式，由于管脚 7（电源）接 30V 工作电压，所以在管脚 3（同相输入端）处接入工作电压的一半 15V 电压作为该电路两输入端的静态电位。

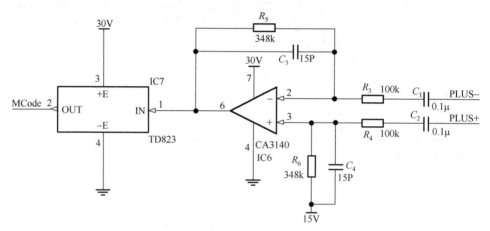

图 8-12　差分功率放大模块电路原理图

　　本系统中需要通过几千米长的单芯电缆来传输信号，而长电缆会对信号造成较大的损失；若把差分放大器输出的 Manchester 码信号直接搭载到电缆上，其很容易受到外界的干扰，导致 Manchester 码传输错误。为此必须将差分放大器输出的信号进行一定的功率放大，提高信号的信噪比，以补偿电缆传输中信号的损耗。本系统使用 TD823 芯片构成功率放大电路，见图 8-12。TD823 芯片具有频带宽、输出摆幅大、温度失调漂移小、工作温度范围宽等特点，其供电电压范围在−30～+30V，本电路使用 30V 单电源供电，即+E 管脚接 30V，−E 管脚接地。TD823 的输入端 IN 管脚接差分放大器的输出端，TD823 的输出端 OUT（MCode）管脚搭载至单芯电缆。

　　由于本系统中单芯电缆既作为供电电缆又作为信号搭载电缆，而供电电压为直流电压，而待搭载上传的 MCode 信号是交流信号，所以必须在 MCode 信号和电缆间串联一电容，以起到隔直流通交流的作用，如图 8-13 所示。图中 CABLE 为 40V

直流电源供电的输入端，也是输出信号搭载到单芯电缆的端口，其与 MCode 信号间串联了总容值为 4.4μF 的电容。另外，由于本系统中电路需要使用+30V、+15V 和+5V 电源供电，所以需要进行 DC-DC 电压转换。由图 8-13 可知，+30V 是通过 D2 和 D3 两个 15V 稳压二极管串联得到的，+15V 是通过 D3 稳压二极管得到的，+5V 是通过 78L05 得到的。图 8-13 中电感 L 的作用是阻止交流信号进入 DC-DC 电路，D1 二极管的作用是防止 CABLE 上供给电压反接时烧毁电路板。

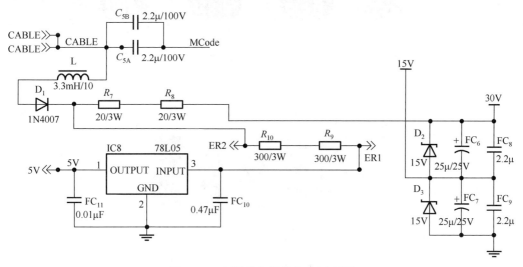

图 8-13　电源供电模块电路原理图

8.3　光纤探针持气率测量仪实验结果分析

采用光纤探针持气率测量仪在实验室进行了验证实验、在油气水三相流动模拟装置上进行了动态实验，并在大庆油田进行了现场试验。

8.3.1　室内实验结果分析

首先进行不同介质时光纤探针输出响应实验，实验介质分别为水、柴油、混合油（柴油和原油混合）和原油，实验温度为 30℃。实验时，将光纤探针插入装有不同介质的量杯中，垂直将探针快速拔出液面，模拟探针在油井井下与各种介质相接触的情况，实验效果如图 8-14 所示。光纤探针在空气中和以上四种介质的输出信号幅度如图 8-15 所示。其中，光纤探针在空气中的输出幅度为 3.464V、在水中的输出幅度为 2.415V，在柴油中的输出幅度为 1.664V，在混合油中的输出幅度为 1.535V，在原油中的输出幅度为 2.33V，由此可见，光纤探针可有效区分气相介质和液相介质。

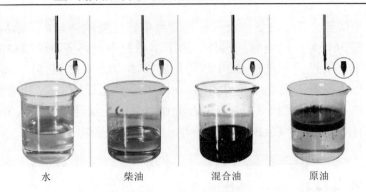

图 8-14 不同介质时光纤探针传感器输出响应实验效果图

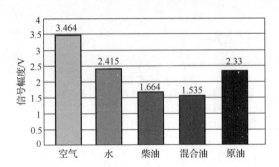

图 8-15 探针在各种液体和空气中输出信号

　　之后进行光纤探针沾污前后输出信号幅度对比实验，实验时采用原油对光纤探针进行沾污后，测量其在空气中和水中输出信号的幅度，并与探针沾污前其输出信号的幅度进行对比，实验结果如图 8-16 所示。从图中数据计算得出，沾污后光纤探针在空气中输出信号幅度仅减少 0.164V，相对损失 4.73%；在水中输出信号幅度仅减少 0.035V，相对损失 1.45%。沾污前光纤探针在空气中和水中的输出信号幅度差为 1.049V，沾污后幅度差变为 0.92V，但足以有效区分气相和液相。由此可见，光纤探针基本不受沾污的影响，另外通常油井井下温度会高于室温，原油的流动性更好，沾污带来的影响会进一步减小。

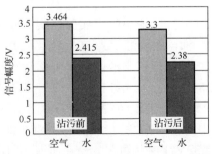

图 8-16 蓝宝石探针沾污前后对比实验

8.3.2 动态实验结果分析

　　动态实验在大庆测试技术服务分公司油气水三相流动模拟装置上进行[4]，该实验装置主要由长 8m、内径为 125mm 的透明有机玻璃井筒、高架罐、贮油罐、贮水罐、水泵、油泵、油水分离罐、空气压缩机、气体净化装置、气体稳压罐及控制台组成，结构如图 8-17 所示。其中，贮油罐和贮水罐分别存放实验所要使用的柴油和水，油泵和水泵分别从贮油罐和贮水罐中吸入液体，并泵入井架上各自的高架罐中，靠罐中稳定的液面来保持稳定的油水流量，为保证油水液面恒定，高架罐中预先规定了溢流面，超过此标准液面的液体会分别自动流回到各自的贮存罐中。空气压缩机作为气相压力源，气体净化装置用于净化来自空气压缩机的气体，气体稳压罐为实验提供稳定的压力，从而确保有机玻璃筒内流体配给含气率的稳定。油气水三相在各自控制台的控制下，流经手动球阀、涡轮流量计和自动球阀后一起进入到有机玻璃井筒中，通过调节球阀可得到不同配比的油流量、水流量和气流量。有机玻璃井筒底部为进液口，顶部为出液口，从井筒顶部流出的空气被直接排放，而油水混合物则进入油水分离罐，在此罐中油相和水相经重力作用分离后，油相进入贮油罐循环使用，水相进入贮水罐循环使用。

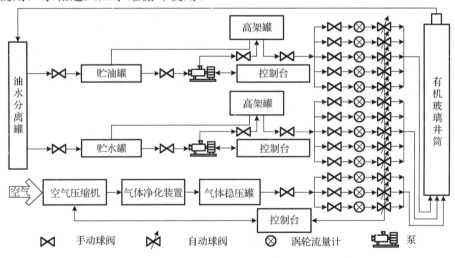

图 8-17　油气水三相流模拟装置工作原理图

　　实验时，将光纤探针持气率测量仪置于有机玻璃井筒内，并使用伞式集流器将测量仪和模拟井筒之间的空间封闭，迫使流体由仪器壁的上游进液口流入传感器内部，流体流经传感器后，再由下游出液口流出。由于本动态实验的目的是测量持气率信息，针对目前大庆油田的实际情况，实验中选取气流量分别为 3m³/d、10m³/d 和 20m³/d，油水总流量分别为 10m³/d、20m³/d、40m³/d 和 60m³/d，水占油水总流量的比例分别为 0%（油气两相流）、30%（油气水三相流）、70%（油气水三相流）、100%（气水两相流）多种不同的情况进行测量。图 8-18 给出了油水总流量为 10m³/d，水占油水总流量的比例为 30%、气流量分别为 3m³/d、10m³/d 和 20m³/d 时 1 号和 2 号光纤探针输出信号的波形图。可以看出，光纤探针的输出电压范围在 2.5～4.5V，且由于光纤探针接触的介质在气相和液相之间来回更替，所以输出电压出现了明显的高低变化。另外，由于光纤探针刺破油气泡的位置和角度不同，导致实际的响应信号并不是理论上的矩形波，而是出现了很多幅度高低不同的脉冲信号；而且同一气流量下，1 号探针和 2 号探针的输出结果并不相同，表明短时测量条件下管道横截面上含气率的分布并不均匀，同时也更好地说明了采用阵列光纤探针结构的必要性。对比图 8-18 中(a)图、(b)图和(c)图可知，随着气流量的增大，光纤探针输出信号波形明显趋于密集，说明油气水三相流的持气率逐渐增大，符合实际情况含气率从 23.08%增加至 50%再增加至 66.67%的变化趋势。

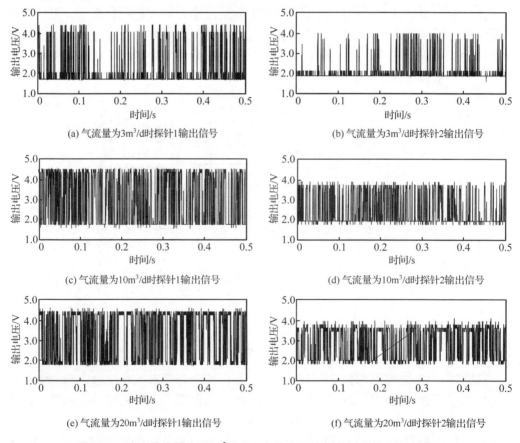

(a) 气流量为3m³/d时探针1输出信号

(b) 气流量为3m³/d时探针2输出信号

(c) 气流量为10m³/d时探针1输出信号

(d) 气流量为10m³/d时探针2输出信号

(e) 气流量为20m³/d时探针1输出信号

(f) 气流量为20m³/d时探针2输出信号

图 8-18　油水总流量为 10m³/d、水占油水总流量的比例为 30%条件下
气流量为 3m³/d、10m³/d 和 20m³/d 时光纤探针输出信号波形图

图 8-19 给出了气流量分别为 3m³/d、10m³/d 和 20m³/d 时各种工况下光纤探针持气率测量仪的测量结果和绝对误差，图中实验工况"Q10G3"中的"Q10"表示油水总流量为 10m³/d，"G3"表示气流量为 3m³/d，其余以此类推。图 8-19 中的标准含气率是指实验条件下实际通过控制各相流量计算得到的含气率，即油水总流量分别为 10m³/d、20m³/d、40m³/d 和 60m³/d 时，气流量为 3m³/d 时对应的含气率值分别为 23.08%、13.04%、6.98% 和 4.76%，气流量为 10m³/d 时对应的含气率值分别为 50%、33.33%、20% 和 14.29%，气流量为 20m³/d 时对应的含气率值分别为 66.67%、50%、33.33% 和 25%。图 8-19 中的测量持气率是在采集阵列光纤探针输出信号后，对其进行小波阈值去噪[5]，并经加权平均处理后计算得到的持气率值；绝对误差为标准含气率与测量持气率的差值，用来衡量测量值与标准值之间的浮动范围，以便进行仪器校准。从图 8-19 中三个持气率测量结果图可以看出，在各种实验工况下，除个别坏点外（如气流量为 3m³/d、油水总流量为 10m³/d 时），光纤探针持气率测量仪测得的持气率与标准含气率呈现出较好的正比例关系，即测量持气率随着标准含气率的增大而增大，表现出良好的线性特征，表明了所研究的阵列光纤探针测量油气水三相流含气率的可靠性。从图 8-19 中三个持气率测量绝对误差图可以看出，除个别坏点外气流量为 3m³/d 时的误差绝大部分控制在 ±5% 以内，气流量为 10m³/d 时的误差绝大部分控制在 ±10% 以内，气流量为 20m³/d 时的误差绝大部分控制在 ±15% 以内，即随着气流量的增加，测量持气率值与标准含气率值间的绝对误差从 ±5% 的增加到 ±15%，说明了此仪器对于低含气率的工况具有更好的测量精度；另外，在各种实验工况下，持气率测量结果的绝对误差值均停留在一个比较平稳的水平，说明仪器具有良好的重复性，其输出结果经图版校正后可用于油田现场实际测量[6]。

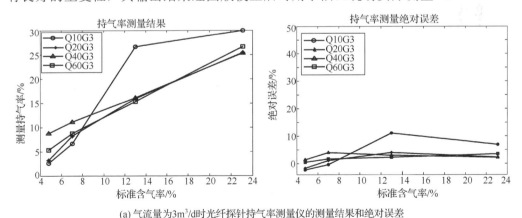

(a) 气流量为 3m³/d 时光纤探针持气率测量仪的测量结果和绝对误差

图 8-19　气流量为 3m³/d、10m³/d 和 20m³/d 时光纤探针持气率测量仪的测量结果和绝对误差

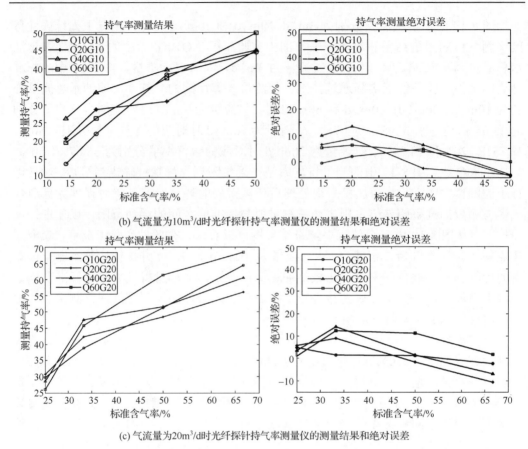

(b) 气流量为10m³/d时光纤探针持气率测量仪的测量结果和绝对误差

(c) 气流量为20m³/d时光纤探针持气率测量仪的测量结果和绝对误差

图 8-19　气流量为 3m³/d、10m³/d 和 20m³/d 时光纤探针持气率测量仪的测量结果和绝对误差（续）

8.3.3　油田现场试验结果分析

现场试验的主要任务是检验光纤探针持气率测量仪井下测量效果，通过试验证明该仪器结构设计合理，可以顺利实现井下防沾污和持气率测量[7]。目前该测量仪已在大庆油田推广应用，解决了目前现有产出剖面测井仪器无法测量产气井内含气率的问题，通过综合解释，可以为地质提供更加真实的井下动态资料，使地质部门能够准确地了解井下状况，及时采取合理措施，该仪器的应用具有重要的经济效益和社会效益。图 8-20 给出了 C521-S327 井的测井成果图，该井井口测量流量为34.9m³/d、井口化验含水为 97.3%，实际测量产量为 37.9m³/d，含水 95.8%；从图中可以看出，S212~S2*14 层为主产液层，S21~S25-7、S29~S2*9、S3*2~S310 层为次产液层。应用光纤探针持气率测量仪对该井进行测量，结果如表 8-1 所示，6个深度测量点下（1084.6m、1093.1m、1115.8m、1145m、1161m 和 1180.9m）合成

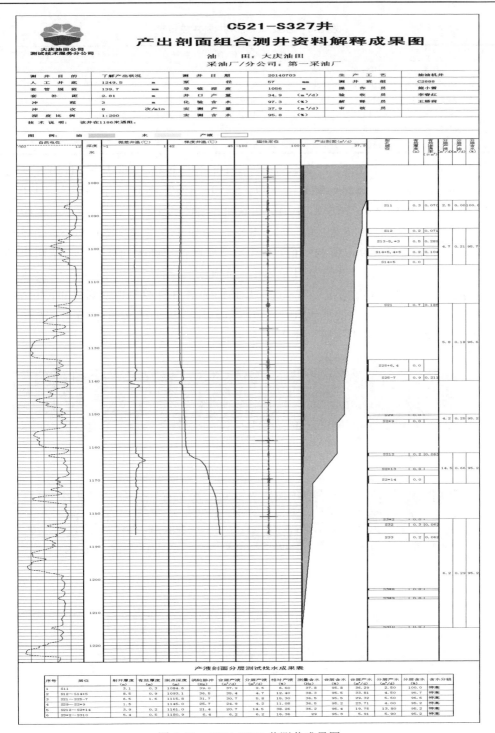

图 8-20　C521-S327 井测井成果图

表 8-1　C521-S327 井测井成果表

序号	层位	深度	流量	分层产液量/(m³/d)	解释含水/%	分层含水/%	合层含气/%
1	S11	1084.6	37.9	2.5	95.8	100	18.1
2	S12～S14+5	1093.1	35.4	4.7	95.5	95.7	17.5
3	S21～S25-7	1115.8	30.7	5.8	95.5	96.6	17.2
4	S29～S2*9	1145	24.9	4.2	95.2	95.2	16.3
5	S212～S2*14	1161	20.7	14.5	95.4	95.2	10.1
6	S3*2～S310	1180.9	6.2	6.2	95.3	95.2	6.4

含气分别为 18.1%、17.5%、17.2%、16.3%、10.1% 和 6.4%；可见井下合层含气逐渐减少，四个主要层位（S21～S25-7、S29～S2*9、S212～S2*14 和 S3*2～S310）的合层含气分别为 17.2%、16.3%、10.1% 和 6.4%；通过递减计算得到四个层位的分层含气分别为 0.9%、6.2%、3.7% 和 6.4%。图 8-21 给出了 5 个深度测量点下（1084.6m、1145m、1161m、1180.9m 和 1188m）1 号光纤探针输出结果的波形图，从图中可以看出，随着深度的增加，光纤探针输出信号波形明显趋于稀疏，说明井下流体的持气率逐渐减小，符合实际情况。为了进一步检验光纤探针持气率测量结果的可靠性，将仪器下放到井下无气泡的死水区，光纤探针输出结果如图 8-21(d)所示，光纤探针未探测到气相信号，表明仪器工作正常。

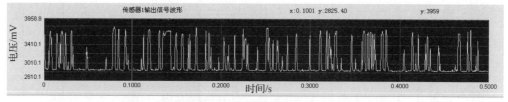

(a) 第一测点（深度1084.6m）

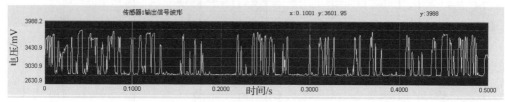

(b) 第二测点(深度1145m)

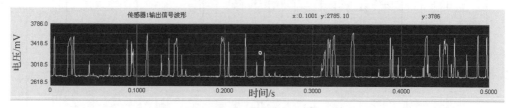

(c) 第三测点(深度1161m)

图 8-21　C521-S327 井光纤探针输出信号波形图

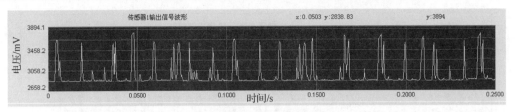

(d) 第四测点(深度1180.9m)

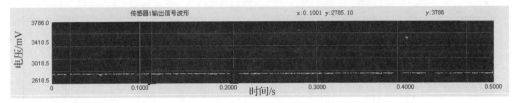

(e) 第五测点(深度1188m)

图 8-21　C521-S327 井光纤探针输出信号波形图（续）

图 8-22 给出了 C711-S313 井的测井成果图，该井井口测量流量为 35.5m³/d、井口化验含水为 96%，实际测量产量为 35.3m³/d，含水 94.2%；从图中可以看出，S12～S1*4+5、S2*8～S210-11 层为主产液层，S25+6～S25+6 层为次产液层。应用光纤探针持气率测量仪对该井进行测量，结果如表 8-2 所示，7 个深度测量点下（1112.2m、1118.4m、1142.5m、1163.6m、1173m、1188.2m 和 1194.3m）合成含气分别为 13.8%、13.2%、7.4%、3.5%、0%、0%和 0%；可见井下合层含气逐渐减少，通过递减计算得到三个主要层位（S12～S1*4+5、S25+6～S25+6、S2*8～S210-11）的分层含气分别为 5.8%、3.5%和 0%。图 8-23 给出了 3 个深度测量点下（1118.4m、1163.6m 和 1173m）1 号光纤探针输出结果的波形图，从图中可以看出，随着深度的增加，光纤探针输出信号波形明显趋于稀疏，说明井下流体的持气率逐渐减少，符合实际情况。

表 8-2　C711-S313 井测井成果表

序号	层位	深度	流量	分层产液量/(m³/d)	解释含水/%	分层含水/%	含气/%
1	S11～S11	1112.2	35.27	2.48	94.2	94	13.8
2	S12～S1*4+5	1118.4	32.79	12.06	94.2	96.8	13.2
3	S21～S22-4,2	1142.5	20.73	0.58	92.7	100	7.4
4	S25+6～S25+6	1163.6	20.15	4.87	92.5	88.7	3.5
5	S2*8～S210-11	1173	15.28	9.17	93.7	93.9	0
6	S212～S213\1	1188.2	6.11	2.39	93.5	97.1	0
7	S214～S2*15+16	1194.3	3.72	3.72	91	91.1	0

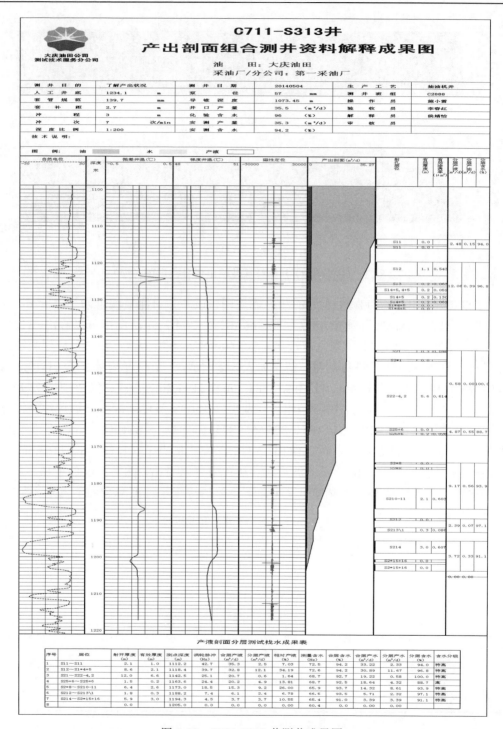

图 8-22　C711-S313 井测井成果图

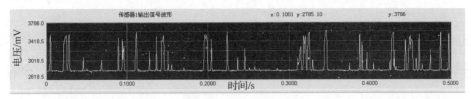

(a) 第一测点（深度1118.4m）

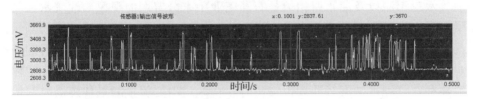

(b) 第二测点(深度1163.6m)

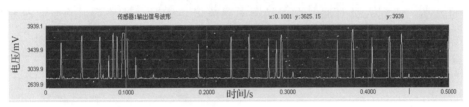

(c) 第三测点(深度1173m)

图 8-23　C711-S313 井光纤探针输出信号波形图

参 考 文 献

[1] 李英伟, 孔令富, 刘兴斌, 等. 一种光纤探针传感器: 中国. ZL201220470793.X. 2013-04-17,
实用新型专利.

[2] 孔令富, 孔维航, 李英伟, 等. 一种光纤电导一体化探针传感器: 中国. ZL201420538614.0.
2015-07-15, 实用新型专利.

[3] 李英伟, 许京涛, 孔令富, 等. 光纤传感 Manchester 码解码系统: 中国. 2015SR043489.
2015-03-11, 计算机软件著作权.

[4] 牟海维, 刘文嘉, 孔令富, 等. 光纤持气率计在气/水两相流中响应规律的实验研究. 光学仪
器, 2012, 34(5): 66-69.

[5] 孔令富, 孔维航, 解娜, 等. 小波阈值去噪在光纤持气率计信号处理中的应用. 燕山大学学
报, 2013, 37(2): 159-163.

[6] 牟海维, 杨韵桐, 姜兆宇, 等. 光纤持气率测井仪响应规律的实验研究. 光学仪器, 2013,
35(3): 16-19.

[7] 杨韵桐, 姜兆宇, 牟海维, 等. 油气水三相流产出剖面光纤持气率计响应规律的实验研究.
光学仪器, 2014, 36(3): 198-202.

第 9 章　电磁法流量测量基本原理与权重函数分析

油气水三相流以及油水两相流是石油工业中十分普遍的现象，油气水三相流流量测量也是产出剖面测井应用中最广泛的一种，解决油气水三相流流量的测量问题也成为测井工业中最热门的课题之一。建立电磁感应法流量测量模型的目的是解决油气水三相流流量测量问题，其检测电极测量信号是采用法拉第电磁感应定律获取的，流体存在气泡或油泡等非导电物质时，在通过电磁流量测量传感器时对检测电极获取的感应电势没有贡献，因此流体存在非导电物质会影响检测电极获取的感应信号的大小。研究人员对油气水三相流电磁流量传感器开展了系列的专业研究，现已获得了相关领域比较成熟的技术内容。

9.1　电磁法流量测量基本原理

传统电磁流量计已开始应用于两相流以及三相流流体测量，特别在高含水的油田注水井、注聚井的注入剖面测井中应用更为广泛。从目前传统电磁流量计的应用情况来看，电磁流量计在测量高含水油气水三相流时，由于其非导电物质（气相、油相）含量低，对测量结果影响较小，测量结果较为准确；生产测井中当电磁流量计测量非高含水油气水三相流时，由于其非导电物质含量高，对测量结果影响较大，测量结果误差较大。也就是说传统的单相流电磁流量计在测量非高含水率的油气水三相流，流量计测量结果扰动性大，使得流量计误差增加，尤其在被测流体流动速度较慢时，传统流量计计量误差更大，而且非导电相会造成检测电极获取检测信号波动性较大。对此，研究设计新型的流量测量传感器用于含非导电物质的两相或三相流体的流量测量具有重要的意义和实际应用需求。本章在详细分析电磁法流量测量原理的基础上，提出了电磁相关法和多对电极电磁相关法的流量测量模型。

9.1.1　电磁法流量测量传感理论

电磁法流量测量依据法拉第电磁感应定律，如图 9-1 所示，通过导体回路所包围面积的磁通量发生变化时，在回路中就会产生感生电动势及感生电流，感生电动势的大小正比于回路相交的磁通随时间的变化率，方向由楞次定律决定。楞次定律：感生电动势及其产生的感生电流总是力图阻止回路中的磁通 ϕ 的变化。磁通的正方向与感生电动势的正方向符合弗莱明右手定则，将其称为法拉第电磁感应定律[1]。

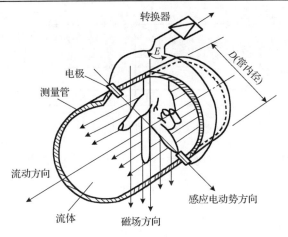

图 9-1　电磁法流量测量原理图

当导电性液体在磁场内流动切割磁力线时，液体中有感应电流产生。根据欧姆定律的微分形式有

$$j = \sigma(E + V \times B) \tag{9-1}$$

式中，j 为电流密度矢量，它是通过液体单位面积的电流；σ 为流体电导率，E 为电场强度，V 为流体速度，B 为磁感应强度。假如激磁电流的角频率 ω 不很大，位移电流完全可以忽略，而只考虑传导电流，这时电流密度的散度等于零，即 $\nabla \cdot j = 0$。对式（9-1）两边求散度可得

$$\nabla \cdot [\sigma(E + V \times B)] = (\nabla \cdot \sigma)(E + V \times B) + \sigma[\nabla \cdot E + \nabla \cdot (V \times B)] = 0 \tag{9-2}$$

通常，假设液体的电导率是均匀的，且各向同性，则 $\nabla \cdot \sigma = 0$，由式（9-2）可得

$$\nabla \cdot E + \nabla \cdot (V \times B) = 0 \tag{9-3}$$

设产生电场 E 的电压为 U，则根据电场与电位的关系有

$$E = -\nabla U \tag{9-4}$$

把式（9-4）代入式（9-3），可得

$$-\nabla \cdot \nabla U + \nabla \cdot (V \times B) = 0$$

$$\therefore \quad \nabla^2 U = \nabla \cdot (V \times B)$$

$$= B \cdot \nabla \times V - V \cdot \nabla \times B \tag{9-5}$$

式（9-5）称为电磁流量计的基本方程。其中，U 为感应电动势；∇^2 为 Laplace 算子；B 为磁感应强度；V 为流体速度。对于均匀磁场型电磁流量计，为便于分析和阐明它的物理意义，通常使用"长筒流量计"这个物理模型，如图 9-2 所示，设流量计很长，感应磁场长度为 $2L$，电极长度也为 $2L$，变成线状电极。当 $L \to \infty$ 时，方程的求解就可由三维空间坐标的问题简化成二维平面坐标的问题。

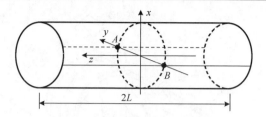

图 9-2　长筒流量计的物理模型

在长筒流量计模型下，王竹溪求解电磁流量计基本方程给出：

$$U = \frac{1}{\pi RL}\int V \cdot (\boldsymbol{B} \times \nabla G)\mathrm{d}\tau \tag{9-6}$$

式中，R 为测量管半径，L 为长筒流量计长度的一半，∇G 为权重函数，$\mathrm{d}\tau$ 为体积元。假设感应磁场方向平行于 x 轴，流速平行于 z 轴，则 $B = B_x$，$V = V_z$。对式（9-6）的两边沿 z 轴进行积分，则式（9-6）变为

$$U = \frac{2}{\pi R}\iint V_z B_x \frac{\partial G}{\partial y}\mathrm{d}s \tag{9-7}$$

式中，$\mathrm{d}s$ 为截面上的面积元，$\dfrac{\partial G}{\partial y}$ 为权重函数 y 方向分量。

9.1.2　电磁相关法流量测量原理

电磁相关法流量测量模型中检测电极测量信号是利用法拉第电磁感应定律获取的，检测电极安装在流量测量传感器流体输送管道上，将通过传感器导管中的油气水三相流流体的流速转变成检测电极两端的感应电势信号。电磁相关法流量测量模型转换器一边向传感器提供工作磁场的励磁电流，一边实时接受并处理检测电极获取的感应电势信号，将流速（流量）等测量信息进行处理并转换为统一的、标准的电流信号、电压信号、频率信号以及数字通信信号。电磁相关法流量测量技术是在不考虑三相流各相间滑脱速度的情况下测量三相流流体流量，利用三相流流体内部自然产生的随机流动对电磁相关法流量传感器管道流体流量测量造成扰动信号，通过相关法对测量扰动信号进行计算，进而获得三相流流体速度与流量[2-5]。

电磁相关法油气水三相流流量测量是通过采集流体内部自然产生的随机流动噪声波动（如油气相），通过检测电极将这些流体噪声波动转化为电信号，将流体的流速测量问题转化为流体通过相距一定距离的两截面的时间间隔的测量问题，采用噪声分析技术确定流动噪声在传感组件之间的渡越时间，从而测出流动速度，最后计算出流量。此传感器测量原理：在流体通过的管道相隔 L 的适当距离上，安装有两对结构相同的检测设备，分别称为上游检测设备和下游检测设备。从上、下游两对检测设备上提取能反映被测流体流动状况的测量信号 $x(t)$ 和 $y(t)$。此两路测量信号是

在同一测量管道相距 L 处获取的，该两路检测信号具有相关性，所以可对测量信号 $x(t)$ 和 $y(t)$ 做互相关运算，互相关函数 $R_{xy}(\tau)$ 如式（9-8）所示：

$$R_{xy}(\tau) = \lim_{T \to \infty} \frac{1}{T} \int_0^T x(t)y(t + \tau)\mathrm{d}t \tag{9-8}$$

对测量信号做互相关运算将能获取流体从上游检测设备到下游检测设备的渡越时间（transit time）τ_0，进而获得相关流速 V 如式（9-9）所示：

$$V = L / \tau_0 \tag{9-9}$$

相关流速结合流体管道截面面积以及时间等即可计算出被测流体的流量。如图 9-3 所示，为相关法流量测量示意图。

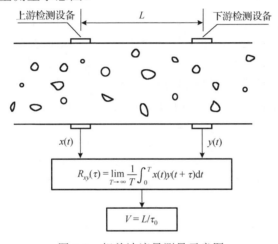

图 9-3　相关法流量测量示意图

　　流体在流动过程中内部一般都会产生流动噪声，单相流可因内部湍流的不断产生和衰减产生流动噪声；两相流可因流体中离散相颗粒的尺寸分布和空间分布的随机变化产生流动噪声；三相流可因流体中各组分的局部浓度变化产生流动噪声。流体的流动噪声是伴随着流体流动而产生的，其运移速度和流体流速密切相关，对于两相流或三相流来说，流体流动噪声的速度等于其中离散相的流动速度。因此可通过测量流体流动噪声的运移速度来测得流体流速。通常采用测量流体流动噪声通过一段已知距离所用时间来确定流体流动噪声的运移速度。相关流量测量技术的基本思想就是利用流体在流动过程中产生的流动噪声将流速测量问题转化为时间间隔的测量问题。

　　与传统的电磁流量计相比，电磁相关法流量测量传感器将一对检测电极变为两对检测电极，且检测电极的增加不是在测量管同一径向截面，而是在测量管同一轴向截面上，两对检测电极同处于一个励磁线圈产生的较均匀的磁场中。电磁相关法流量测量传感器融合了电磁流量测量技术与相关法流量测量技术的优点，在实际应用中不仅可以测量非导电物质含量较低的两相流或三相流流量，而且可以测量非导电物质含率范围较大的两相流或三相流流量，在流速、流量生产测量中具有广阔的应用前景。

9.1.3　多对电极电磁相关法流量测量原理

多对电极电磁相关流量测量传感器的结构设计是在电磁相关流量计传感器结构的基础之上进行改进，设计了一对沿传感器管道轴向较长的励磁线圈，这对励磁线圈对称紧贴测量管道外壁安装，在传感器管道上选取上下游两个电极横截面，每个电极横截面都位于励磁线圈产生的感应磁场内部；改进之处为：在每个电极横截面上均匀等角度地安装多对检测电极。不仅传感器的结构发生变化，其测量原理也在电磁流量测量原理基础上采用了数据融合新技术。多对电极电磁相关流量计继承了电磁相关流量计的一系列优点，它不仅可用于在线测量石油生产测井中高含水油气水三相流的流量，在其他领域的两相流或多相流的流量流速测量中也有着很好的应用前景。如图 9-4 所示为多对电极电磁相关流量测量传感器的原理图。

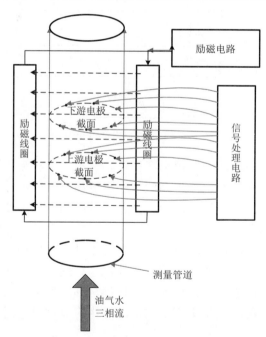

图 9-4　多对电极电磁相关流量测量传感器原理图

在传感器测量管道上选取间隔适当距离为 L 的上下游两个横截面，这里称作电极横截面。在这两个电极横截面处分别沿管壁所在圆周上等角度地均匀安装 n 对检测电极，本节为具体说明问题，假设电极横截面上检测电极的对数为 $n=3$，即在这两个电极横截面处分别沿管壁安装 6 个均匀分布的检测电极，如图 9-5 所示。另外设计一对沿测量管轴向较长的励磁线圈，用来为传感器正常工作提供感应磁场。

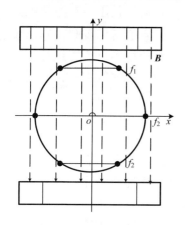

(a) 上游电极截面的剖视图

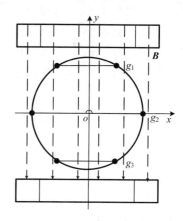

(b) 下游电极截面的剖视图

图 9-5　传感器上下游电极横截面的示意图

假设磁场 B 是均匀的，方向指向 y 轴负方向。对于高含水油气水三相流，由于水为连续相，整体上仍可将其视为导电液体，当导电流体经过传感器测量区域时，因切割感应磁场中的磁力线而在上下游检测电极处产生感应电动势。油气水三相流中的油相、气相为非导电相，当这些非导电相的局部浓度随机变化时，在上下游检测电极处产生的感应电动势将相应地发生波动。基于电磁感应法流量测量原理，假设上游横截面三对电极两端产生的感应电动势信号分别为 f_1、f_2、f_3，下游电极横截面三对电极两端产生的感应电动势信号分别为 g_1、g_2、g_3，这些感应电动势信号可以看作是以时间 t 为自变量的函数。

根据"凝固模型"假设，流体的状态在经过上下游检测电极时保持不变，在同一对励磁线圈产生的均匀磁场中，电动势信号 f_1 和 g_1 是同一测量管道相距 L 处获取的，它们之间具有良好的相关性。假设上下游电极测量信号 f_1 和 g_1 满足：

$$f_1 = s(t) + n_1(t) \tag{9-10}$$

$$g_1 = a \cdot s(t-d) + n_2(t) \tag{9-11}$$

式中，$s(t)$ 为上游电极输出电动势信号，$s(t-d)$ 为下游电极输出电动势信号，它相比上游电极输出电动势信号的时间延迟为 d，$n_1(t)$ 和 $n_2(t)$ 分别为电极输出信号的附加噪声，a 为信号的振幅。油气水三相流动速度测量问题可转换成：从长度有限的测量数据 f_1 和 $g_1(t=0,\cdots,N-1)$，估计延时 d。可以利用互相关方法估计延时 d，其原理是将信号 g_1 平移，把平移后的信号与信号 f_1 比较，当平移距离和延时 d 恰好相等时，两个信号最接近。对信号 f_1 和 g_1，利用式（9-8）、式（9-9），可计算出流体流动的相关流速 $V_1(V_1 = L / d)$。

同理，对测量信号 f_2 和 g_2、f_3 和 g_3，按照相同方式分别进行运算，可得三相流体的相关流速 V_2 和 V_3。与电磁相关法流量计相比，通过使用多对电极电磁相关流量测量技术，可获得油气水三相流的多个相关流速，它们可以反映传感器管道中不同位置的流动情况，后续可以采用数据融合的方法对所得多个流速进行处理，最终获得更准确的油气水三相流平均流动速度估计，进而获得油气水三相流的总流量。

9.2　电磁法流量测量权重函数分析

电磁流量计是依据法拉第电磁感应定律原理测量管道内导电性流体流速的。1962 年，Shercliff 发表了关于电磁流量计理论的第一本完整著作，这奠定了电磁流量计的基本理论，Shercliff 首次提出了权重函数的概念，权重函数反映了管内液体介质单元在感应磁场下运动时产生的感应电动势对电磁流量传感器流量信号贡献能力的大小，即电磁流量传感器测量信号是所有介质单元按不同权重数对传感器贡献的总和。研究电磁流量传感器权重函数的分布情况具有十分重要的意义。

9.2.1　权重函数与虚电流

根据格林函数的性质和电磁流量计的边界条件，可求得长筒流量计权重函数的解析形式如下：

$$W = \frac{R^4 + R^2(x^2 - y^2)}{R^4 + 2R^2(x^2 - y^2) + (x^2 + y^2)^2} \tag{9-12}$$

式中，W 为权重函数，R 为测量管道半径，x、y 为管道中电极横截面的二维平面坐标。由式（9-12）可计算管道内电极所在横截面上 W 的分布情况，其等值线分布如图 9-6 所示。

由图 9-6 可知，在管道中心处 W 值为 1，沿着 y 轴向正、负电极处移动时，W 值逐渐增大；沿着 x 轴向管壁移动时，W 值逐渐减小至 0.5。权重函数越大的区域内的流体速度对电极处所产生感应电动势的贡献越大。由权重函数分布规律可以看出，整个测量区域内的流体速度对电极所产生感应电动势的影响程度不一样，这就解释了传统单电极对电磁流量计对流速分布的敏感性。Bevir 对权重函数做了进一步阐述，给出了电磁流量测量基本方程的积分形式：

$$U = \int_{\tau} \boldsymbol{W} \cdot \boldsymbol{V} \mathrm{d}\tau \tag{9-13}$$

$$\boldsymbol{W} = \boldsymbol{B} \times \boldsymbol{j} \tag{9-14}$$

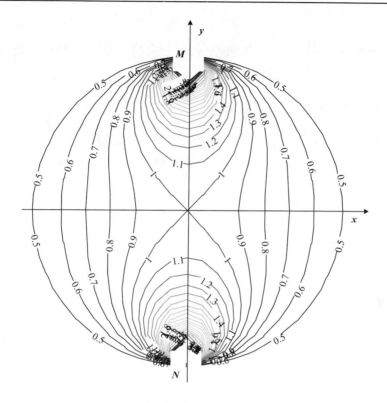

图 9-6　权重函数解析解等值线分布图

式中，τ 为流体流动的空间体积，$\boldsymbol{W}$ 为权重函数矢量，$\boldsymbol{B}$ 为磁感应强度，$\boldsymbol{j}$ 为虚电流密度矢量。假设被测介质静止不动，同时有单位电流从正电极流入，经过被测介质，从负电极流出，则在该介质中的电流密度矢量分布为 $\boldsymbol{j}$，由于这种电流实际上不存在，称之为虚电流。虚电流密度矢量 $\boldsymbol{j}$ 满足：

$$\boldsymbol{j} = -\nabla G \tag{9-15}$$

式中，G 为 $\boldsymbol{j}$ 的势，∇ 为梯度算子。G 满足 Laplace 方程：$\nabla^2 G = 0$。由式（9-14）可得

$$\boldsymbol{W} = \begin{vmatrix} \boldsymbol{i} & \boldsymbol{j} & \boldsymbol{k} \\ B_x & B_y & B_z \\ j_x & j_y & j_z \end{vmatrix}$$

$$= (B_y j_z - B_z j_y)\boldsymbol{i} + (B_z j_x - B_x j_z)\boldsymbol{j} + (B_x j_y - B_y j_x)\boldsymbol{k} \tag{9-16}$$

式中，B_x、B_y、B_z 分别表示磁感应强度沿 3 个坐标轴方向的分量，j_x、j_y、j_z 分别表示电流密度沿 3 个坐标轴方向的分量。假设感应磁场均匀恒定，其方向平行于 x 轴，即 $B = B_x$，$B_y = B_z = 0$，流速平行于 z 轴，即 $V = V_z$。根据上述假设条件，则权重函数矢量的大小可表示为

$$|\boldsymbol{W}| = W = B_x j_y \tag{9-17}$$

根据式（9-17）知求得电流密度沿 y 轴方向的分布 j_y，即可得传感器的权重函数。

9.2.2　单对电极径向权重函数分析

当流量传感器测量流体中含有非导电物质时，传感器检测电极截面权重函数是否发生了变化，有什么样的变化，这些问题的解决才能为传感器检测电极获取的测量信号情况提供较完备的理论基础。权重函数是电磁流量测量理论中的一个重要的量，当所测流体为单相流（均匀导电性流体）时，则权重函数的分布是具有一定规律性的，当所测流体中含非导电性物质时，权重函数的分布也将会受到影响。因此这就需要进一步研究权重函数分布情况。为了研究电磁传感器中存在非导电物质三相流在电磁感应法流量测量传感器检测电极径向横截面上的权重函数的分布状态，首先对流量测量传感器内部是单相流流体（均匀的导电介质）时，其内部权重函数的分布进行分析。在此基础上将对含非导电物质三相流流体时电磁感应法流量测量传感器检测电极截面上权重函数进行分析。下面分别对单相流与存在非导电物质的三相流传感器中的权重函数进行讨论。

1. 单相流权重函数分析

通过传统的数学模型方法进行分析电磁感应法流量测量传感器检测电极截面权重函数的分布情况，如图 9-7 所示，在电磁感应法流量测量传感器检测电极所在的径向截面上建立二维的坐标系[1,6-11]。

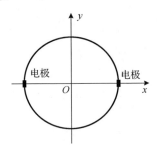

图 9-7　传感器内部径向截面模型图

如图中所示，电极位于 x 坐标轴上且与管壁的交点处为传感器检测电极的位置，传感器的内管壁其他位置是绝缘的，如图 9-7 所示，x 轴与过传感器管道径向截面中心点且垂直 x 轴的 y 轴构成直角坐标系。本节讨论的是单相流流体，故而其内部是均匀的导电介质。在电磁感应测量流体流量理论中，求解感应电势方程需借用一个辅助的格林函数 G，在传感器径向二维的检测电极截面中，此时权重函数势的分布满足 Laplace 方程，辅助的格林函数 G 在电磁流量测量传感器的内部满足的方程与边界条件如式（9-18）所示[1]。

$$\begin{cases} \nabla^2 G = 0 \\ \dfrac{\partial G}{\partial n} = \delta(\theta)/R - \delta(\theta - \pi)/R, \quad r = R \end{cases} \tag{9-18}$$

式（9-18）第二式表示在管壁上沿半径方向权重函数的分布状态。在以电磁流量传感器以圆心为中心的坐标系中，不考虑边界条件，在极坐标中二维 Laplace 方程表示为式（9-19）。

$$\nabla^2 G = \frac{\partial^2 G}{\partial r^2} + \frac{1}{r}\frac{\partial G}{\partial r} + \frac{1}{r^2}\frac{\partial^2 G}{\partial \theta^2} = 0, \quad 0 < r < R, \quad 0 < \theta < 2\pi \tag{9-19}$$

采用分离变量法，寻找形如 $G(r, \theta) = R(r)\Theta(\theta)$ 的乘积解，其中 $R(r)$ 为只含有未知数 r 的函数，$\Theta(\theta)$ 为只含有未知数 θ 的函数。把它代入式（9-19）并化简得式（9-20）：

$$R''\Theta + \frac{1}{r}R'\Theta + \frac{1}{r^2}R\Theta'' = 0 \tag{9-20}$$

式（9-20）两边同时乘以 r^2 再除以 $R\Theta$ 得到式（9-21）所示的表达式：

$$r^2\frac{R''}{R} + r\frac{R'}{R} + \frac{\Theta''}{\Theta} = 0 \tag{9-21}$$

令式（9-21）中的 $\dfrac{\Theta''}{\Theta'} = -\lambda$（$\lambda$ 为分离常数），化简得到一个由式（9-22）与式（9-23）所组成一个方程组：

$$r^2 R'' + rR' - \lambda R = 0 \tag{9-22}$$

$$\Theta'' + \lambda \Theta' = 0 \tag{9-23}$$

式（9-24）为圆内的 Laplace 方程的解的形式，其中系数 a_0，a_n，b_0，b_n 的求解如式（9-25）所示：

$$G(r, \theta) = a_0 + \sum_{n=1}^{\infty}\left(\frac{r}{R}\right)^n [a_n \cos n\theta + b_n \sin n\theta] \tag{9-24}$$

$$\begin{cases} a_0 = 0, \quad a_n = \dfrac{R}{n\pi}\displaystyle\int_0^{2\pi}\left(\dfrac{\delta(\theta) - \delta(\theta - \pi)}{R}\right)\cos n\theta \mathrm{d}\theta, \quad n = 1, 2, \cdots \\ b_0 = 0, \quad b_n = \dfrac{R}{n\pi}\displaystyle\int_0^{2\pi}\left(\dfrac{\delta(\theta) - \delta(\theta - \pi)}{R}\right)\sin n\theta \mathrm{d}\theta, \quad n = 1, 2, \cdots \end{cases} \tag{9-25}$$

从而求出传感器检测电极所在径向截面上辅助的格林函数 G 的分布情况满足表达式（9-24），式中所含的系数 a_0，a_n，b_0，b_n 值如式（9-25）所示。式（9-24）

可以看出：电磁流量测量传感器检测电极径向截面中辅助的格林函数 G 的分布具有一定的规律。

王竹溪在"电磁流量计理论中的几个问题"中对权重函数进行研究，解感应电势方程时同样借用了辅助的格林函数 G，G 满足 Laplace 方程。并说明 W 可通过一个辅助函数 G 求出，当流体中不存在非导电体（油气泡）的单相流且边界条件设置恰当时，得出权重函数 W 即为 ∇G，辅助函数 G 进一步求解 ∇G 即可求出含有非导电体（油气泡）电磁流量计截面权重函数 W 的分布情况，在实际数值计算中还可以得出 W_x（W_x 值为 $\partial G/\partial x$）远远大于 W_y（W_y 值为 $\partial G/\partial y$），权重函数 W 可以近似为在 x 轴方向上的 W_x，电磁流量计检测电极径向截面的权重函数表达式近似为 9.4.1 节中的式（9-12）。

为了进一步直观地了解流量测量传感器内部权重函数的分布情况，对上述过程进行编程仿真以获取传感器内部权重函数的分布。当然边界条件设置为式（9-18）时，$\partial G/\partial x$ 结果为式（9-12）权重函数的 k 倍，只是权重函数的整体数值扩大了，变为信号计算结果的 k 倍，而权重函数的整体分布不受影响。这里需要说明的一点是：$\partial G/\partial x$ 又称为虚电流。在实际计算中，将 $\partial G/\partial x$ 的分布结果各点除以 k 即为权重函数的分布情况。如图 9-8 所示为式（9-18）条件下流量测量传感器 $\partial G/\partial x$（可称为虚电流，与权重函数存在 k 倍的关系）的分布情况。

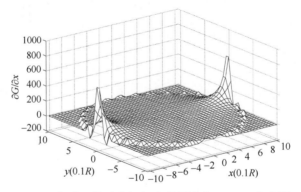

图 9-8　传感器检测电极径向截面内部 $\partial G/\partial x$ 分布图

从图 9-8 中可以看出 $\partial G/\partial x$ 的分布呈现一定的规律性，$\partial G/\partial x$ 的分布连续且为一个平滑的曲面。$\partial G/\partial x$ 在整个传感器径向截面上不是均匀分布的，$\partial G/\partial x$ 在电极附近达到它的最大值，其分布与 9.4.1 节中的式（9-12）得出的图类似，只不过在数值上相差 k 倍。从 $\partial G/\partial x$ 分布可以看出传感器径向截面内部各个点对检测电极测量信号测量值大小贡献不同。由于 $\partial G/\partial x$ 与权重函数存在一定的内在关联，故而电磁感应法流量测量传感器检测电极径向截面权重函数的分布情况与 $\partial G/\partial x$ 相同。

2. 油气水三相流权重函数分析

当流经电磁流量传感器为油气水三相流时，在传感器检测电极所在的径向截面中因非导电体（油气泡）的存在，传感器检测电极截面内部的权重函数分布会产生一定变化，下面就对此问题进行讨论。本节就电磁流量测量传感器检测电极径向截面内含有 M（$M=0, 1, 2, 3, \cdots$）个非导电体（油气泡）时权重函数分布情况进行讨论，本节算例设定 $M=3$ 权重函数分布情况计算方式。如图 9-9 所示，为电磁流量测量传感器检测电极径向截面内存在三个球形非导电体（油气泡）时的结构模型图。

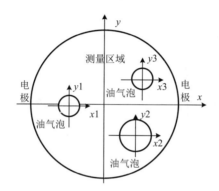

图 9-9　流体中存在非导电体（油气泡）时传感器检测电极径向截面图

其中通过检测电极的为 x 轴，x 轴与过传感器中心的 y 轴构成直角坐标系，图 9-9 中只显示了传感器测量区域部分，测量区域流体中存在三个非导电体（油气泡）。x 正半轴、负半轴与管壁的交点是流量测量传感器的电极位置。传感器的管壁是绝缘的，在其内部存在三个半径不相同，且相互不重叠的非导电体（油气泡）。

图 9-9 中三个非导电体（油气泡）是相互不重叠的，此时传感器内部感应电势仍满足 Laplace 方程。为了对该问题进行求解，需建立两种坐标系：一种是以传感器中心为原点建立的二维直角坐标系(x, y)，一种是以各个非导电体（油气泡）中心为原点建立的 M 个二维极坐标系 (r_i, θ_i)，直角坐标与极坐标之间可进行相互转换。首先在二维直角坐标系下对该问题进行求解（本例 $M=3$），求解感应电势方程时需借用一个辅助的格林函数 G，G 满足 Laplace 方程且满足式（9-26）的边界条件。

$$\begin{cases} \nabla^2 G = 0 \\ \dfrac{\partial G}{\partial n} = \begin{cases} \delta(\theta)/R - \delta(\theta-\pi)/R, & r = R \\ 0, & r(i) = R(i)(i=1,2,\cdots) \end{cases} \end{cases} \qquad (9\text{-}26)$$

式中，R 为电磁流量测量传感器半径的长度值；$\partial G/\partial n$ 表示电势在半径方向上的导数；$\delta(\theta)$ 为电势变化趋势 G 在流量测量传感器管壁处所满足的条件，其值仅在电极表面处不为零。当流体中存在非导电体（油气泡）时，G 表达式为式（9-27）：

$$G = G_0 + \sum_1^M G_i \qquad (9\text{-}27)$$

式中，G_0 为不含非导电体（油气泡）时电磁流量测量传感器敏感场内的电势变化趋势；G_i 为第 i 个非导电体（油气泡）引起传感器感应电势的变化量。对于 G_0，可采用分离变量法进行求解，得式（9-28）：

$$G_0(r,\theta) = a_0 + \sum_{n=1}^{\infty} \left(\frac{r}{R}\right)^n [a_n \cos n\theta + b_n \sin n\theta] \qquad (9\text{-}28)$$

式中，a_n 和 b_n 为求解系数，定义为式（9-29）：

$$\begin{cases} a_0 = 0, a_n = \dfrac{R}{n\pi} \displaystyle\int_0^{2\pi} \left(\dfrac{\delta(\theta) - \delta(\theta - \pi)}{R}\right) \cos n\theta \, \mathrm{d}\theta, & n = 1,2,\cdots \\[4mm] b_0 = 0, b_n = \dfrac{R}{n\pi} \displaystyle\int_0^{2\pi} \left(\dfrac{\delta(\theta) - \delta(\theta - \pi)}{R}\right) \sin n\theta \, \mathrm{d}\theta, & n = 1,2,\cdots \end{cases} \qquad (9\text{-}29)$$

对于电势变化趋势 G_1、G_2 和 G_3，由边界条件分别可得式（9-30）、式（9-31）与式（9-32）：

$$G_1(r,\theta) = a1_0 + \sum_{n=1}^{\infty} \left(\frac{r1}{R1}\right)^{-n} [a1_n \cos n\theta + b1_n \sin n\theta] \qquad (9\text{-}30)$$

$$G_2(r,\theta) = a2_0 + \sum_{n=1}^{\infty} \left(\frac{r2}{R2}\right)^{-n} [a2_n \cos n\theta + b2_n \sin n\theta] \qquad (9\text{-}31)$$

$$G_3(r,\theta) = a3_0 + \sum_{n=1}^{\infty} \left(\frac{r3}{R3}\right)^{-n} [a3_n \cos n\theta + b3_n \sin n\theta] \qquad (9\text{-}32)$$

式中，ai_0、ai_n、bi_n $(i=1, 2, 3)$ 均为待定系数，可采用 Schwartz 交替迭代法求解其结果。

本节传感器截面含有三个非导电体（油气泡），故将 G_0、G_1、G_2 与 G_3 相加，即可得到中心横截面内含三个球形非导电体（油气泡）时电磁传感器内部辅助函数 G 的解。当电磁流量测量传感器流体中存在三个非导电体（油气泡）时，根据式（9-27），可得 $G = G_0 + G_1 + G_2 + G_3$，由于 G 的偏导 ∇G 与权重函数 W 的分布情况相同，可分别求其偏导 $\partial G / \partial y$ 与 $\partial G / \partial x$，又因为 $\partial G / \partial x$ 远远大于 $\partial G / \partial y$，故而权重函数的分布情况近似于 $\partial G / \partial x$ 的分布情况。如图 9-10 所示，为流量测量传感器检测电极径向截面流体中存在三个不重叠的非导电体（油气泡）时，流量测量传感器截面内部 $\partial G / \partial x$ 分布与等势线图，其中子图(a)与(b)分别为权重函数 $\partial G / \partial x$ 的分布图与等势线图。

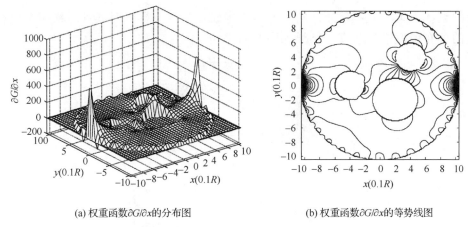

(a) 权重函数$\partial G/\partial x$的分布图　　　　　(b) 权重函数$\partial G/\partial x$的等势线图

图 9-10　含有非导电体（油气泡）时 $\partial G/\partial x$ 分布与等势线图

由图 9-10 中可以看出在非导电体（油气泡）内部权重函数的值为 0，非导电体（油气泡）周围权重函数的势发生了起伏，权重函数的等值线在非导电体（油气泡）周围发生扭曲，这些变化都会间接影响到电磁流量测量传感器检测电极获取的信号。由式（9-26）以及仿真图中可以发现非导电体（油气泡）所在位置权重函数值是零。传感器测量区域内部有三个互相不重叠的非导电体（油气泡），非导电体（油气泡）会对传感器测量区域内部的权重函数分布情况造成一定影响，从而影响传感器检测电极的测量结果。当然，存在多个非导电体（油气泡）分布在不同位置流体中时权重函数分布情况也可以用上述方法计算。

9.2.3　多对电极径向权重函数分析

当管道横截面上有多对检测电极时，采用 ANSYS 对管道横截面上权重函数分布进行数值仿真，设求解区域被划分成 N 个网格，第 k 个网格对应的权重函数值为 W_k（$k=1,2,\cdots,N$），定义描述权重函数 W 的最大偏差 m 和描述权重函数 W 的整体均匀度 s 分别表示为

$$m = \mathrm{MAX}\left(\left|\frac{W_k - W_0}{W_0}\right|\right) \tag{9-33}$$

$$s = \sqrt{\frac{1}{n-1}\sum_{k=1}^{n}\left(\frac{W_k - W_0}{W_0}\right)^2} \tag{9-34}$$

式中，W_0 是权重函数 W_k 的平均值，即 $W_0 = \dfrac{1}{n}\sum_{k=1}^{n}W_k$。$m$ 反映区域内权重函数的最大偏差程度；s 则反映了区域内权重函数分布的整体均匀程度，s 的值越小，权重函数

分布的整体均匀程度越理想。对于 6 电极电磁流量传感器，对其管道横截面上权重函数的分布情况进行仿真，结果如图 9-11 所示。

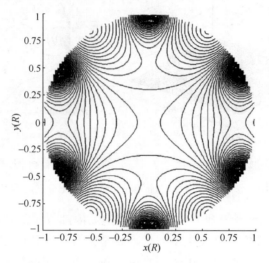

图 9-11　　6 电极电磁流量传感器权重函数

依据上面两个指标，计算 6 电极电磁流量计管道横截面上权重函数分布的均匀程度，如表 9-1 所示。

表 9-1　　6 电极电磁流量传感器权重函数分布情况

传感器　　　　指标	W_0	m	s
6 电极流量计	0.1087	6.2686	0.5679

当管道中流体为高含水气水两相流时，在泡状流状态下，连续水相中离散分布着一些气泡，这时在测量管壁上除电极以外的地方是绝缘的，气泡表面亦是绝缘的。为研究电磁流量传感器对气泡的响应特性，需分析研究气泡对电极横截面上权重函数分布的影响情况。定义描述气泡对权重函数影响程度的指标 f 为

$$f = \left| \frac{\bar{W}_混 - \bar{W}_单}{\bar{W}_单} \right| \qquad (9\text{-}35)$$

式中，$\bar{W}_混$ 表示电极横截面上有气泡时权重函数的平均值，$\bar{W}_单$ 则表示电极横截面上全为水时权重函数的平均值。针对 6 电极电磁流量传感器，当管道横截面上气泡大小不同时，对权重函数的分布情况分别进行仿真，结果如图 9-12 所示。气泡位于管道横截面中心，气泡半径 r 的范围为 $0.05R \sim 0.4R$，间隔为 $0.05R$，其中 R 为传感器管道内半径[12,13]。

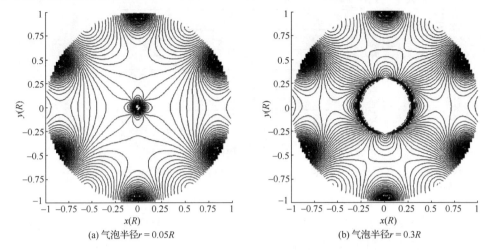

(a) 气泡半径 $r = 0.05R$　　　　　　　(b) 气泡半径 $r = 0.3R$

图 9-12　气泡大小不同时权重函数等值线分布图

　　根据上面所定义的描述权重函数分布、气泡对权重函数影响程度的量化指标，计算分析气泡大小对权重函数分布的影响，如表 9-2 所示。

表 9-2　气泡大小不同时权重函数分布情况

气泡半径 ＼ 指标	W_0	m	s	f
0.05R	1.0708	6.4023	0.5553	0.0149
0.1R	1.0711	6.4399	0.6079	0.0146
0.15R	1.0379	6.6390	0.6363	0.0452
0.2R	0.9979	6.8537	0.6801	0.0820
0.25R	0.9662	7.0219	0.7180	0.1111
0.3R	0.9217	7.2196	0.7767	0.1521
0.35R	0.8801	5.8074	0.8421	0.1903
0.4R	0.8021	7.9877	0.9209	0.2621

　　权重函数均匀度 s、气泡对权重函数影响度 f 随气泡大小变化趋势如图 9-13、图 9-14 所示。

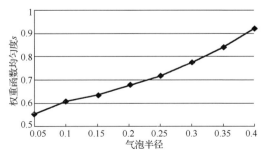

图 9-13　权重函数均匀度与气泡半径关系图

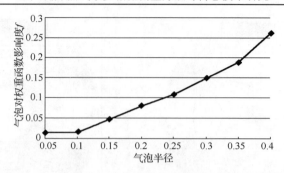

图 9-14　气泡对权重函数影响度与气泡半径关系图

由表 9-2、图 9-13 和图 9-14 可知，随着气泡半径增大，电流密度 x 分量的整体均匀度 s 逐渐增大，说明电极截面上气泡半径越小，权重函数分布均匀性越高；随着气泡半径增大，权重函数的平均值 W_0 呈减小趋势，同时气泡对权重函数影响度 f 逐渐增大。这意味着气泡半径越大，其对权重函数的影响越大，此时电极截面上产生的感应电动势越小，这与直观认识是相符的，因为电极截面上导电相的面积减小了。当气泡位于电极横截面中心位置，气泡呈椭圆形时，设其长半轴为 $0.16R$，且短半轴与长半轴之比为 c，它表示气泡的扁平程度，其范围为 $0 < c \leqslant 1$，特别地当 $c=1$ 时气泡形状为圆形。当气泡形状变化时，对权重函数的分布情况分别进行仿真。当短半轴与长半轴之比分别为 1、0.6 时，电极横截面上权重函数分布情况如图 9-15 所示。

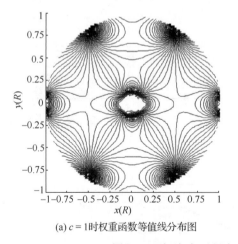

(a) $c=1$ 时权重函数等值线分布图

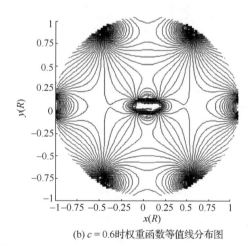

(b) $c=0.6$ 时权重函数等值线分布图

图 9-15　气泡扁平程度不同时权重函数等值线分布图

根据上面所定义的描述权重函数分布、气泡对权重函数影响程度的量化指标，计算分析气泡形状对权重函数分布的影响，如表 9-3 所示。权重函数均匀度 s、气泡对权重函数影响度 f 随气泡形状变化趋势分别如图 9-16、图 9-17 所示。

表 9-3　气泡形状变化时权重函数分布情况

c	W_0	m	s	f
1	0.0189083	5.5622	0.7086	0.034
0.8	0.01920133	5.5042	0.6871	0.0191
0.6	0.01923366	5.5058	0.6803	0.0174
0.4	0.01926165	5.5228	0.6762	0.0160
0.2	0.0194568	5.4646	0.6472	0.006

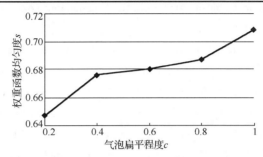

图 9-16　权重函数均匀度与气泡形状关系图

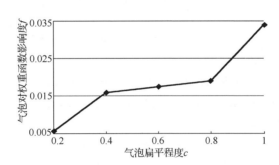

图 9-17　气泡对权重函数影响度与气泡形状关系图

由表 9-4 和图 9-16、图 9-17 可知，随着椭圆形气泡短半轴与长半轴之比 c 增大，权重函数的平均值 W_0 逐渐减小，同时气泡对权重函数影响度 f 逐渐增大。这意味着对于椭圆形气泡长半轴一定时，气泡短半轴越大（气泡越圆），其对电流密度的影响越大，此时电极截面上产生的感应电动势越小，这与直观认识是相符的，因为电极截面上导电相的面积减小了。另外，随着椭圆形气泡短半轴与长半轴之比 c 增大，权重函数均匀度 s 和最大偏差 m 逐渐增大，这表示对于椭圆形气泡长半轴一定时，气泡短半轴越小（气泡越扁平），权重函数分布越均匀。

参　考　文　献

[1]　张小章. 流动的电磁感应测量理论和方法. 北京: 清华大学出版社, 2010: 1-127.

[2]　孔令富, 刘兴斌, 王月明, 等. 电磁相关法流量计传感器: 中国.201210012146, 发明专利.

[3]　孔令富, 王月明, 刘兴斌, 等. 一种内管道为椭圆形的电磁流量计传感器: 中国. 201120122922.1, 实用新型专利.

[4]　王月明, 孔令富, 刘兴斌, 等. 高流速两相流下电磁流量计测量机理研究. 测井技术, 2015, 39(1): 11-16.

[5]　Wang Y M, Kong L F, Li Y W. The study of electrode size on sensitive field effect of electromagnetic flow meter in the measuring fluids containing non-conductive body. Advanced Materials Research, 2013: 551-555.

[6]　Li Y W, Kong L F, Liu L B. Theory analysis for the virtual current distribution in an electromagnetic flowmeter with one bubble. Proceedings of 2nd International Conference on Information Science and Engineering, 2010, 1649-1652.

[7]　Li Y W, Kong L F, Liu L B. Virtual current characteristics of electromagnetic flow meter with spherical bubbles. Journal of Computational Information Systems, 2011, 7(3): 762-769.

[8]　Li Y W, Xing K, Yu L, et al. Response characteristic of small diameter electromagnetic flow meter with 3D model. International Journal of Applied Mathematics and Statistics, 2013, 45(15): 44-51.

[9]　孔令富, 刘利兵, 李英伟, 等. 径向位置含油泡时电磁流量计虚电流分布特性. 油气田地面工程, 2011, 30(9): 57-59.

[10]　Wang Y M, Kong L F. Radial analysis for the virtual current distribution in an electromagnetic flow meter with non-conductive body at various axis position. 2011 International conference on Intelligent Computation and Industrial Application, 2011.

[11]　Wang Y M, Kong L F. The effect of consecutive bubbles on the response characteristics in electromagnetic flow meter. Journal of Computational Information Systems, 2012, 8(1): 355-362.

[12]　孔令富, 杜胜雪, 李英伟. 多电极电磁流量计权重函数的仿真研究. 计量学报, 2015, 36(1): 58-62.

[13]　杜胜雪, 孔令富, 李英伟, 等. 气泡对多电极电磁流量计电流密度影响的数值仿真. 中国科技论文, 2015, 10(8): 971-974.

第 10 章　电磁传感器磁场分布与响应特性分析

励磁线圈是电磁法流量测量传感器重要的部件之一，本章对励磁线圈在电磁传感器中产生的磁场进行理论分析研究，为电磁相关法流量测量传感器励磁线圈的设计提供理论基础。当电磁感应法流量测量传感器内部通过油气水多相流含有非导电物质时或磁导率不同物质时，油气水多相流流量与电磁感应法流量测量模型检测电极测量信号响应关系的分析，为电磁感应法流量测量传感器的检测电极获取信号的感应性提供理论基础。本章对电磁法传感器磁场理论与响应特性分析进行介绍。

10.1　电磁传感器磁场分布

本节对电磁法流量测量传感器励磁线圈进行理论分析研究，为电磁法流量测量传感器励磁线圈的设计提供理论基础。为了研究励磁线圈在电磁法流量测量传感器中产生的磁场分布情况，下面介绍线圈产生磁场的基本理论：毕奥-萨伐尔定律。毕奥、萨伐尔和 Laplace 从实验和理论上证明：电流产生的磁场等于组成该电流的所有电流元产生的磁场的矢量和。电流元产生的磁场由毕奥-萨伐尔定律描述，原则上由该定律可通过积分求出任意电流分布产生的磁场。毕奥-萨伐尔定律：电流元 $Id\boldsymbol{l}$ 在场点 P 产生的磁感强度由式（10-1）决定：

$$\mathrm{d}B = \frac{\mu_0}{4\pi} \frac{Id\boldsymbol{l} \times \boldsymbol{r}}{r^2} \tag{10-1}$$

式中，$\boldsymbol{r}$ 是由电流元指向场点 P 的矢径；r 为 P 点到电流源 $Id\boldsymbol{l}$ 的距离；μ_0 为真空的磁导率。由磁感强度叠加原理（电流产生的磁场为组成该电流所有电流元产生的磁场的矢量和），任意载流导线（或线圈）产生的磁感强度如式（10-2）所示：

$$\boldsymbol{B} = \oint \mathrm{d}B = \frac{\mu_0}{4\pi} \oint \frac{Id\boldsymbol{l} \times \boldsymbol{r}}{r^2} \tag{10-2}$$

10.1.1　矩形励磁线圈磁场分布

下面利用毕奥-萨伐尔定律求解电磁流量计励磁线圈产生的磁场计算方式。为了研究内容不失一般性，首先我们研究电磁法流量测量传感器励磁线圈设计为矩形时传感器内部磁场分布情况，矩形励磁线圈示意图如图 10-1 所示。同时在图中设置了直角坐标系，图中，流体管道中轴设置线为 z 轴；两对检测电极截面中，通过两对检测电极中心线且垂直于 z 轴为 x 轴；与 x 轴、z 轴垂直的为 y 轴。两个矩形励磁线圈 Ⅰ、Ⅱ 分别放置在测量管道外边 y 轴方向上且与测量管道外切，矩形励磁线圈 Ⅰ、Ⅱ 中箭头表示电流的方向[1-5]。

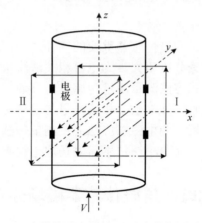

图 10-1　流量传感器矩形平面励磁线圈示意图

　　为了方便描述问题，矩形励磁线圈 Ⅰ、Ⅱ 八条边分别称为 L_1、L_2、L_3、L_4、L_5、L_6、L_7、L_8。其线性函数分别描述为式（10-3）所示。式中，为了描述问题带有普遍性，将矩形励磁线圈在 x 轴、y 轴、z 轴的坐标范围分别设定为 a，b，c。励磁线圈在 x、y、z 方向上坐标位置为（ς, η, ζ）的一小段电流元 dl，因为电磁法流量测量传感器两对检测电极位于励磁线圈所覆盖的空间中，故而只对励磁线圈所覆盖的内部空间的磁感应强度进行研究。设矩形励磁线圈所覆盖的内部空间任意一点 $P(x_1, y_1, z_1)$，则 P 点到矩形励磁线圈各边上的电流元 dl 的距离为式（10-4）所示。

$$\begin{cases} L_1 : x = a, & y = b, & z \in [-c, c]; \\ L_2 : x \in [a, -a], & y = b, & z = c; \\ L_3 : x = -a, & y = b, & z \in [c, -c]; \\ L_4 : x \in [-a, a], & y = b, & z = -c; \\ L_5 : x = a, & y = -b, & z \in [-c, c]; \\ L_6 : x \in [a, -a], & y = -b, & z = c; \\ L_7 : x = -a, & y = -b, & z \in [c, -c]; \\ L_8 : x \in [-a, a], & y = -b, & z = -c; \end{cases} \tag{10-3}$$

$$r = \sqrt{(x_1 - \varsigma)^2 + (y_1 - \eta)^2 + (z_1 - \xi)^2} \tag{10-4}$$

　　将方程（10-3）代入式（10-4）中，那么空间点 P 点到矩形励磁线圈各边上的电流元 dl 的单位矢量表示如式（10-5）所示：

$$\left[\frac{(x_1-\varsigma)}{r}, \frac{(y_1-\eta)}{r}, \frac{(z_1-\xi)}{r}\right] \tag{10-5}$$

根据毕奥-萨伐尔定律求解电磁流量计矩形励磁线圈 Ⅰ、Ⅱ 八条边（L_1、L_2、L_3、L_4、L_5、L_6、L_7、L_8）在矩形线圈所覆盖的内部产生的磁场感应强度与方向分别如下：其中，励磁线圈线段 L_1 在 P 点产生的磁感应强度与方向如式（10-6）所示：

$$\begin{cases} B_{1x} = \frac{\mu_0 I}{4\pi}\int_{L_1}\frac{\mathrm{d}\boldsymbol{l}\times\boldsymbol{r}}{r^2} = \dfrac{\mu_0 I(b-y_1)}{2\pi((a-x_1)^2+(b-y_1)^2)}k_1 \\[3mm] B_{1y} = \frac{\mu_0 I}{4\pi}\int_{L_1}\frac{\mathrm{d}\boldsymbol{l}\times\boldsymbol{r}}{r^2} = -\dfrac{\mu_0 I(a-x_1)}{2\pi((a-x_1)^2+(b-y_1)^2)}k_1 \\[3mm] B_{1z} = 0 \end{cases} \tag{10-6}$$

励磁线圈线段 L_2 在 P 点产生的磁感应强度与方向如式（10-7）所示：

$$\begin{cases} B_{2x} = 0 \\[3mm] B_{2y} = \frac{\mu_0 I}{4\pi}\int_{L_2}\frac{\mathrm{d}\boldsymbol{l}\times\boldsymbol{r}}{r^2} = -\dfrac{\mu_0 I(c-z_1)}{2\pi((b-y_1)^2+(c-z_1)^2)}k_2 \\[3mm] B_{2z} = \frac{\mu_0 I}{4\pi}\int_{L_2}\frac{\mathrm{d}\boldsymbol{l}\times\boldsymbol{r}}{r^2} = \dfrac{\mu_0 I(b-y_1)}{2\pi((b-y_1)^2+(c-z_1)^2)}k_2 \end{cases} \tag{10-7}$$

励磁线圈线段 L_3 在 P 点产生的磁感应强度与方向如式（10-8）所示：

$$\begin{cases} B_{3x} = \frac{\mu_0 I}{4\pi}\int_{L_3}\frac{\mathrm{d}\boldsymbol{l}\times\boldsymbol{r}}{r^2} = -\dfrac{\mu_0 I(b-y_1)}{2\pi((-a-x_1)^2+(b-y_1)^2)}k_3 \\[3mm] B_{3y} = \frac{\mu_0 I}{4\pi}\int_{L_3}\frac{\mathrm{d}\boldsymbol{l}\times\boldsymbol{r}}{r^2} = -\dfrac{\mu_0 I(-a-x_1)}{2\pi((-a-x_1)^2+(b-y_1)^2)}k_3 \\[3mm] B_{3z} = 0 \end{cases} \tag{10-8}$$

励磁线圈线段 L_4 在 P 点产生的磁感应强度与方向如式（10-9）所示：

$$\begin{cases} B_{4x} = 0 \\[3mm] B_{4y} = \frac{\mu_0 I}{4\pi}\int_{L_4}\frac{\mathrm{d}\boldsymbol{l}\times\boldsymbol{r}}{r^2} = -\dfrac{\mu_0 I(c+z_1)}{2\pi((b-y_1)^2+(-c-z_1)^2)}k_4 \\[3mm] B_{4z} = \frac{\mu_0 I}{4\pi}\int_{L_4}\frac{\mathrm{d}\boldsymbol{l}\times\boldsymbol{r}}{r^2} = -\dfrac{\mu_0 I(b-y_1)}{2\pi((b-y_1)^2+(-c-z_1)^2)}k_4 \end{cases} \tag{10-9}$$

励磁线圈线段 L_5 在 P 点产生的磁感应强度与方向如式（10-10）所示：

$$\begin{cases} B_{5x} = \frac{\mu_0 I}{4\pi}\int_{L_5}\frac{\mathrm{d}\boldsymbol{l}\times\boldsymbol{r}}{r^2} = -\dfrac{\mu_0 I(b+y_1)}{2\pi((a-x_1)^2+(-b-y_1)^2)}k_5 \\[3mm] B_{5y} = \frac{\mu_0 I}{4\pi}\int_{L_5}\frac{\mathrm{d}\boldsymbol{l}\times\boldsymbol{r}}{r^2} = -\dfrac{\mu_0 I(a-x_1)}{2\pi((a-x_1)^2+(-b-y_1)^2)}k_5 \\[3mm] B_{5z} = 0 \end{cases} \tag{10-10}$$

励磁线圈线段 L_6 在 P 点产生的磁感应强度与方向如式（10-11）所示：

$$\begin{cases} B_{6x} = 0 \\ B_{6y} = \dfrac{\mu_0 I}{4\pi} \displaystyle\int_{L_6} \dfrac{\mathrm{d}\boldsymbol{l} \times \boldsymbol{r}}{r^2} = -\dfrac{\mu_0 I(c-z_1)}{2\pi((-b-y_1)^2 + (c-z_1)^2)} k_6 \\ B_{6z} = \dfrac{\mu_0 I}{4\pi} \displaystyle\int_{L_6} \dfrac{\mathrm{d}\boldsymbol{l} \times \boldsymbol{r}}{r^2} = -\dfrac{\mu_0 I(b+y_1)}{2\pi((-b-y_1)^2 + (c-z_1)^2)} k_6 \end{cases} \qquad (10\text{-}11)$$

励磁线圈线段 L_7 在 P 点产生的磁感应强度与方向如式（10-12）所示：

$$\begin{cases} B_{7x} = \dfrac{\mu_0 I}{4\pi} \displaystyle\int_{L_7} \dfrac{\mathrm{d}\boldsymbol{l} \times \boldsymbol{r}}{r^2} = \dfrac{\mu_0 I(b+y_1)}{2\pi((-a-x_1)^2 + (-b-y_1)^2)} k_7 \\ B_{7y} = \dfrac{\mu_0 I}{4\pi} \displaystyle\int_{L_7} \dfrac{\mathrm{d}\boldsymbol{l} \times \boldsymbol{r}}{r^2} = -\dfrac{\mu_0 I(a+x_1)}{2\pi((-a-x_1)^2 + (-b-y_1)^2)} k_7 \\ B_{7z} = 0 \end{cases} \qquad (10\text{-}12)$$

励磁线圈线段 L_8 在 P 点产生的磁感应强度与方向如式（10-13）所示：

$$\begin{cases} B_{8x} = 0 \\ B_{8y} = \dfrac{\mu_0 I}{4\pi} \displaystyle\int_{L_8} \dfrac{\mathrm{d}\boldsymbol{l} \times \boldsymbol{r}}{r^2} = -\dfrac{\mu_0 I(c+z_1)}{2\pi((-b-y_1)^2 + (-c-z_1)^2)} k_8 \\ B_{8z} = \dfrac{\mu_0 I}{4\pi} \displaystyle\int_{L_8} \dfrac{\mathrm{d}\boldsymbol{l} \times \boldsymbol{r}}{r^2} = \dfrac{\mu_0 I(b+y_1)}{2\pi((-b-y_1)^2 + (-c-z_1)^2)} k_8 \end{cases} \qquad (10\text{-}13)$$

式（10-6）～式（10-13）中的 k_1，k_2，k_3，k_4，k_5，k_6，k_7，k_8 分别如下：

$$k_1 = \frac{c+z_1}{\sqrt{(a-x_1)^2 + (b-y_1)^2 + (c+z_1)^2}} + \frac{c-z_1}{\sqrt{(a-x_1)^2 + (b-y_1)^2 + (c-z_1)^2}}$$

$$k_2 = \frac{a-x_1}{\sqrt{(a-x_1)^2 + (b-y_1)^2 + (c-z_1)^2}} + \frac{a+x_1}{\sqrt{(a+x_1)^2 + (b-y_1)^2 + (c-z_1)^2}}$$

$$k_3 = \frac{c-z_1}{\sqrt{(-a-x_1)^2 + (b-y_1)^2 + (c-z_1)^2}} + \frac{c+z_1}{\sqrt{(-a-x_1)^2 + (b-y_1)^2 + (-c-z_1)^2}}$$

$$k_4 = \frac{a+x_1}{\sqrt{(-a-x_1)^2 + (b-y_1)^2 + (-c-z_1)^2}} + \frac{a-x_1}{\sqrt{(a-x_1)^2 + (b-y_1)^2 + (-c-z_1)^2}}$$

$$k_5 = \frac{c+z_1}{\sqrt{(a-x_1)^2 + (-b-y_1)^2 + (-c-z_1)^2}} + \frac{c-z_1}{\sqrt{(a-x_1)^2 + (-b-y_1)^2 + (c-z_1)^2}}$$

$$k_6 = \frac{a-x_1}{\sqrt{(a-x_1)^2 + (-b-y_1)^2 + (c-z_1)^2}} + \frac{a+x_1}{\sqrt{(a+x_1)^2 + (-b-y_1)^2 + (c-z_1)^2}}$$

$$k_7 = \frac{c - z_1}{\sqrt{(-a - x_1)^2 + (-b - y_1)^2 + (c - z_1)^2}} + \frac{c + z_1}{\sqrt{(-a - x_1)^2 + (-b - y_1)^2 + (-c - z_1)^2}}$$

$$k_8 = \frac{a + x_1}{\sqrt{(-a - x_1)^2 + (-b - y_1)^2 + (-c - z_1)^2}} + \frac{a - x_1}{\sqrt{(a - x_1)^2 + (-b - y_1)^2 + (-c - z_1)^2}}$$

根据磁感应强度叠加原理，由式（10-6）～式（10-13）可得，线圈各条边上的电流在 P 点产生的磁感应强度叠加和如式（10-14）所示：

$$B_x = \sum_{i=1}^{8} B_{ix}; \quad B_y = \sum_{i=1}^{8} B_{iy}; \quad B_z = \sum_{i=1}^{8} B_{iz} \tag{10-14}$$

式中，"ix""iy""iz"中的 $i=1, 2, \cdots, 8$，分别为励磁线圈的八条边；而其中的 x、y、z 分别表示传感器中 P 点的磁感应强度在 x、y、z 各个方向轴上的分量。通过数值仿真，可获取电磁法流量测量传感器矩形线圈在测量区域内部产生的磁场，通过上述方法可进行分析不同矩形线圈尺寸的传感器内部磁场分布情况。设定矩形励磁线圈 Ⅰ、Ⅱ 八条边 L_1、L_2、L_3、L_4、L_5、L_6、L_7、L_8 中的 a，b 与 c 分别为 $1R$，$1.2R$ 与 $5R$。如图 10-2 所示为 $z=0$ 时截面上磁场强度 B_y 的分布图，其中(a)图为磁感应强度在测量管内部的分布情况图，(b)图为磁感应强度在测量管内部的等势线分布图。

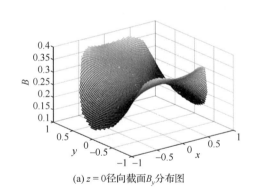

(a) $z = 0$ 径向截面 B_y 分布图

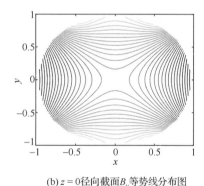

(b) $z = 0$ 径向截面 B_y 等势线分布图

图 10-2　矩形励磁线圈在测量管内 $z=0$ 时产生的 B_y 的分布图

10.1.2　马鞍形励磁线圈磁场分布

电磁法流量测量传感器将使用井下狭小空间环境，为了节省传感器设计空间，励磁线圈可设计为马鞍形，本节将对这一形态的励磁线圈在传感器内部产生的磁场分布情况进行分析。马鞍形励磁线圈可以看成是两条线段与两段半圆弧线段连接而成，因直线段在空间中一点 P 产生的磁感应强度在 10.1.1 节已经给出，下面对圆弧

线段在空间中一点 P 处产生的磁场进行分析，最后应用磁感应强度叠加原理获取空间中一点 P 的磁感应强度大小。

利用毕奥-萨伐尔定律求解励磁线圈为圆弧形在空间中的磁感应强度情况，最后通过叠加原理获取电磁法流量测量传感器励磁线圈覆盖空间中磁感应强度大小与分布情况。对励磁线圈的圆弧形为椭圆形或圆形中的截断弧形进行研究，由于圆形励磁线圈是椭圆形励磁线圈的一种特例，即椭圆形励磁线圈长短轴半径相等，本节只对椭圆形励磁线圈进行研究，对椭圆形励磁线圈计算模型简化即可获取圆形励磁线圈磁场计算模型。图 10-3 所示为马鞍形励磁线圈。其中(a)子图为马鞍形励磁线圈示意图，如图中所示，L_1 与 L_3 两个直线段平行于 z 轴，z 轴为传感器管道的轴向方向，两椭圆弧线圈分别为 L_2 与 L_4 线段，四线段相互相连，构成励磁线圈回路。弧线段 L_2 或 L_4 在 XOY 平面上投影如图 10-3 中的(b)所示。

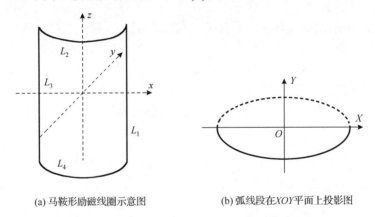

(a) 马鞍形励磁线圈示意图　　　　　(b) 弧线段在XOY平面上投影图

图 10-3　流量计传感器马鞍形励磁线圈示意图

如果励磁弧线段 L_2 与 L_4 所在椭圆的长短半轴分别为 e 和 f，励磁弧线段 L_2 与 L_4 在测量管道 Z 轴上分别为 $-c$ 与 c 的位置，根据图中则有，励磁弧线段 L_2 与 L_4 所在的两个椭圆位置方程分别为式（10-15）与式（10-16）。

$$\text{励磁弧线段 } L_2 \text{ 所在的椭圆方程 } C_1: \begin{cases} \dfrac{x^2}{e^2} + \dfrac{y^2}{f^2} = 1 \\ z = c \end{cases} \qquad (10\text{-}15)$$

$$\text{励磁弧线段 } L_4 \text{ 所在的椭圆方程 } C_2: \begin{cases} \dfrac{x^2}{e^2} + \dfrac{y^2}{f^2} = 1 \\ z = -c \end{cases} \qquad (10\text{-}16)$$

假定椭圆中心到椭圆上的电流元 Idl（ς, η, ζ）的距离为 r，则根据椭圆参数方程如式（10-17）所示：

$$\begin{cases} \varsigma = e\cos\theta \\ \eta = f\sin\theta \\ r = \sqrt{e^2\cos^2\theta + f^2\sin^2\theta} \end{cases} \tag{10-17}$$

值得注意的是式（10-17）中的 θ 为离心角。设马鞍形励磁线圈所覆盖的内部空间任意一点 $P(x_1, y_1, z_1)$，则它在椭圆方程 C_1 与椭圆方程 C_2 上的 Idl 距离（根据两点距离公式计算）分别如式（10-18）与式（10-19）所示：

$$r_1 = \sqrt{x_1^2 + y_1^2 + (z_1 - c)^2 + r^2 - 2(ex_1\cos\theta + fy_1\sin\theta)} \tag{10-18}$$

$$r_2 = \sqrt{x_1^2 + y_1^2 + (z_1 + c)^2 + r^2 - 2(ex_1\cos\theta + fy_1\sin\theta)} \tag{10-19}$$

则 P 点的磁场矢量如式（10-20）所示：

$$A = \frac{\mu_0 I}{4\pi}\left(\oint_{C_1} \frac{dl_1 \times r_1}{r_1} + \oint_{C_2} \frac{dl_2 \times r_2}{r_2}\right) \tag{10-20}$$

如图 10-4 所示为电磁流量传感器椭圆形励磁线圈计算矢量示意图，如图中所示，P 点到椭圆 C_1 的中心点 O 矢量 Pr 如式（10-21）所示：

$$Pr = x_1 i + y_1 j + (z_1 - c)k \tag{10-21}$$

式中，i, j, k 分别为矢量方向，椭圆 C_1 中心 O 到椭圆方程 C_1 上的 Idl 开始端 Pr_{01} 矢量 r_{01} 如式（10-22）所示，椭圆 C_1 中心 O 到椭圆方程 C_1 上的 Idl 结束端 Pr_{02} 矢量 r_{02} 如式（10-23）所示：

$$r_{01} = e\cos\theta i + f\sin\theta j \tag{10-22}$$

$$\begin{aligned} r_{02} &= e\cos(\theta + d\theta)i + f\sin(\theta + d\theta)j \\ &= e(\cos\theta\cos d\theta - \sin\theta\sin d\theta)i + f(\sin\theta\cos d\theta + \cos\theta\sin d\theta)j \end{aligned} \tag{10-23}$$

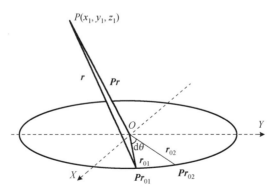

图 10-4　流量计传感器椭圆形励磁线圈计算矢量示意图

因为 $d\theta$ 很小，则有 $\cos d\theta \approx 1$，$\sin d\theta \approx d\theta$，则矢量 r_{02} 可化简为式（10-24）：

$$r_{02} = e(\cos\theta - \sin\theta \cdot d\theta)i + f(\sin\theta + \cos\theta \cdot d\theta)j \qquad (10\text{-}24)$$

则矢量 dl 可表示为式（10-25）：

$$dl = r_{02} - r_{01} = -e\sin\theta d\theta i + f\cos\theta d\theta j \qquad (10\text{-}25)$$

矢量 r 可表示为式（10-26）：

$$r = Pr - r_{01} = (x_1 - e\cos\theta)i + (y_1 - f\sin\theta)j + (z_1 - c)k \qquad (10\text{-}26)$$

则公式（10-20）中的矢量叉积 $dl \times r$ 分别可得如下。椭圆方程 C_1 矢量叉积如式（10-27）所示，椭圆方程 C_2 矢量叉积如式（10-28）所示。综合式（10-21）～式（10-28）可求解出式（10-20），得出椭圆形励磁线圈在空间一点 P 产生的磁感应强度与方向为式（10-29）。

$$dl \times r = \begin{vmatrix} i & j & k \\ -e\sin\theta d\theta & f\cos\theta d\theta & 0 \\ \dfrac{x_1 - e\cos\theta}{r_1} & \dfrac{y_1 - f\sin\theta}{r_1} & \dfrac{z_1 - c}{r_1} \end{vmatrix} \qquad (10\text{-}27)$$

$$dl \times r = \begin{vmatrix} i & j & k \\ -e\sin\theta d\theta & f\cos\theta d\theta & 0 \\ \dfrac{x_1 - e\cos\theta}{r_2} & \dfrac{y_1 - f\sin\theta}{r_2} & \dfrac{z_1 + c}{r_2} \end{vmatrix} \qquad (10\text{-}28)$$

$$\begin{cases} B_x = \dfrac{\mu_0 I}{4\pi} \displaystyle\int_0^{2\pi} \left(\dfrac{1}{\sqrt{r_1^3}}(z_1 - c) + \dfrac{1}{\sqrt{r_2^3}}(z_1 + c) \right) f\cos\theta d\theta \\[3mm] B_y = \dfrac{\mu_0 I}{4\pi} \displaystyle\int_0^{2\pi} \left(\dfrac{1}{\sqrt{r_1^3}}(z_1 - c) + \dfrac{1}{\sqrt{r_2^3}}(z_1 + c) \right) e\sin\theta d\theta \\[3mm] B_z = \dfrac{\mu_0 I}{4\pi} \displaystyle\int_0^{2\pi} \left(\dfrac{1}{\sqrt{r_1^3}} + \dfrac{1}{\sqrt{r_2^3}} \right)(ef - x_1 f\cos\theta - y_1 e\sin\theta)d\theta \end{cases} \qquad (10\text{-}29)$$

式（10-29）为两对椭圆形励磁线圈对空间中任意一点 P 产生的磁感应强度。如果将方程中的椭圆形励磁线圈的长短半轴设为相等，即令 $e=f=r_{ef}$，则方程求出圆形励磁线圈对空间中一点 P 产生的磁感应强度。如果是圆弧或椭圆弧，可以根据圆弧或椭圆弧的角度范围对其积分获取圆弧或椭圆弧线段上电流元对空间中一点 P 产生的磁感应强度如式（10-30）所示：

$$\begin{cases} B_x = \dfrac{\mu_0 I}{4\pi} \displaystyle\int_{\theta 1}^{\theta 2} \left(\dfrac{1}{\sqrt{r_1^3}}(z_1 - c) + \dfrac{1}{\sqrt{r_2^3}}(z_1 + c) \right) r_{\mathrm{ef}} \cos\theta \mathrm{d}\theta \\[3mm] B_y = \dfrac{\mu_0 I}{4\pi} \displaystyle\int_{\theta 1}^{\theta 2} \left(\dfrac{1}{\sqrt{r_1^3}}(z_1 - c) + \dfrac{1}{\sqrt{r_2^3}}(z_1 + c) \right) r_{\mathrm{ef}} \sin\theta \mathrm{d}\theta \\[3mm] B_z = \dfrac{\mu_0 I}{4\pi} \displaystyle\int_{\theta 1}^{\theta 2} \left(\dfrac{1}{\sqrt{r_1^3}} + \dfrac{1}{\sqrt{r_2^3}} \right)(r_{\mathrm{ef}} - x_1 \cos\theta - y_1 \sin\theta) r_{\mathrm{ef}} \mathrm{d}\theta \end{cases} \quad (10\text{-}30)$$

值得注意的是：当弧线为椭圆方程弧线段时，式中的 θ 为椭圆方程的离心角。根据上述方法可计算出弧线段 L_2 与 L_4 在励磁线圈所覆盖的空间中一点 P 的磁感应强度大小与分布，结合 10.1.1 节介绍的直线段在励磁线圈所覆盖的空间中一点 P 的磁感应强度大小与分布，可求出直线段 L_1 与 L_3 在空间中一点 P 的磁感应强度大小与分布，根据叠加原理即可计算出马鞍形励磁线圈在励磁线圈所覆盖的内部空间中一点 P 的磁感应强度大小与分布。

设定马鞍形励磁线圈的 L_1 与 L_3 相距 $1.2R$，R 为半径；弧线段 L_2 与 L_4 设计为圆弧段（即 $e=f$），分别设定为 $1.2R$；设定 $c=5R$。如图 10-5 所示为选定 $z=0$ 时截面上磁场度强 B_y 在测量管内部的分布图，其中(a)图为磁感应强度在测量管内部的分布情况图，(b)图为磁感应强度在测量管内部的等势线分布图。当然励磁线圈由其他形状组成，如类似操场跑道形的励磁线圈，可以通过将励磁线圈划分为由不同直线段或弧线段组成的，也可以通过上述方法进行计算，因为计算方法基本上一致，这里就不再赘述。

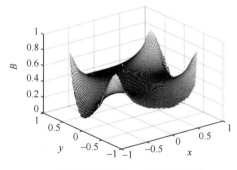
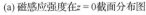

(a) 磁感应强度在 $z=0$ 截面分布图

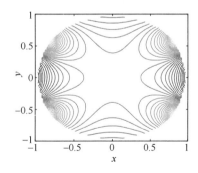

(b) 磁感应强度在 $z=0$ 截面等势线图

图 10-5　马鞍形励磁线圈在测量管内 $z=0$ 时产生的 B_y 的分布图

10.2　电磁传感器响应特性分析

油气水三相流以及油水两相流流动是石油工业中十分普遍的现象。本章从宏观上对油气水多相流流量与电磁感应法流量测量模型检测电极获取信号的响应关系展开分析，进而对电磁感应法测量油气水多相流流量误差进行论证。井下油气水多相流是一种复杂的随机流动流体，当电磁感应法流量测量传感器内部通过多相流含有非导电物质时或磁导率不同物质时，油气水多相流流量与电磁感应法流量测量模型检测电极测量信号响应关系的分析，为电磁感应法流量测量传感器的检测电极获取信号的感应性提供理论基础。

当导电流体在流量传感器的磁场中流动时，做切割磁力线运动，根据法拉第电磁感应定律，流体中就会产生感应电动势（测量信号），电磁感应法流量测量模型的检测电极最初信号就是这样获取的。电磁感应法流量测量模型感应电势的表达方程如第 9 章式（9-7）所示。由传感器检测电极的感应电势理论基础可知，只要确定了流体的流速 V、磁感应强度 B 以及权重函数 W 和流量测量传感器管径半径 R，就可以近似求出传感器检测电极的感应电势差。磁感应强度可利用毕奥-萨伐尔定律求解励磁线圈在测量管内部磁感应强度；也可以通过仿真实验获取测量区域磁场。流体速度可通过 CDF 流体仿真软件获取测量管道内流体速度的分布图；也可通过理论计算获取流体速度分布。

10.2.1 单对电极电磁传感器响应特性分析

在实际流体测量中，非导电物质是随机性地分散或分布在流体中的，为了计算流体中含有非导电物质的三相流对检测电极测量信号的影响，将流体中分散不同大小的非导电物质采用随机的方式分布在流体中不同位置，由于非导电物质有一定比例，所以设定的非导电物质（油气泡）所占的部分不超过该比值。在此方案下对流体中不同含水率下流量传感器检测电极获取的测量信号进行数值仿真计算。在计算电磁感应法流量测量传感器检测电极感应信号时，分别对传感器的磁场以及传感器内部流体速度进行仿真，并通过权重函数对传感器检测电极获取的感应信号情况进行计算[6-10]。

1. 流体中总流量相同含水率不同对感应信号的影响

运用 Fluent 设定油水总流量 80m³/d（平均流速约为 2.6747m/s），含水率分别为 100%、90%、80%、70%、60%以及 50%六种情况下，对流量测量传感器流体速度进行仿真，并对其数据记录，流体中如果存在非导电体（油气泡）时，则非导电体（油气泡）存在的位置在电磁流量测量传感器中的权重函数值为 0。本小节主要工作就是构建流量测量传感器流体速度中分散的随机不同大小、不同位置的非导电体（油气泡），对电磁流量测量传感器进行瞬态感应电势的相应变化关系，求出其瞬态感应（激励）信号。为了清晰地获得不同大小非导电物质（油气泡）对检测电极感应信号大小影响不同，在仿真实验中，设定三种非导电体（油气泡）随机直径：①非导电体（油气泡）的随机直径为 $0.1R$ 到 $1R$；②非导电体（油气泡）的随机直径为 $0.1R$

到 0.5R；③非导电体（油气泡）的随机直径为 0.5R 到 1R。目的是考查直径大小不同的非导电体（油气泡）对电磁流量测量传感器中感应信号的影响情况。

为了节省篇幅，仿真过程就不再详述，如图 10-6 中所示为电磁流量测量传感器总流量为 80m³/d，流体含水率不同于瞬态感应电势关系图。图中"随机 1"到"随机 3"显示的为非导电体（油气泡）随机直径为 0.1R 到 1R 随机分布时对电磁流量测量传感器检测电极获取的瞬时感应电势差，图中"小非导电体 1"与"小非导电体 2"显示的为小非导电体（油气泡直径为 0.1R 到 0.5R 时）随机分布后对电磁流量测量传感器检测电极获取的瞬时感应电势差，图中"大非导电体 1"与"大非导电体 2"显示的为大非导电体（油气泡直径为 0.5R 到 1R 时）随机分布后对电磁流量测量传感器检测电极获取的瞬时感应电势差。

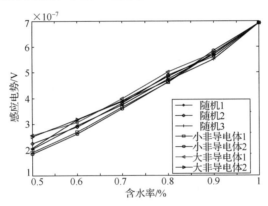

图 10-6　总流量为 80m³/d 含水率不同时瞬态感应电势关系图

仿真实验对总流量不变、含水率不同的流体进行仿真时，模拟各种不同大小非导电体（油气泡）随机分布情况，最后计算出电磁感应法流量测量传感器检测电极的感应电势。从图 10-6 仿真图中可得：流经传感器流体中含水率越大，传感器检测电极获得的瞬态感应电势就越大。从仿真结果还可以发现，通过传感器内部管径中的非导电体（油气泡）比较小时，流量测量传感器检测电极获取的感应电势差与含水率呈较好的线性关系，当流量测量传感器内部管径中通过的非导电体（油气泡）比较大时，传感器检测电极获取的感应电势差与含水率的线性关系较差。当流体流量与流体含水率一定时，传感器检测电极两端瞬时感应信号也会因流体中非导电物质大小、位置不同而不同。

2. 流体中总流量不同含水率不同对感应信号的影响

为了揭示感应信号规律与流体速度关系，显示不同总流量下、含水率不同条件下传感器检测电极的感应信号情况。运用 Fluent 设定总流量 20m³/d（平均流速约为 0.6833m/s），80m³/d（平均流速约为 2.6747m/s），含水率分别为 100%、90%、80%、

70%、60%以及 50%六种情况下，对流量测量传感器检测电极的感应信号进行计算仿真，并对其数据记录[8]。如图 10-7 所示为总流量不同含水率不同时传感器检测电极感应信号分析图。图中横坐标表示不同流体流量下含水率大小，纵轴表示感应信号大小，图例中各线表示不同的流量，其中不同的流量下感应信号为含不同大小非导电体（油气泡）时多次计算仿真感应信号的平均值。从仿真结果可以看出：同样流量下流体中的含水率越大，流量计瞬态感应信号也就越大；流体速度越大，传感器检测电极获取的瞬态感应信号也就越大，仿真结果完全符合电磁流量测量的感应理论。

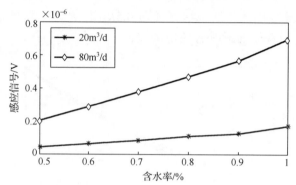

图 10-7　总流量不同含水率不同时感应信号分析图

3. 流体中存在磁化率不同物质测量信号分析

电磁感应法流量测量传感器将应用于石油生产测井。在计量油气水多相流时，多相流内部不同固相颗粒或者聚合物溶液磁导率性质不同会使得流量测量传感器检测信号产生测量误差。也就是说当流经流量测量传感器流体中存在磁导率不同物质时，流量测量传感器中测量区域的磁场分布会发生变化，进而检测电极获取的测量信号会随着流动的流体产生一定的信号波动。本节通过有限元软件 ANSYS 对流体中存在磁导率不同物体时进行了仿真研究，并对流体中含有磁导率不同物质时电磁感应法流量传感器检测电极获取测量信号的情况进行分析。本节阐述内容对传感器能准确地测量流体中存在不同磁导率物质时的流量具有重要帮助和支持作用，为多相流电磁感应法流量测量传感器奠定理论基础。为了考察流体中含有的磁导率不同物质对电磁流量测量传感器磁场分布的影响，如图 10-8 所示为流体中含有磁导率不同物体时电磁感应法流量测量传感器截面模型。如图中所示，内径管道为流量测量传感器的测量区域，测量区域为流体通过区域，流体中存在磁导率不同物体[11]。

仿真模型如图 10-8 所示，仿真实验中，传感器管道测量区域内设置直径 $2r$ 磁导率不同球体，并设定磁导率不同球体的相对磁导率为$\mu=10$。对线圈施加激励电流，并采用 ANSYS 软件进行仿真分析，如图 10-9 中子图(a)所示得到了磁感应强度 B 分布，图 10-9 子图(b)所示为磁感应强度数值化分布图，从仿真结果可以看出，流体中含有磁导率大的物质时，这部分磁感应强度是增大的，是影响整个空间的磁感应强度分布的。从图 10-9 可以看出，磁导率不同物质流经传感器管道测量区域时，磁导率不同物质附近的磁场发生了变化，进而影响测量磁场的整体分布特性。也就是说，流体中的磁导率不同物质会对电磁流量测量传感器的测量造成影响。

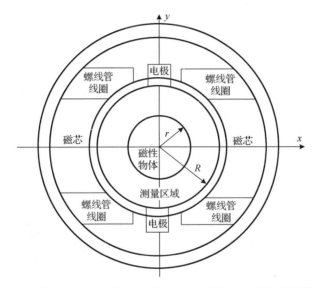

图 10-8　流体中含有磁导率不同物体时传感器电极径向截面模型图

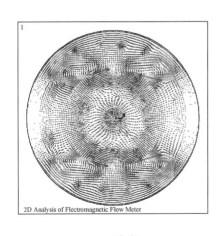

(a) ANSYS仿真

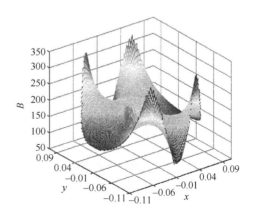

(b) 磁感应强度分布图

图 10-9　含磁导率不同物质时 B 仿真图

　　当流体中存在磁导率不同物质时，电磁流量测量传感器测量区域中磁场就会产生相应的变化，这一变化将引起电磁流量测量传感器检测电极测量值的变化。下面对流体中存在磁导率不同物质时检测电极测量信号的响应关系进行研究。管道内流体速度及其分布可通过 CDF 仿真获取。磁导率不同物质对电磁法测量管中权重函数影响不是很大，因此本节采用单相流的权重函数表达式来计算（详见第 9 章式（9-27）权重函数公式）运用 ANSYS 电磁场仿真获得流量测量传感器测量区域含有磁导率不同物质时磁感应强度 B 的分布，然后根据式（9-7）流量测量传感器感应电势计算可以获得相同流量下瞬时感应电压贡献分布图。

　　如图 10-10 所示，在一定流速下流体中含有不同大小的磁导率不同物质时流量测量传感器电极径向截面感应电势贡献分布图。子图(a)、(b)、(c)、(d)分别显示不同大小磁导率不同物质通过流体时，流量测量传感器某一截面感应信号贡献分布图，图标中 r 表示为流体中磁导率不同物质的半径大小，R 表示为流量测量传感器截面半径大小，各子图中纵坐标 V(volt)表示截面中各点瞬时感应电压贡献值。从仿真图

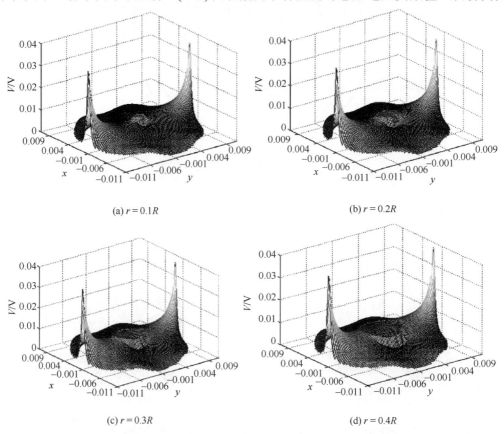

(a) $r = 0.1R$　　　　　　　　　　　　　(b) $r = 0.2R$

(c) $r = 0.3R$　　　　　　　　　　　　　(d) $r = 0.4R$

图 10-10　流体存在不同大小的磁导率不同物质时感应电势贡献分布图

上可以看出当流量测量传感器流体中不同磁导率物体半径较大时对流量测量传感器检测电极感应信号的影响也就较大。如图 10-11 所示为某一流速下流体中存在磁导率不同、大小不同的物质时流量测量传感器感应信号对比图。从图 10-11 中可以看出，当流体中磁导率不同物质半径越大时，流量测量传感器检测电极感应信号就越大。当电磁流量测量传感器流体中存在磁导率不同物质时，流量测量传感器中测量区域的磁场分布会发生变化，进而影响电磁感应法流量测量传感器检测电极的测量结果。从仿真结果来看：当流量测量传感器流体中磁导率不同物体较大时对流量测量传感器检测电极感应信号的影响也就较大。

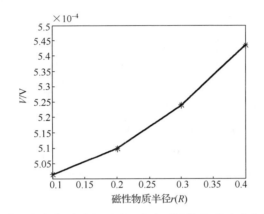

图 10-11　流体中存在磁导率不同、大小不同的物质时感应信号对比图

10.2.2　多对电极电磁传感器响应特性分析

对于感应磁场均匀的电磁流量传感器，将管道电极截面划分成许多微单元，根据电磁流量计权重函数理论，在第 i 个微单元上（ $i=1,\cdots,n$ ）产生的感应电动势为[12]

$$U_i = B_i V_i W_i \Delta s_i \tag{10-31}$$

式中， B_i 为截面内第 i 个微单元上的磁感应强度； V_i 为微单元的流体流速； W_i 为微单元的权重函数； Δs_i 为微单元的面积。对每个微单元产生的感应电动势求和，可得整个管道截面上产生的感应电动势信号为

$$U = \frac{2}{\pi R} \lim_{\max \Delta s_i \to 0} \sum_{i=1}^{n} B_i W_i V_i \Delta s_i \tag{10-32}$$

为简化计算，假定 $R=1\mathrm{m}$ ，磁感应强度 $B=1\mathrm{T}$ 。对于层流和湍流流动，当管道截面上平均流速在范围 $0.1\sim0.8\mathrm{m/s}$ 变化时，根据管道截面上流速分布、权重函数分布计算可得感应电动势如表 10-1、表 10-2 所示。

表 10-1　层流状态下传感器响应特性

感应电势　平均流速　流动状态	0.1	0.2	0.3	0.4	0.5	0.6	0.7	0.8
全水	0.1969	0.3938	0.5908	0.7877	0.9846	1.1815	1.3784	1.5753
单气泡($r=0.1R$)	0.1858	0.3716	0.5574	0.7432	0.9290	1.1148	1.3006	1.4864
单气泡($r=0.3R$)	0.1540	0.3080	0.4620	0.6160	0.7700	0.9240	1.0781	1.2321

表 10-2　湍流状态下（$n=6$ 时）传感器响应特性

感应电势　平均流速　流动状态	0.1	0.2	0.3	0.4	0.5	0.6	0.7	0.8
全水	0.2070	0.4141	0.6211	0.8282	1.0352	1.2423	1.4493	1.6563
单气泡($r=0.1R$)	0.2014	0.4028	0.6042	0.8056	1.0070	1.2084	1.4098	1.6112
单气泡($r=0.3R$)	0.1722	0.3443	0.5165	0.6887	0.8608	1.0330	1.2052	1.3774

对于层流和湍流流速分布，根据表 10-1、表 10-2 数据，得到 6 电极电磁流量传感器响应特性曲线如图 10-12 所示。实验结果表明，6 电极电磁流量传感器进行流速测量时，传感器测量信号与平均流速呈线性关系。在相同的平均流速条件下，截面上气泡半径越大，传感器测量得到的流速信号越小，这主要是由于气泡会引起权重函数发生变化。

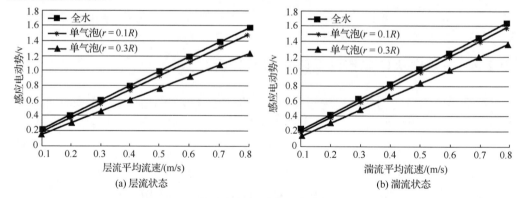

图 10-12　多对电极电磁流量传感器响应特性

参 考 文 献

[1]　王月明, 孔令富, 李英伟, 等. 相关法流量测量传感器励磁线圈轴向长度设计研究. 电子学报, 2014. 5.

[2]　Wang Y M, Kong L F, Magnetic properties study of electromagnetic flow meter based on ANSYS.

Journal of Computational Information Systems, 2011.

[3] Wang Y M, Kong L F, Li Y W. The magnetic field study on the magnetic objects present in the fluid of electromagnetic flowmeter. Journal of Computational Information Systems, 2012.

[4] 王月明, 孔令富. 基于 ANSYS 集流型电磁流量计磁场仿真研究. 内蒙古大学学报, 2012, 43(1): 79-82.

[5] 王月明, 刘官元, 杨友松. 基于有限元 ANSYS 的圆线圈磁场仿真研究. 内蒙古科技大学学报, 2011

[6] Kong L F, Du S X, Li Y W, et al. Study on the distribution of the magnetic field of diamond and triangular exiting coils in electromagnetic flow meter. Journal of Computational Information Systems, 2013, 9(19): 7567-7574.

[7] Kong L F, Du S X, Li Y W. Study on the distribution of the magnetic field of circular and square exiting coils in electromagnetic flow meter. International Journal of Computer Science Issues, 2013, 10(1): 278-284 .

[8] 王月明, 孔令富. 相互重叠的油气泡对流量计敏感场影响分析. 化工自动化及仪表, 2012, 39(3): 320-322.

[9] Wang Y M, Kong L F, The study on the Effect of virtual current distribution in an electromagnetic flow meter with bubble. The 2nd International Conference on Mechanic Automation and Control Engineering (MACE 2011), 2011.

[10] Wang Y M, Kong L F, Influence study on electromagnetic flow meter with oil bubble in the fluid. 2011 International Conference on Physics Science and Technology(ICPST 2011), 2011.

[11] 孔令富, 王月明, 李英伟, 等. 两相流下电磁流量计感应电势仿真研究. 计量学报, 2013, 34(4): 320-325.

[12] 杜胜雪, 孔令富, 李英伟. 电磁流量计矩形与鞍状线圈磁场的数值仿真. 计量学报, 2016, 37(1): 38-42.

第 11 章 电磁传感器结构参数优化设计

由于生产测井空间狭小，本章对电磁法流量测量传感器的结构进行优化设计。首先定义了感应磁场评价指标，并利用指标分析小管径电磁法流量测量传感器的励磁结构参数不同时的感应磁场分布情况。其次，由于电磁相关法流量测量传感器励磁线圈的轴向长度较普通的电磁流量计励磁线圈长，且电磁相关法流量测量传感器包含上下游两对检测电极，因此对励磁线圈的轴向长度、检测电极之间的距离两个参数进行优化设计。之后，针对多对电极电磁相关流量传感器的电极数目，进行了优化设计。传感器的优化设计工作对提高油气水三相流流量测量精度具有十分重要的意义。

11.1 小管径电磁传感器励磁结构优化

电磁法传感器将应用于石油生产测井中井下流量测量，测量工艺环境决定了整体传感器需为小管径构造结构。电磁法传感器中除了测量管道外，励磁结构的优化设计将直接影响传感器物理尺寸的大小，因此在狭小空间下如何对小管径电磁传感器的励磁结构优化成为传感器设计成败的关键问题之一。

11.1.1 小管径电磁传感器励磁结构模型

井下电磁法流量测量传感器某对检测电极径向截面结构如图 11-1 所示。如图中所示，设定流量测量传感器径向截面中测量管内半径为 R，流量测量传感器整体外半径为 $2R$，内径管道为流量测量传感器的测量区域，通过电极中心的 x 轴与通过磁芯中心的 y 轴构成直角坐标系。螺线管的位置 h 为螺线管线圈距 y 轴的距离，k 表示螺线管线圈的厚度，L 为电磁流量测量传感器螺线管线圈在 y 轴方向上的位置（也就是说螺线管线圈距 x 轴距离为 L），两个螺线管线圈之间相距为 $2L$。

为了详细地获得电磁法流量测量传感器励磁结构在相关参数变化时对测量区域内部磁场的影响情况，引入样本平均值与标准差、磁场均匀度定义、均匀区域面积、变异系数相关指标来分析流量测量传感器磁场分布数据。当然励磁线圈设计参数不同时，励磁线圈在测量管内部磁感应强度的分布也不相同。电磁法流量测量传感器应用于石油生产测井井下油气水多相流流量测量，在流量测量传感器底部安装有伞式集流器，当流量测量仪位于指定测点后，使集流器张开，以封堵套管和测井仪器之间流体的流动通道，迫使流体全部或绝大部分流经流量传感器的测量区域，并经上出液口重新流回井筒，进而进行测量。由于生产测井空间狭小，传感器励磁结构的优化设计是实现该类传感器关键问题之一。为了详细地获得电磁法流量测量传感器励磁结构在相关参数变化对测量区域内部磁场影响情况，引入以下相关指标来分析流量测量传感器磁场分布数据[1-3]。

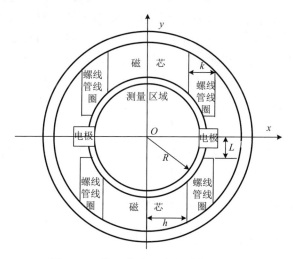

图 11-1　井下传感器内部结构示意图

（1）样本平均值 $\bar{x}$ 与标准差 S：对给定一组样本值 $x=[x_1,x_2,x_3,\cdots,x_n]$，其样本平均值与样本标准差如式（11-1）与式（11-2）所示：

$$\bar{x}=\frac{1}{n}\sum_{k=1}^{n}x_k \qquad (11\text{-}1)$$

$$s=\sqrt{\frac{1}{n-1}\sum_{i=1}^{n}(x_i-\bar{x})^2} \qquad (11\text{-}2)$$

（2）磁场均匀度定义：测量区域某一截面中，B_{xy}（x，y 分别为测量区域截面中各个坐标点）为测量区域截面中任意一点的磁感应强度，$\bar{B}$ 为测量区域截面中磁感应强度平均值。B_{xy} 与 $\bar{B}$ 如果满足式（11-3），则认为该点（测量区域截面中 x，y 坐标点）的磁感应强度是均匀的，满足式（11-3）组成的面积称为磁感应强度均匀面积，用 $S_{均匀}$ 表示，则 $S_{均匀}$ 为测量区域截面任意一点磁感应强度与 $\bar{B}$ 之比在 95%～105%的面积。

$$\left|\frac{B_{xy}-\bar{B}}{\bar{B}}\times100\%\right|\leqslant 5\% \qquad (11\text{-}3)$$

如果 $S_{测量区域}$ 为测量区域截面的总面积，则磁场均匀度定义如式（11-4）所示：

$$B_{cv} = S_{均匀} / S_{测量区域} \tag{11-4}$$

（3）变异系数：变异系数又称"标准差率"，是衡量样本中各观测值变异程度的另一个统计量。当进行两个或多个样本变异程度的比较时，如果度量单位或平均数相同，可以直接利用标准差来比较。如果单位或平均数不同时，比较其变异程度采用变异系数相对较好，标准差与平均数的比值称为变异系数，本书变异系数比较的是磁感应强度，因此记为 B_c。变异系数可以消除单位或平均数不同时对两个或多个资料变异程度比较的影响。变异系数如式（11-5）所示，其反映单位均值上的离散程度，常用在两个总体均值不等的离散程度的比较上。比起标准差来，变异系数的好处是不需要参照数据的平均值，变异系数是一个无量纲数。

$$B_c = S / \bar{x} \tag{11-5}$$

在电磁法流量测量传感器磁场分析中，样本平均值越大越好，样本标准差越小越好，变异系数越小越好，均匀区域面积越大越好。

11.1.2　螺线管线圈、磁芯参数优化设计

对电磁法流量测量传感器径向截面螺线管线圈物理参数不同时设定了不同的ANSYS 实验仿真，并对其仿真数据进行分析。ANSYS 仿真为现实井下电磁法流量测量传感器的励磁结构设计提供一定的实验数据支持。仿真实验设定螺线管线圈的厚度 k 分别为 $0.2R$、$0.3R$、$0.4R$、$0.5R$ 和 $0.6R$ 时，螺线管线圈安放的位置 h（距 y 轴距离）分别从 $0.1R$ 到 $1.4R$ 时，测量区域磁感应强度的分布情况。如图 11-2 显示了井下电磁法流量测量传感器径向截面螺线管线圈位置 h 不同时测量区域磁通线与磁感应强度分布仿真图。图 11-2 中子图(a)、(b)、(c)、(d)分别显示了螺线管线圈位置 h 不同时测量区域磁通线与磁感应强度的分布情况。当然实验中对流量测量传感器不同的 k 与 h 值进行仿真，为了节省篇幅，这里就不再对其他仿真过程进行罗列。仿真实验中将电磁流量测量传感器磁感应强度仿真数据保存，以对其进行下一步数据分析。从仿真实验中可以获得螺线管位置 h 与线圈参数 k 不同时，测量区域的磁场分布也是不同的，为了更加客观地评价螺线管位置 h 以及其线圈参数 k 对测量区域磁感应强度的分布影响。引入磁场评价指标从不同的分析角度对螺线管各种结构下的磁场分布情况进行分析研究。

为了更精确地描述励磁结构中不同参数对测量区域磁场分布影响情况分析，引入磁场评价指标从不同的分析角度对螺线管各种结构下的测量区域磁场分布情况进行分析研究。如图 11-3 所示，螺线管线圈参数 k 与 h 不同时磁感应强度分析，图中横轴为螺线管线圈位置 h，纵轴分别为磁感应强度平均值与标准差，图例中显示了不同的线分别代表不同的螺线管线圈参数 k。从仿真图上可以看出在螺线管线圈位置 h 不变时，线圈参数 k 大的测量区域对应的平均磁场大，同时标准差也是相对的

大。当螺线管线圈参数 k 一定时，螺线管线圈位置 h 小于 R 时，测量区域的平均磁感应强度基本上是随着螺线管线圈位置 h 增大而增大，标准差随着螺线管线圈位置 h 增大而减小。

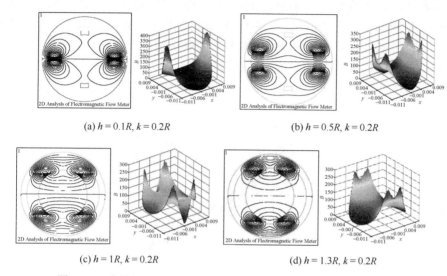

(a) $h = 0.1R, k = 0.2R$　　　　　　　　(b) $h = 0.5R, k = 0.2R$

(c) $h = 1R, k = 0.2R$　　　　　　　　(d) $h = 1.3R, k = 0.2R$

图 11-2　流量测量传感器测量区域磁通线与磁感应强度分布仿真

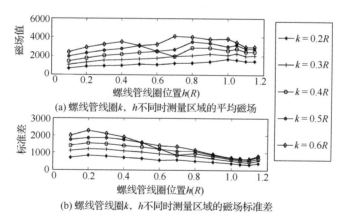

(a) 螺线管线圈 k，h 不同时测量区域的平均磁场

(b) 螺线管线圈 k，h 不同时测量区域的磁场标准差

图 11-3　螺线管线圈 k 不同、h 不同时磁感应强度分析

　　如图 11-4 所示，为螺线管线圈位置 h 不同时，磁感应强度变异系数的指标分析。图中横轴为螺线管线圈位置 h，纵轴为磁感应强度变异系数，图例中显示了不同的线分别代表不同的螺线管线圈参数 k。仿真图可得：螺线管的位置 h 对变异系数这一指标影响比较大，而螺线管的线圈参数 k 对这一指标影响不大。对于外半径为 $2R$ 内半径为 R 的电磁法流量测量传感器螺线管线圈位置 h 大于 $0.9R$ 时测量区域磁场分

布相对较好；一般来说，螺线管线圈位置 h 在 R 时变异系数是较小的，其次就是靠近这一位置。也就是说螺线管线圈位置 h 为流量测量传感器内圆半径附近时，测量区域产生磁感应强度的变异系数指标较佳。如图 11-5 所示，为电磁流量测量传感器测量区域内部均匀区域面积。图中横轴为螺线管线圈位置 h，纵轴为磁场均匀区域面积大小，图例中显示了不同的线分别代表不同参数 k 的螺线管线圈。从仿真结果得出，螺线管线圈位置 h 为 $0.9R$ 到 $1.1R$ 时，测量区域中产生的磁场均匀面积较大；测量区域磁感应强度的均匀性是由螺线管线圈的位置 h 来决定的；总体上来看，螺线管线圈位置 h 在内径圆半径附近的时候，测量区域的磁场区域面积较大，均匀性较好。

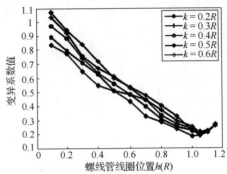

图 11-4　螺线管线圈 k 不同、h 不同时变异系数分析

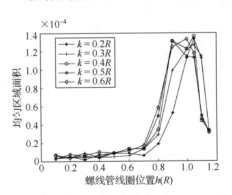

图 11-5　电磁流量测量传感器测量区域内部均匀区域面积

从仿真结果分析得出：螺线管线圈参数 k 的大小对测量区域平均磁感应强度大小有影响，对测量区域的均匀性影响较小；而测量区域磁场的均匀性与螺线管的位置 h 有关。对于外半径为 $2R$、内半径为 R 的电磁法流量测量传感器螺线管线圈安放位置大约在传感器的测量管半径附近（$h=R$）时，测量区域磁场均匀性效果较好，在此情况下，在结构构造的允许下，螺线管线圈参数 k 设计得尽可能大一些，这样测量区域的磁感应强度总体上就大一些。对于电磁流量测量传感器来说，螺线管线

圈产生的磁场均匀性比较好，同时测量区域产生的磁感应强度也比较大，电磁法流量测量传感器检测电极获取的测量信号较好。

11.1.3 螺线管线圈相距距离优化设计

上面对电磁法流量测量传感器螺线管线圈位置 h 不同、厚度 k 不同时对测量区域磁场影响情况做了一定研究。但对电磁法流量测量传感器两个螺线管线圈在 y 轴方向的距离 L 并没有进行研究，下面对电磁法流量测量传感器螺线管线圈在 y 轴方向上的位置 $L(-L)$ 进行仿真实验，仿真的目的是为电磁法流量测量传感器的螺线圈 y 轴方向上安放位置 $L(-L)$ 提供一定的指导原则。

仿真实验中设定电磁流量测量传感器螺线管线圈位置 h 为内圆半径，螺线管线圈参数 k 为 $0.2R$。方法是随着两个螺线管线圈在 y 方向上距离 L 逐渐增大，对流量测量传感器测量区域的磁场分布情况进行研究。仿真实验中，传感器结构如图 11-1 所示，并设定流量测量传感器两个螺线管线圈以 x 轴对称分布，图中线圈在 y 轴位置 L 为 $0.1R$、$0.2R$、$0.3R$、$0.4R$、$0.5R$、$0.6R$、$0.7R$ 时，分析电磁流量测量传感器内部磁感应强度的分布情况。经过 ANSYS 仿真以及进行数据处理，获得电磁流量测量传感器螺线管线圈位置 L 不同时测量区域平均磁感应强度，如表 11-1 所示。由表 11-1 可以看出电磁法流量测量传感器线圈位置 L 越小时，测量区域的平均磁感应强度就越大，也就是说两个螺线管线圈相距越近，电磁流量测量传感器测量区域的平均磁感应强度就越大。相距越远，电磁流量测量传感器测量区域的平均磁感应强度就越小。

表 11-1 流量测量传感器螺线管位置 L 不同时测量区域平均磁感应强度

L	$0.1R$	$0.2R$	$0.3R$	$0.4R$	$0.5R$	$0.6R$	$0.7R$
B	0.0027	0.0025	0.0022	0.0018	0.0013	0.0009	0.0006

如图 11-6 所示，为线圈位置 L 不同时电磁法流量测量传感器测量区域内磁场的变异系数分析。从仿真图中，可以看出随着电磁法流量测量传感器螺线管线圈距 y 轴位置 L 不断增加，电磁流量测量传感器测量区域的变异系数不断增大，也就是说两个螺线管线圈位置 L 距离增大时，电磁流量测量传感器测量区域的磁场均匀性会变得越来越差。同时我们可以发现螺线管线圈位置 L 小于等于 $0.5R$ 时，电磁流量测量传感器测量区域的变异系数比较好。也就是说两个螺线管线圈相距位置小于螺线管线圈半径时，流量测量传感器测量区域磁场分布是相对均匀的。

如图 11-7 所示，为线圈位置 L 不同时电磁法流量测量传感器测量区域磁场均匀区面积分析。从仿真图中，可以发现螺线管线圈位置小于等于 $0.5R$ 时，电磁法流量测量传感器测量区域的均匀区域面积比较大。也就是说两个螺线管线圈相距位置 $2L$ 小于等于螺线管线圈半径时，电磁法流量测量传感器测量区域磁场分布是相对均匀的，而且均匀区域的面积相对较大、较好。

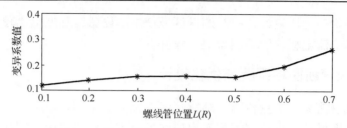

图 11-6　线圈 L 不同时测量区域的变异系数分析

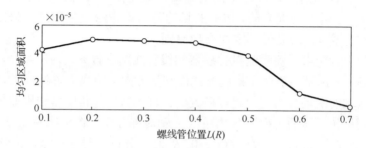

图 11-7　线圈 L 不同时测量区域磁场均匀区域分析

螺线管线圈相距距离优化设计方法：在电极大小以及制造工艺许可的条件下，励磁线圈径向截面螺线管线圈相距的位置（如图 11-1 中螺线管线圈在 y 轴方向距离 $2L$）应该尽可能小，其距离最好不要超过励磁线圈径向截面螺线管线圈半径。综上所述：对于内直径 $2R$ 的井下电磁法流量测量传感器设计，螺线管线圈位置 $h=R$（磁芯 x 轴方向距离 $2h$ 为 $2R$）时，电磁流量测量传感器两个螺线管线圈距离（如图 11-1 中螺线管线圈在 y 轴方向距离 $2L$）最好不要超过 R（需结合电极尺寸等传感器实际因素）。如果在励磁电流一定条件下以及获取信号一定的条件下，磁感应强度依旧不够大时，需增加励磁线圈匝数（增加参数 k 值）。这种情况下，为了增加线圈值匝数（增加参数 k 值），螺线管线圈位置 h（磁芯参数 $2h$）也只能变小，使得励磁线圈的匝数增加，从而增加磁感应强度，为更好地获取激励信号提供有利的条件。

11.2　电磁相关传感器结构优化设计

由于电磁相关法流量测量传感器相距适当的距离安装了两对检测电极，且两对检测电极位于同一励磁线圈覆盖下，电磁相关法流量测量传感器中励磁线圈的设计需要在轴向方向上较普通的电磁流量计励磁线圈长，本节就这种轴向较长的励磁线圈在传感器中产生的磁场进行理论推理分析，并给出电磁相关法测量传感器励磁线圈轴向长度优化设计。

11.2.1　励磁线圈轴向长度优化设计

电磁相关法流量测量传感器是一种新型的应用于石油生产测井的油气水多相流流量测量装置。由于该流量测量传感器设计有两对检测电极，需要较长的轴向长度的励磁线圈来确保两对检测电极处于同一磁场中。当传感器的励磁线圈轴向长度较小时，两对检测电极不在同一磁场中，或在检测电极附近产生涡电流，给流量参数的准确测量带来困难，导致测量结果不准确。当传感器的励磁线圈的轴向长度较大时，会造成功耗较大与材料的浪费，对该传感器的电路设计和压力等指标也提出了挑战，且会增大传感器使用空间。建立电磁相关法流量传感器励磁线圈在测量区域磁场分布的理论模型，对不同轴向长度的励磁线圈在测量区域内部产生的磁场进行数值仿真，依据磁场评价指标分析不同励磁线圈轴向长度时传感器测量区域的磁场分布情况，给出电磁相关法传感器的励磁线圈结构轴向长度参数设计参考意见，为电磁相关法流量测量传感器设计实现奠定了基础。

1. 电磁相关法流量传感器马鞍形励磁结构线圈参数设计

电磁相关法流量传感器的两对检测电极的测量信号是利用法拉第电磁感应定律来测量的，对两对检测电极的测量信号进行互相关运算从而获得流体信号的渡越时间，然后计算出两相流或多相流的流体速度，从而获得相应的流体流量。因此电磁相关法流量传感器励磁线圈的参数设计是该传感器实现的关键技术之一。

（1）马鞍形励磁结构线圈结构与建模。

为确保在测量的过程中两对检测电极需要处于同一磁场中且设计仪器适用于生产测井狭小空间环境下，电磁相关法传感器的励磁线圈可采用轴向长度较长的马鞍形励磁线圈。马鞍形励磁线圈可以看成两条直线段与两条圆弧线段连接而成，如图 11-8 所示为马鞍形励磁线圈电磁相关法流量测量传感器结构示意图，z 轴为流量管中心轴线，x 轴为过两对检测电极轴向连线的中点且与 z 轴垂直相交，y 轴与 xoz 平面垂直且与 x 轴和 z 轴构成三维直角坐标系，该励磁线圈 L_1 和 L_3 是平行于 z 轴的直线段，L_2 和 L_4 是励磁线圈的两段弧线段（本书设定为圆弧线段，圆弧线段所在圆的半径为 R_1），弧线段 L_2 和 L_4 在 z 轴上的位置分别是 cL 和 $-cL$，因此励磁线圈的轴向长度为 $2cL$。在仿真实验中，电磁相关法流量测量传感器流量管的半径为 R，设定电磁相关法流量测量传感器的两对检测电极是在测量管同一轴向截面且相隔距离为 $4R$，也就是两对检测电极分别安装在 $z=+2R$ 和 $z=-2R$ 所在的径向截面位置。

设励磁线圈在 x、y、z 轴上的坐标位置为（ς,η,ζ）的一小段电流源 Idl，马鞍形励磁线圈所覆盖的测量区域内部空间任意一点 $P(x_1,y_1,z_1)$，则 P 点到励磁线圈各边上的电流源 Idl 的距离如式（11-6）所示：

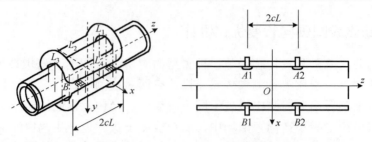

（a）传感器马鞍形励磁线圈结构示意图　　　（b）传感器电极截面示意图

图 11-8　马鞍形励磁线圈的结构图

$$r = \sqrt{(x_1 - \varsigma)^2 + (y_1 - \eta)^2 + (z_1 - \xi)^2} \tag{11-6}$$

根据毕奥-萨伐尔分别求解磁力线圈为直线段和圆弧线段时在 P 点的磁感应强度，式（11-7）为励磁线圈两段直线段（L_1 和 L_3）在测量区域产生的磁感应强度，式（11-8）为励磁线圈两段弧线段（L_2 和 L_4）在测量区域所产生的磁感应强度。

$$\begin{cases} B_x = \dfrac{\mu_0 I(b_y - y_1)k_2}{2\pi((a_x - x_1)^2 + (b_y - y_1)^2)} - \dfrac{\mu_0 I(b_y - y_1)k_4}{2\pi((-a_x - x_1)^2 + (b_y - y_1)^2)} \\[2mm] B_y = -\dfrac{\mu_0 I(a_x - x_1)k_2}{2\pi((a_x - x_1)^2 + (b_y - y_1)^2)} - \dfrac{\mu_0 I(-a_x - x_1)k_4}{2\pi((-a_x - x_1)^2 + (b_y - y_1)^2)} \\[2mm] B_z = 0 \end{cases} \tag{11-7}$$

$$\begin{cases} B_x = \dfrac{\mu_0 I}{4\pi} \displaystyle\int_{\theta 1}^{\theta 2} \left(\dfrac{1}{\sqrt{r_1^3}}(z_1 - c_z) + \dfrac{1}{\sqrt{r_2^3}}(z_1 + c_z) \right) R_1 \cos\theta \, \mathrm{d}\theta \\[3mm] B_y = \dfrac{\mu_0 I}{4\pi} \displaystyle\int_{\theta 1}^{\theta 2} \left(\dfrac{1}{\sqrt{r_1^3}}(z_1 - c_z) + \dfrac{1}{\sqrt{r_2^3}}(z_1 + c_z) \right) R_1 \sin\theta \, \mathrm{d}\theta \\[3mm] B_z = \dfrac{\mu_0 I}{4\pi} \displaystyle\int_{\theta 1}^{\theta 2} \left(\dfrac{1}{\sqrt{r_1^3}} + \dfrac{1}{\sqrt{r_2^3}} \right) (R_1 - x_1\cos\theta - y_1\sin\theta) R_1 \, \mathrm{d}\theta \end{cases} \tag{11-8}$$

式中，a_x、b_y、c_z 为励磁线圈的在 x 轴、y 轴、z 轴的坐标范围，r_1 和 r_2 分别是励磁线圈弧线段 L_2 和 L_4 上电流元 $I\mathrm{d}l$ 到点 P 的距离，R_1 为圆弧线段所在圆的半径，θ 为电流元 $I\mathrm{d}l$ 在励磁线圈弧线段（L_2 和 L_4）所在位置角度，μ_0 为真空磁导率，k_2 和 k_4 分别为

$$k_2 = \dfrac{c_z + z_1}{\sqrt{(a_x - x_1)^2 + (b_y - y_1)^2 + (c_z + z_1)^2}} + \dfrac{c_z - z_1}{\sqrt{(a_x - x_1)^2 + (b_y - y_1)^2 + (c_z - z_1)^2}}$$

$$k_4 = \frac{c_z - z_1}{\sqrt{(-a_x - x_1)^2 + (b_y - y_1)^2 + (c_z - z_1)^2}} + \frac{c_z + z_1}{\sqrt{(-a_x - x_1)^2 + (b_y - y_1)^2 + (-c_z - z_1)^2}}$$

最后可根据第 10 章公式（10-14）所示磁感应强度叠加原理获得电磁相关法流量测量传感器励磁线圈所覆盖的空间中磁感应大小与分布情况。

（2）励磁结构磁场分布仿真与评价指标。

仿真实验通过理论建模并对其进行数值仿真，获得电磁相关法流量测量传感器不同轴向长度的励磁线圈在测量区域磁感应强度分布的影响情况。检测电极截面相关物理量的变化对检测电极获取的信号影响较大（检测电极所在径向截面的磁场分布将直接影响电极的测量信号），因此重点分析不同轴向长度的励磁线圈在检测电极截面（$z=2R$ 径向截面）磁场分布情况。当然，为了对比分析不同径向截面的磁场分布情况，仿真实验中对 $z=0$，$z=R$ 两个不同径向截面的磁场分布也进行了仿真分析。

为节省篇幅本节只列出了部分仿真实验图，如图 11-9 所示为 $2cL=14R$ 时，$z=2R$ 径向截面上磁感应强度 B 在测量区域内分布图与等势线分布图。仿真实验中发现励磁线圈在轴向长度 $2cL$ 不同时，电磁相关法流量测量传感器检测电极截面内部磁场分布有所不同，但是不能数值化地比较哪种励磁线圈长度，检测电极截面内部磁场分布较好，引入磁场评价指标（样本平均值、样本标准差、变异系数、磁场均匀度等）磁场评价指标分析传感器励磁线圈不同轴向长度时测量区域内部磁场分布情况。

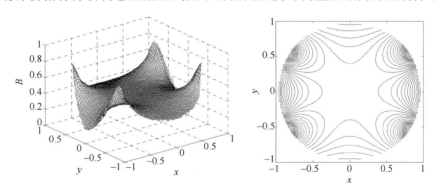

图 11-9 $cL=7R$ 时 $z=2R$ 截面磁感应强度分布情况图

（3）励磁线圈的磁场分布性能分析。

电极所在径向截面的磁场分布将直接影响检测电极的测量信号，下面通过磁场评价指标来分析励磁线圈不同轴向长度时测量区域磁场分布情况。如图 11-10 为励磁线圈在不同的轴向长度时的各个磁场评价指标的分析图，图例中，$z=2R$ 为某一对检测电极径向截面磁场性能评价指标数据，为对比分析其他径向截面磁场分布情况，图例中也给出了 $z=0$ 和 $z=R$ 径向截面磁场性能评价指标的参考数据。图中横坐标为仿真实验设定的不同的励磁线圈的轴向长度的一半（即为 cL），纵坐标分别为测量区域内磁感应强度各项评价指标（即 $\overline{B}$、B_s、B_{cv}、B_c），其中 $\overline{B}$ 为样本平均值、B_s 为样本标准差、B_{cv} 为样本磁场均匀度、B_c 为样本变异系数。

　　图 11-10 子图(a)为三种径向截面（$z=0, z=R, z=2R$ 时）不同轴向长度时磁感应强度的平均值分析图，该值随着励磁线圈轴向长度的增加越来越小且变化趋于平缓。子图(b)为三种径向截面（$z=0, z=R, z=2R$ 时）不同轴向长度时磁感应强度的标准差分析图，磁感应强度的标准差同样随着励磁线圈轴向长度的增加越来越小且变化趋于平缓。子图(c)为三种径向截面（$z=0, z=R, z=2R$ 时）不同轴向长度时磁场均匀度分析图，在检测电极所在的径向截面（$z=2R$ 时）当励磁线圈轴向长度 $2cL \leqslant 9R$（即图中 $cL \leqslant 4.5R$）时，磁场均匀度随励磁线圈轴向长度的增加迅速增大；当励磁线圈轴向长度 $2cL \geqslant 9R$（即图中 $cL \geqslant 4.5R$）时，磁场均匀度基本上不再变化，也就是说当励磁线圈轴向长度 $2cL \geqslant 9R$（即 $cL \geqslant 4.5R$）后，随着励磁线圈轴向长度的增加，测量区域中的磁场均匀度变化较小。子图(d)为三种径向截面（$z=0, z=R, z=2R$ 时）不同轴向长度时磁感应强度的变异系数分析图，从图中可知，不同径向截面的变异系数都随励磁线圈轴向长度的增加而减小，检测电极所在的径向截面（$z=2R$ 径向截面）的磁感应强度的变异系数在励磁线圈轴向长度 $2cL$ 为 $7R$ 到 $10R$（即 $3.5R \leqslant cL \leqslant 5R$）下降较快，当励磁线圈轴向长度 $2cL \geqslant 9R$（即 $cL \geqslant 4.5R$）时检测电极所在径向截面（$z=2R$ 时）的磁场变异系数小于 $z=R$ 所在的径向截面。

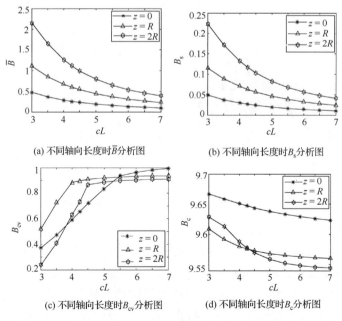

(a) 不同轴向长度时 $\overline{B}$ 分析图　　　　　　(b) 不同轴向长度时 B_s 分析图

(c) 不同轴向长度时 B_{cv} 分析图　　　　　(d) 不同轴向长度时 B_c 分析图

图 11-10　励磁线圈不同轴向长度不同径向截面磁场分析图

　　电磁相关法传感器的两对检测电极分别设在 $z=-2R$ 和 $z=+2R$ 所在径向截面，仿真实验中着重分析了 $z=2R$ 时径向截面的磁场分布情况。通过各项磁场评价指标对磁场分布分析可得：在电磁相关法传感器的两对检测电极距离为 $4R$ 时，励磁线圈的轴向长度参数设计中应选择 cL 为 4.5R 附近的一段范围内（即励磁线圈轴向长度 $2cL$ 为 9R 附近范围），此时检测电极所在的径向截面磁场分布相对较佳；当然电磁相关法传感器主要应用于井下狭小空间下油气水多相流测量中，也需要在以上仿真实验结果的指导下，结合实际工况要求（功耗、压力等因素）对电磁相关法传感器的励磁线圈的轴向长度参数进行最后的设计。

2. 电磁相关法流量传感器跑道形励磁结构线圈参数设计

为确保在测量的过程中两对检测电极需要处于同一磁场中且设计仪器适用于生产测井狭小空间环境下，电磁相关法传感器的励磁线圈另一种也可采用轴向长度较长的跑道形励磁线圈。

（1）跑道形励磁结构线圈结构与建模。

如图 11-11 所示为电磁相关法流量测量传感器结构示意图，设定传感器测量管的半径为 R，其两对检测电极位于测量管同一轴向截面且相隔距离为 $4R$，其中 A1 与 B1 构成一对检测电极，A2 与 B2 构成另一对检测电极。设定过同侧检测电极轴向连线的中点的直线为 x 轴，测量管的中心轴线为 z 轴，过 x 轴与 z 轴的焦点且垂直于 xoz 平面的直线为 y 轴，x 轴、y 轴与 z 轴建立空间直角坐标系。该传感器的励磁线圈为两条直线段与两条圆弧线段连接而成，励磁线圈轴向较长，使得两对检测电极处于同一励磁结构所覆盖的磁场中。如图 11-11 所示 L_1 与 L_3 为励磁线圈中平行于管道中心轴线的直线段，L_2 与 L_4 为两段半圆弧线段。L_1（或 L_3）直线段与 L_2（或 L_4）半圆弧线段相连接点在 z 轴的坐标分别为 cL 和$-cL$，设定 L_2 与 L_4 两段圆弧线段半径为 R（也就是 L_1 到 L_3 的距离为 $2R$，设计满足生产测井中的小管径原则），则传感器励磁线圈的轴向长度为 $2cL+2R$。

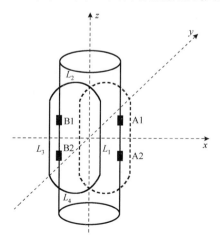

图 11-11　电磁相关法流量测量传感器结构示意图

根据毕奥–萨伐尔定律求解励磁线圈在测量区域内部空间任意一点处所产生的磁感应强度。根据本书"10.1 电磁传感器磁场分布"计算出励磁线圈的两条直线段 L_1 和 L_3 产生的感应强度，两条圆弧线段 L_2 和 L_4 产生的感应强度。最后可根据磁感应强度叠加原理获得电磁相关法流量测量传感器励磁线圈所覆盖的空间中磁感应大小与分布情况。

（2）励磁线圈参数优化设计仿真实验。

仿真实验中设定流体流速为定值，改变励磁线圈轴向长度参数，分析励磁结构内部空间径向截面的磁场分布情况。为了分析结果更具有全面性，仿真中截取了不同的径向截面进行对比分析，然后在不同流体流速下进行数值仿真。为避免赘述，下面只列出了励磁线圈在轴向长度 $2cL$ 不同时 $z=2R$ 处截面磁感应强度分布图，如图 11-12 所示。图中子图(a)与(b)分别为励磁线圈轴向长度为 $4R$ 与 $8R$（即 $cL=2R$、$cL=4R$）时径向截面 $z=2R$ 处的磁感应强度分布图。

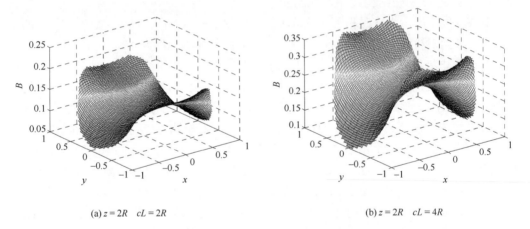

(a) $z=2R$　$cL=2R$　　　　　　　　　　　　　(b) $z=2R$　$cL=4R$

图 11-12　励磁线圈 cL 不同时 $z=2R$ 截面磁感应强度分布图

（3）仿真结果分析。

电极所在径向截面的磁场分布将直接影响检测电极的测量信号，下面通过磁场评价指标来分析励磁线圈不同轴向长度时测量区域磁场分布情况。如图 11-13 为励磁线圈在不同的轴向长度时的检测电极径向截面（$z=2R$）磁场评价指标的分析图，为对比分析其他径向截面磁场分布情况，图中横坐标为仿真实验设定的不同的励磁线圈的轴向长度的一半（即为 cL），纵坐标分别为测量区域内磁感应强度各项评价指标（即 $\overline{B}$、B_s、B_{cv}、B_c），其中 $\overline{B}$ 为样本平均值、B_s 为样本标准差、B_{cv} 为样本磁场均匀度、B_c 为样本变异系数。

图 11-13 子图(a)为电极径向截面（$z=2R$ 时）不同轴向长度时磁感应强度的平均值分析图。子图(b)为电极径向截面不同轴向长度时磁感应强度的标准差分析图，子

图(c)为电极径向截面不同轴向长度时磁场均匀度分析图，子图(d)为电极径向截面不同轴向长度时磁感应强度的变异系数分析图。从图中可知，随着 cL 不断增大，平均值和变异系数均有增大趋势，均匀度有减小趋势。综合考虑电极所在的径向截面（$z=2R$ 时）当 $2cL=4R$ 时，测量区域的磁场平均值、均匀度较大，变异系数较小，对应的励磁线圈相对较好。当然电磁相关法传感器主要应用于井下狭小空间下油气水多相流测量中，也需要在以上仿真实验结果的指导下，结合实际工况要求（功耗、压力等因素）对电磁相关法传感器的励磁线圈的轴向长度参数进行最后的设计。

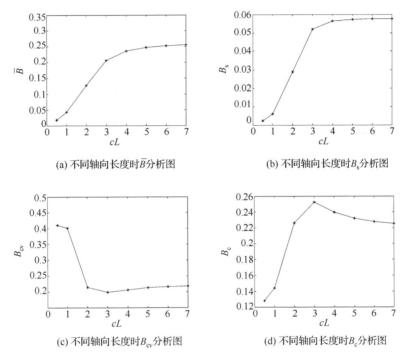

(a) 不同轴向长度时$\bar{B}$分析图　　　　　　　(b) 不同轴向长度时B_s分析图

(c) 不同轴向长度时B_{cv}分析图　　　　　　(d) 不同轴向长度时B_c分析图

图 11-13　励磁线圈不同轴向长度电极径向截面磁场分析图

11.2.2　上下游检测电极间距优化设计

电磁相关法流量测量传感器是利用两对检测电极获取测量信号进而利用相关法获取流体速度的，在实际传感器的设计中有必要对两对检测电极之间的距离设计问题进行讨论。

1. 电磁流量测量传感器敏感场灵敏度

根据第 9 章的理论知识，当导电流体流过外加磁场时，做切割磁力线运动，根据法拉第电磁感应定律，电磁相关法流量测量传感器检测电极就可获取感应电动势值。其中，虚电流是电磁流量测量理论中一个重要的量，是一个完全由 A 上的电边界条件所决定的量，它决定着电磁流量测量传感器测量区域权重函数的分布情况。也就决定着传感器内部敏感场分布情况。当流体中出现非导电体时，会使传感器测量区域中感应电动势贡献值的分布发生变化。为了定量地考查流体中非导电体对传感器敏感场的分布影响，定义 c 为敏感场灵敏度，其定义如（11-9）所示：

$$c = \frac{\int_A \left| j_x - j_x^0 \right| \mathrm{d}A}{\int_A \left| j_x^0 \right| \mathrm{d}A} \tag{11-9}$$

式中，j_x 表示传感器流体中存在非导电体时虚电流在 x 方向上的分量（x 方向即为电极方向）。j_x^0 为流体中不存在非导电体时虚电流在 x 方向上的分量。

2. 电磁相关传感器检测电极距离仿真模型及仿真实验

为了考查电磁相关法流量测量传感器中两对检测电极距离设计方法，建立 ANSYS 仿真模型，设定为垂直上升管，如图 11-14 所示，两对检测电极相距 EL 的距离，设定测量管直径为 $2R$，测量管的中心轴称为 z 轴，x 轴与 z 轴构成直角坐标系，x 轴位于两对检测电极中心线，两轴交汇点为坐标原点，设定仿真模型高度为 $14R$（即 z 轴是从 $-7R$ 到 $+7R$）。两对检测电极两端给一定的电压值，仿真模型设计一定半径的非导电物质由流体底部进入，沿着 z 轴随着上升的流体向上运动，仿真实验对电磁相关法流量传感器中流体的虚电流进行考查，从 z 轴 $-6.5R$ 到 $6.5R$ 每隔 $0.5R$ 采集一次仿真数据。通过分析，以获得电磁相关法流量测量传感器两对检测电极的较佳距离[4-6]。

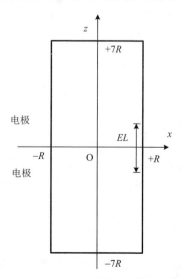

图 11-14　流体中存在非导电物质传感器 ANSYS 仿真模型

仿真实验中，利用前面提到过的敏感场灵敏度及其扰动特性对这一问题进行研究。设定流经电磁相关法流量测量传感器的流体中非导电物质半径分别为 $0.2R$、$0.3R$、$0.4R$，对电磁流量测量传感器的敏感场灵敏度 c 分布情况进行分析。由于大量的实验研究表明相关法流量传感器上下游检测信号距离 EL 设定为 R 到 $4R$ 间较为适宜，ANSYS 仿真模型中两对检测电极距离分别设定为 $2R$、$3R$、$4R$，非导电物质通过传感器的中心轴线（z 轴），仿真不同检测电极距离对传感器敏感场灵敏度 c 的情况影响，以获得较佳的两对电极距离问题答案。为了节省篇幅，这里只显示其中部分仿真实验过程图，如图 11-15 所示显示了部分仿真实验的过程分析图。但是图 11-12 虚电流分布图无法准确地获取检测电极之间的不同距离 EL 对传感器信号影响关系，运用敏感场灵敏度 c 对仿真数据进行进一步分析。

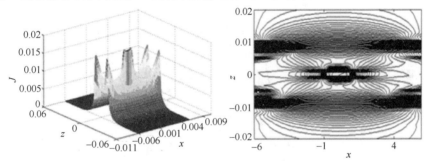

图 11-15　两对检测电极距离为 $4R$ 时传感器敏感场分布情况

3. 电磁相关传感器检测电极距离仿真实验结果分析

为了详实地考察传感器检测电极不同距离 EL 的设计对检测电极信号影响情况，运用敏感场灵敏度 c 分别对检测电极不同距离设置 EL 的仿真实验进行分析并对比实验结果。如图 11-16 所示为传感器两对检测电极不同距离 EL 大小与流量测量传感器敏感场灵敏度关系图，子图(a)、子图(b)与子图(c)分别显示的是非导电物质半径为 $0.2R$、$0.3R$、$0.4R$ 时的仿真结果图，各子图中横轴表示非导电物质在电磁流量测量传感器 z 轴的位置，纵轴为敏感场灵敏度 c，图中各条线分别代表了不同检测电极距离大小时非导电物质在不同位置时敏感场灵敏度 c 的变化情况。仿真结果可以得出：对于半径一定的非导电物质流体，检测电极距离 EL 越大，在电磁相关法流量测量传感器两对检测电极距离中心（$z=0$ 时）非导电物质对传感器的敏感场灵敏度 c 的扰动特性就越小；仿真实验也可以说明，当电磁相关法流量测量传感器两对检测电极距离一定时，非导电物质半径越大，非导电物质位于电磁相关法流量测量传感器两对检测电极距离中心（$z=0$ 时）与检测电极截面位置时的敏感场灵敏度 c 相差就越大；不同大小的非导电物质与传感器两对检测电极距离不同时，传感器内部敏感场灵敏度也不同。

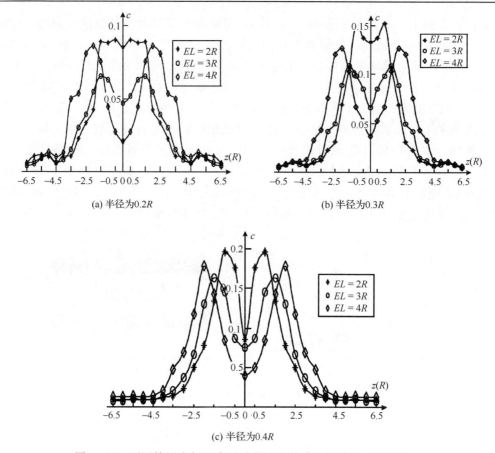

(a) 半径为0.2R　　　　　　　　　　　　(b) 半径为0.3R

(c) 半径为0.4R

图 11-16　不同检测电极距离时流量测量传感器敏感场灵敏度关系

　　如果使得电磁相关法流量测量传感器两对检测电极获取的电势感应信号具有较好的相关性，就得使得非导电物质对两对检测电极测量的感应信号产生的波动信号相互独立，即当非导电物质通过第一对检测电极时其对第二对检测电极获取的测量信号影响较小。运用敏感场灵敏度 c 的扰动特性可以描述出非导电物质对电磁相关法流量测量传感器两对检测电极产生的影响。为了对不同大小的非导电物质在传感器不同距离下信号波动幅度变化影响进一步进行研究，定义传感器中点信号幅度波动比来评价这一问题，幅度波动比定义如式（11-10）所示：

$$f_{db} = \frac{c_{max} - c_0}{\overline{c}} \qquad (11-10)$$

式中，c_{max} 为传感器灵敏度中的最大值（即为检测电极截面时的 c 值），c_0 为传感器中点（$z=0$ 时）的灵敏度值，$\overline{c}$ 为仿真设定模型中灵敏度的平均值。通过传感器幅度波动比的定义来进一步分析检测电极获取的测量信号关系，如表 11-1 所示为电磁相关法流量测量传感器检测电极距离不同、非导电物质大小不同时幅度波动比分析表，表中各行为非导电物质的半径，各列表示两对电极不同距离。由表 11-1 可以看出：油气泡半径大小不同时，传感器两对检测电极相对距离要求也不同，当流体中非导电物质半径较小时，电磁相关法流量测量传感器两对检测电极距离应该设置为 $3R\sim4R$；当流体中非导电物质半径较大时，电磁相关法流量测量传感器两对检测电极距离设置为 $2R\sim4R$ 也是可以的。当非导电体距电极方向的位置大于 $1.5R$ 时，流体中的非导电体对流量测量传感器敏感场灵敏度影响是比较小的。这一位置也说明电磁相关法流量测量传感器两对检测电极相距距离位置应该大于 $3R$。

表 11-1 传感器内部幅度波动比 f_{db} 分析

f_{db} EL 半径	$2R$	$3R$	$4R$
$0.2R$	0.1489	0.6478	1.81
$0.3R$	0.3996	1.0183	1.7717
$0.4R$	1.9505	1.5983	2.3436

11.2.3 多对电极电磁法传感器电极数目优化

对多电极电磁法流量测量传感器应用多对检测电极获取同一管道中的流量信息，本节将根据传感器测量区域内权重函数分布的均匀性，研究设计多对电极电磁法传感器的电极结构参数。多对电极电磁法流量测量传感器有 2 个电极横截面，在每个电极横截面上均匀地分布着 n 对检测电极，多对电极结构设计主要研究电极数目。所设计的多对电极电磁法流量测量传感器的电极横截面结构如图 11-17 所示。图中，测量管道内半径为 7.5mm，衬里外半径为 8.5mm，电极长度为 1.2mm。在所考虑的测量区域截面内部，采用之前定义的指标描述权重函数分布的均匀性。其中 W_0 表示权重函数 W_k 的平均值，m 表示区域内权重函数的最大偏差程度，s 则表示区域内权重函数分布的整体均匀程度，s 的值越小，权重函数分布的整体均匀程度越理想，指标 f 表示气泡对权重函数的影响程度。

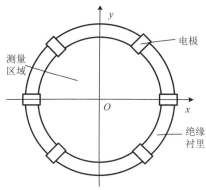

图 11-17 多电极电磁法流量测量传感器电极结构示意图

　　研究设计电极数目参数，考查电极数目对电极横截面上权重函数分布的影响。假设检测电极的半径为 0.6mm，考虑到传感器测量管道空间是有限的（可安装电极数目的上限为 39），电极数目的变化范围为 6～36。当电极数目不同时，测量区域电极横截面上的权重函数分布情况如表 11-2 所示。权重函数平均值 W_0、均匀度 s 随电极数目的变化趋势如图 11-18 所示。

表 11-2　电极数目不同时权重函数分布情况

电极数目　指标	W_0	m	s
6	0.1440	10.1125	0.6929
8	0.1372	8.7010	0.5078
10	0.1710	10.9273	0.6811
12	0.1622	8.5021	0.5037
16	0.1712	3.2983	0.4624
20	0.1819	10.6508	0.6070
24	0.1867	3.8022	0.5917
32	0.1956	11.4790	0.7585
36	0.1999	35.9258	1.1621

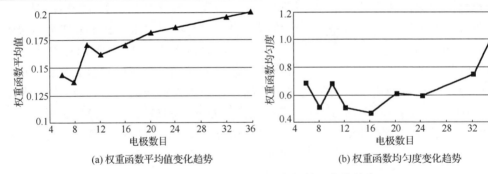

(a) 权重函数平均值变化趋势　　　　　(b) 权重函数均匀度变化趋势

图 11-18　权重函数分布随电极数目变化趋势

　　由表 11-2 和图 11-18 可知，电极数目为 16 时，测量区域横截面上权重函数均匀度 s 取得最小值 0.4624，当电极数目大于 16 时，随着电极数目增大，权重函数均匀度 s 逐渐增大。测量区域横截面上权重函数平均值随着电极数目增加整体上呈增大趋势，当电极数目由 6 增大到 8，由 10 增大到 12 时，权重函数的平均值略有下降。经过上述仿真分析，表明电极数目为 16 时，权重函数分布比较均匀，此时权重函数的平均值为 0.1712。根据上述仿真设计的电极结构参数，取电极半径为 0.6mm、电极数目为 16，此时测量区域电极横截面上的权重函数分布情况如图 11-19 所示。

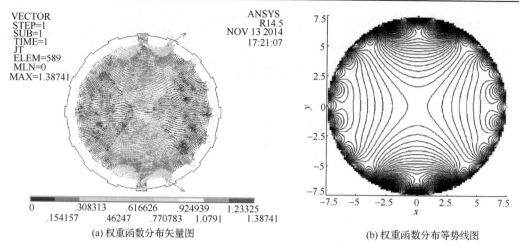

(a) 权重函数分布矢量图　　　　　　　(b) 权重函数分布等势线图

图 11-19　测量区域电极横截面上的权重函数分布情况

参 考 文 献

[1]　王月明, 孔令富, 李英伟, 等. 相关法流量测量传感器励磁线圈轴向长度设计研究. 电子学报, 2014, 42(5): 978-981.

[2]　Wang Y M, Kong L F. Magnetic properties study of electromagnetic flow meter based on ANSYS. Journal of Computational Information Systems, 2011, 8(7): 2779-2786.

[3]　Wang Y M，Kong L F，Li Y W. The magnetic field study on the magnetic objects present in the fluid of electromagnetic flowmeter. Journal of Computational Information Systems, 2012, 8(4): 1573-1580.

[4]　王月明, 孔令富, 李英伟, 等. 电磁相关法流量测量传感器检测电极距离研究. 传感器与微系统, 2014, 33(7): 49-52.

[5]　王月明, 孔令富. 三维模型下油气泡对流量计输出影响研究. 化工自动化及仪表, 2011, 38(3): 294-296

[6]　王月明, 孔令富, 李英伟. 非导电物质对电磁流量计影响径向仿真研究. 化工自动化及仪表, 2013, 40(9): 1134-1136.

第 12 章　电磁法流量测量仪研制与实验结果分析

本章首先设计研制了小管径电磁法流量测量仪，然后介绍了小管径电磁流量测量仪驱动电路的整体结构，对驱动电路各模块进行设计，并对各个模块电路的功能进行详细介绍与仿真分析。进而，在大庆油田模拟井中，对所研制的小管径电磁流量测量仪进行了动态测试，考核系统的性能指标与验证系统的功能。

12.1　油井下小管径电磁法流量测量仪研制

采用大管径电磁流量计测量低流速的液体时测量误差很大，需要设计小管径的电磁流量计，而且在小口径油井中测量时只有采用小管径电磁流量计才能下井测量。如图 12-1 所示，为小管径电磁流量传感器实物图，传感器由两个发射磁极和两个测量电极构成，两个接收电极与两个发射磁极在圆周上相互垂直均匀分布，接收电极镶嵌在绝缘内衬壁上，直接接触测量流体，磁极由磁芯和线圈两部分组成，即在每个磁极磁芯的外侧均包裹一层线圈，用来产生交变磁场，当导电流体从流道内流过时将切割磁力线，并产生感应电动势。这里励磁线圈利用绕线机绕制而成，采用的漆包铜线直径为 0.1mm，单个线圈的直流电阻约为 200Ω。

图 12-1　小管径电磁流量传感器实物图

如图 12-2 所示，为外径 28mm，内径 15mm 的小管径电磁流量计实物图，从左向右依次为驱动电路、出液口、传感器和进液口。流量测量过程中，油水两相混合流体由左侧的进液口流入，流经电磁流量传感器，经电磁流量传感器检测后，由出液口流出，完成测量。

电磁流量计的测量过程为：励磁电路产生磁场 B，流体穿过磁场流动时，电极会接收到感应电动势 E，并进行信号处理，得到的感应电动势与流体平均速度成正比，并考虑到仪器仪表的系数 K，即可实现流体流量的测量。

图 12-2　小管径电磁流量计实物图

　　针对石油生产测井中的油气水三相流流量测量问题，设计了一种电磁相关法流量测量模型，它包括两对检测电极，两对检测电极不在测量管同一径向截面，而是位于测量管同一轴向截面且相隔适当距离；传感器励磁结构（磁芯与励磁线圈）的轴向距离较长，使得两对检测电极同处于较长励磁结构（磁芯与励磁线圈）覆盖的磁场中；然后对测量信号进行互相关运算获取流体信号的渡越时间，计算出含有非导电物质的两相或三相流流体速度，进而获得测量流体的流量，如图 12-3 所示为电磁相关法流量测量模型。其中，子图 12-3(a)为电磁相关法流量测量模型整体结构图，电磁相关法流量测量模型电极剖切平面的剖视图如子图 12-3(b)所示，电磁相关法流量测量传感器的检测电极为两对，其中 A1 与 C1 构成一对检测电极，A2 与 C2 构成另一对检测电极，两对检测电极根据电磁感应定律获取测量信号，所以两对检测电极需处于同一对励磁线圈产生的较均匀磁场中，励磁线圈通过可编程脉宽励磁方式，励磁脉宽的设置需符合相关法流量测量计算要求，子图 12-3(c)为电磁相关法流量测量传感器磁芯中心轴向剖面示意图，子图 12-3(d)为电磁相关法流量测量传感器某一对电极径向剖面示意图[1]。

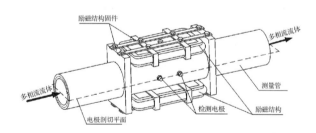

(a) 电磁相关法流量测量模型整体结构图

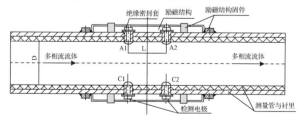

(b) 电磁相关法流量测量模型电极剖切平面的剖视图

图 12-3　电磁相关法流量测量模型

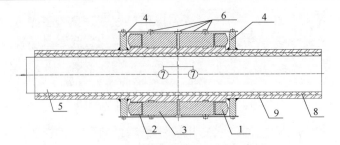

(c) 传感器磁芯中心轴向剖面示意图

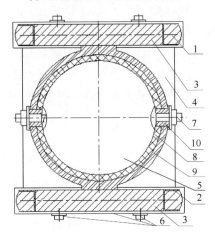

(d) 传感器某一对电极径向剖面示意图

图 12-3　电磁相关法流量测量模型（续）

1. 励磁线圈，2. 励磁线圈卡槽，3. 磁芯，4. 固定架板，5. 测量管道，6. 励磁结构安装器件，7. 检测电极，
8. 衬里，9. 测量管管壁，10. 绝缘套，L 为检测电极距离，D 为测量管直径

　　实际使用中，可在电磁相关法流量测量传感器测量管两端螺纹丝扣与外接流体管道相连接，进而实现流体的在线测量。当含一定比率的非导电物质两相流（如油水两相流）或三相流流过测量传感器时，两对检测电极分别获取测量信号，根据相关法对流体流量进行测量。当然所设计的电磁相关法流量测量传感器需要实流实验去标定，进而使得流量测量仪表测量值较准确。电磁相关法流量测量传感器克服了现有技术中的不足，如图 12-3 中所示，该传感器由励磁线圈、励磁线圈卡槽与磁芯构成励磁结构，励磁结构轴向位置较长，其中，励磁线圈绕置在励磁线圈卡槽中，磁芯外围为励磁线圈卡槽；一对带孔的固定架板，分别套在测量管道的外面，并焊接固定，固定架板板面相互平行且与测量管道轴向成 90°角；由励磁线圈、励磁线圈卡槽与磁芯组成励磁结构安置在流量计测量管道两边并平行放置，通过励磁结构安装器件固定在固定架板上；两对检测电极穿过测量管道的衬里、测量管管壁，用垫片、螺母等固定在测量管道两侧，检测电极与测量管道之间由绝缘套密封隔离，

两对检测电极分别位于励磁线圈覆盖的磁场中且相距一定距离，安置在与磁场方向成 90°角测量管直径两端；励磁线圈接线头外接励磁电路系统。

如图 12-4 所示为设计的小管径电磁相关流量测量传感器实物图，传感器主要由测量管道、励磁系统和检测电极构成，检测电极为内插式固定在测量管道上，其镶嵌在绝缘衬里管壁上，一端与测量管道中流体相接触，另一端通过导线与转换器的信号处理电路模块相连，励磁系统由磁芯和励磁线圈两部分组成，其中磁芯采用具有高导磁性能的电工纯铁加工，励磁线圈由绕线机绕制而成，所采用的漆包铜线直径为 0.1mm，单个励磁线圈的直流电阻约为 500Ω，励磁线圈通过带屏蔽层的导线与转换器的励磁电路模块相连接，用于产生感应磁场。当导电流体从测量管道内流过时将切割磁力线，这时检测电极上会有感应电动势产生。

图 12-4　小管径电磁相关流量测量传感器实物图

如图 12-5 所示，为设计的小管径电磁相关法流量计实物图，主要由电磁相关传感器、驱动电路筒、等压舱、出液口、集流伞和配重短节组成。该流量计的外径为 38mm，内径为 15mm，流量计总长度约为 1.8m。进行流量测量时，井筒中的油气水三相混合流体通过集流伞的集流作用，从进液口流入，流经电磁相关传感器，经电磁相关传感器测量三相流的流量，然后从出液口流出，完成测量。

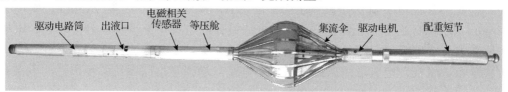

图 12-5　小管径电磁相关法流量计实物图

12.2　电磁法流量测量仪驱动电路设计

在小口径油井中测量使用的小管径电磁法流量测量仪，驱动电路设计尺寸和元器件布局难度会相应加大。相对于以往的由单片机或 DSP 组成的励磁驱动电路而言，我们针对的是外径 28mm，内径 15mm 的基于低频方波励磁方式的油井下小管径电磁法流量测量仪，对它的传感器驱动电路进行设计时，既不引入复杂的处理器，也不需要进行软件编程，而是主要采用小模块电路，具体的驱动电路如图 12-6 所示，主要由励磁驱动电路、信号处理电路及信号输出电路构成，完成励磁、信号处理、采样、输出等控制过程，实现流量测量[2]。

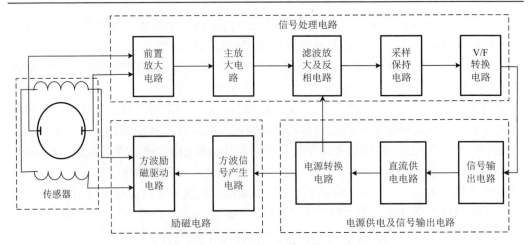

图 12-6　小管径电磁流量计驱动电路整体设计框图

测量系统工作过程：励磁电路中方波信号产生电路提供控制信号来控制方波励磁驱动电路，将得到的低频方波励磁信号加到传感器线圈上，线圈内电流变化使传感器磁极间产生磁场，导电介质流过传感器时产生电磁感应现象，电极上产生感应电动势，即电极感应信号。电极感应信号进入信号处理电路，经过信号放大、滤波、采样、电压和频率转换后，由信号输出电路传送出来，进行进一步的分析处理。其中，驱动电路中的直流供电和电源转换电路还为励磁电路和信号处理电路的芯片提供稳定的电压源。在制作中需要计算电路板合适的物理尺寸并进行元器件选择和布局。针对小管径电磁流量计设计了窄板的形式，板子尺寸长度为 245mm，宽度为 18mm。PCB 板子采用单面板设计，在电路设计的过程中充分考虑到了功耗、电磁干扰和信号线屏蔽的问题，广泛采用了贴片元件来减少功耗，对电路元器件尽可能对称分布，磁极、电极端引出线采用屏蔽电缆，增强了电路系统的稳定性。电磁流量计驱动电路的实物图如图 12-7 和图 12-8 所示。

图 12-7　励磁电路实物图

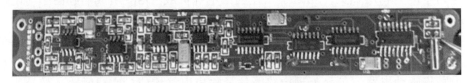

图 12-8　信号处理电路实物图

12.2.1　电磁流量计励磁驱动电路设计

励磁驱动电路是电磁流量计驱动电路设计中最重要的部分，通常由恒流源和电子开关构成，对零点稳定性、测量精度会产生重要影响。励磁驱动电路连接到励磁线圈的两端，为传感器提供工作磁场，被测流体流过传感器时得以在电极上产生感应电动势。对比发现，每一类励磁技术既存在优点，也存在弊端，需要根据测量对象的不同进行选择。基于课题实际情况，我们针对的测量对象是油水两相流，有时会是油气水三相流，对于响应速度的要求不太高，不需要选择适合浆液型流体测量的高频励磁方式，同时考虑到设计的复杂程度，我们不选择双频励磁而是采用零点稳定性好、理论也更为成熟的低频方波励磁方式。

1. 方波信号产生电路设计

如图 12-9 所示，为方波信号产生电路原理图。控制信号由芯片 U3 和 U5A 产生。U3 是一个 14 位二进制的计数器，可以通过外接 RC 振荡电路或者晶振电路产生时钟信号 CLK1 进行分频，采用频率为 100kHz 的晶振，U3 的 Q_{13} 端输出的就是分频后的信号。U5A 是 D 触发器，可以对分频后的信号再进行二分频，得到相位相差半周期的两路信号 Ctrl_A、Ctrl_B 作为控制信号供给励磁电路，利用电路仿真软件 Proteus 仿真得到的波形如图 12-10 所示[3,4]。

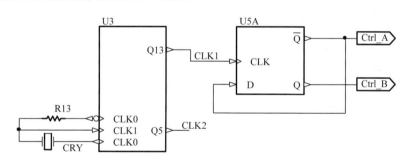

图 12-9　方波信号产生电路原理图

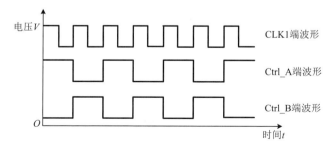

图 12-10　方波信号产生电路仿真结果

2. 方波励磁驱动电路设计

如图 12-11 所示，为方波励磁驱动电路原理图。Ctrl_A 信号为高电平时，三极管 Q_8 工作在放大区，即 Q_{10} 基极电位为高电平，由于 Ctrl_B 信号为低电平，因此三极管 Q_5、Q_7 截止，Q_6 用作开关管，此时工作在饱和区，loop_A 端输出电压为高电平；Q_5 工作在截止区，loop_B 端电压低，驱动线圈工作；在 Ctrl_A 信号的负半周期，分析情况同上。在图 12-11 中，U2B 和 Q_{11} 及电阻构成了恒流源，+VCC 为 Q_{11} 提供基极偏置电压，U2B 的 5 端电压由电阻 R_{28}、R_{29} 分压产生，根据放大器"虚短"的特性，6 端电压和 5 端电压相同，根据欧姆定律，因此 R_{27} 上流过的电流大小是恒定的。这样，Ctrl_A、Ctrl_B 控制方波相差半周期使得上下两部分的对称电路交替导通，并且产生稳定的励磁电流，驱动线圈工作，达到恒流励磁的目的。电路中，DC1 反向串联一个稳压管 Z_4，输出稳定电压，防止磁极输出方波励磁信号时低电压过低，影响励磁效果。如图 12-12 所示，为 DC1 反向串联稳压管时 Proteus 仿真得到的磁极波形图，由于励磁线圈具有电阻和电感，励磁电流的波形必然不是理想的矩形波，在上升沿和下降沿会出现尖峰脉冲。

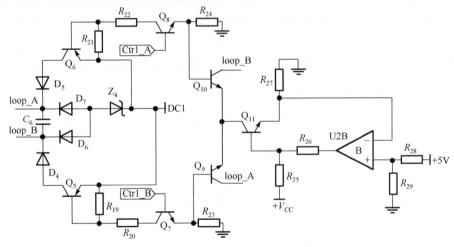

图 12-11　方波励磁驱动电路原理图

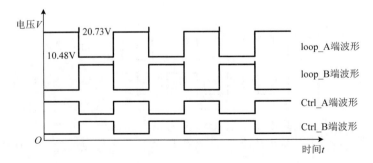

图 12-12　方波励磁驱动电路仿真结果

12.2.2　电磁流量计信号处理电路设计

信号处理电路接收的流量信号是传感器感应高内阻的微弱电压信号，要变换成能为其他仪表接收的信号，需要经过放大、变换为统一的或标准的信号输出，或直接显示测量结果，在工业检测和控制测量中才有实际意义。首先分析电极接收的信号，只有正确分析了传感器测量电极上得到的电压信号的构成和特征，转换器才能对需要获得的流速信号进行有效地放大处理和提取。电极端接收的信号可以用公式（12-1）来表示：

$$E = BvD + \frac{dB}{dt} + \frac{d^2B}{dt^2} + e_c + e_d + e_z \tag{12-1}$$

等式右侧第一项为流量信号，其他项为干扰信号。我们先对第一项进行分析。电极上接收到的流量信号的频率和励磁方波信号的一致，因此信号处理电路中需要具有滤波功能的低频放大器，有效放大有用的低频信号，减少噪声影响，提高 S/N 值。流量信号的相位波形与励磁方波信号大体相同，需要注意的是，由于磁场边缘效应，再加上绕组为感性元件，不可避免地会出现移相。幅度一般是 1m/s 对应 1mV 的感应电压。假设测量的流体流量为 Q=200m^3/d，流量计的内径为 20mm，那么可以得到流体的流速 v=7.4m/s，所以对于电极接收的电压可以取 5mV。由此可见，测量低流速时，感应信号非常小，噪声处理难度很大。必须要求放大器的输入内阻远远大于流量信号的内阻，设置被测流体为信号基准点，与转换器接地点进行连接。

对公式（12-1）中其他项即干扰信号进行分析。正交干扰 e_w 也叫微分干扰，是磁力线穿过闭合电极回路平面感应出的电压，见式（12-2），根据公式可以看出，正交干扰波形滞后流量波形 90°，这是低频励磁具有干扰小优越性的根本原因。

$$B = B_m \sin wt, \quad e_w = \frac{dB}{dt} = 2\pi f B_m \cos wt \tag{12-2}$$

由于变化的磁场产生变化的电场，变化的电场又会产生变化的磁场，把这种磁场和电场相互转换过程中产生的干扰信号称为同相干扰电势，可以表示为式（12-3），即对磁感应强度从时间上求两次导数。这种干扰信号和流量信号同相位，很难从电极测量信号中把同相干扰信号与流量信号分开。这里也是说明低频励磁好的原因。

$$e_T = \frac{d^2B}{dt^2} = (2\pi f)^2 B_m \sin wt \tag{12-3}$$

除此之外，还存在串模干扰，即单端信号输出信号中混入的噪声，以及其他一系列的波动电压等。对流量信号进行分析后，接下来进入到信号处理电路的设计过程。信号处理电路的目的是获得原始流速信号并进行信号处理。

1. 前置放大电路设计

前置放大电路是测量电路中重要的组成部分之一，它的作用是将电极接收到的流量信号进行放大，避免引入杂质干扰。根据流量信号的特点，前置放大电路首先应该满足的是输入阻值要非常大，电极感应到的电压频率信号小，提高放大电路的输入阻值能够起到降低信号源内阻对流量信号的不利效果的目的；其次，一方面前置放大器芯片本身需要有较高的共模抑制比，另一方面前置放大电路要求外围电阻对称性好、精度高、稳定性好，必须采用高共模抑制比的差动放大形式。综合所述，本书选取了同相差分放大和基本运算两级电路构成，如图 12-13所示。

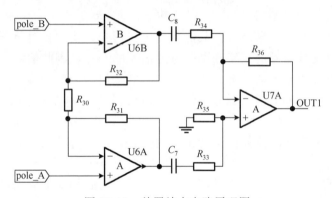

图 12-13　前置放大电路原理图

第一级由两个放大器 U6A、U6B 和 R_{30}、R_{31}、R_{32} 构成同相差分放大电路。这里电极接收的信号分别加到放大电路 U6A、U6B 的同相端，R_{30}、R_{31}、R_{32} 组成的反馈网络，引入了电压串联负反馈。第二级差分电路中，四个等值电阻和放大器 U7A作为运算电路，将电路中的两路信号变成一路信号输出，同时去掉了前面电路的共模干扰。第二级中，C_7、R_{33} 和 C_8、R_{34} 组成的高通滤波电路导通频率和信号频率相比很小，可以认为信号在经过此滤波电路时信号基本没有衰减，这里不再进行计算。流量信号的放大和衰减都是由于第一级差分放大电路引起的，设置被测流体为信号基准点，$R_{33}=R_{34}=R_{35}=R_{36}$，利用式（12-4）可以计算出前置放大电路的放大倍数。采用 Proteus 软件对前置放大电路仿真。设置 pole_A 极信号为方波信号 2.5mV，6Hz电压；pole_B 极信号为–2.5mV，6Hz 电压。输出波形如图 12-14 所示，峰值 35mV，谷值–35mV，放大倍数约为 14 倍。

$$A_{V1}(s)=\frac{R_{30}+R_{31}+R_{32}}{R_{30}} \tag{12-4}$$

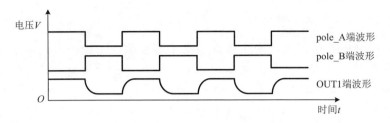

图 12-14　前置放大电路仿真结果

2. 主放大电路设计

为了对流量信号进行进一步的放大，采用图 12-15 的主放大电路。R_{37} 和 C_9 组成高通滤波器，U7B 和 R_{38}、R_{39}、C_{10} 构成低通滤波器。放大倍数计算公式（12-5）。采用 Proteus 软件进行仿真。设置 OUT1 端信号频率 f=6Hz，峰值 36mV，谷值$-$36mV，得到的仿真结果如图 12-16 所示，峰值 1.38V，谷值$-$1.37V，放大倍数为 38.8 倍。

$$A_{V2}(s) = 1 + \frac{R_{39} // \dfrac{1}{sC_{10}}}{R_{38}} \qquad (12\text{-}5)$$

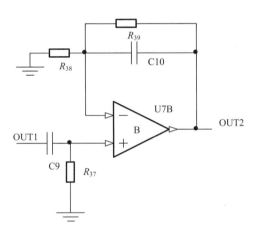

图 12-15　主放大电路原理图

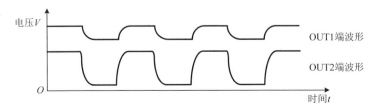

图 12-16　主放大电路仿真结果

3．滤波放大及反相电路设计

在信号处理电路中，滤波放大电路是必不可少的。本设计电路中采用的是典型的低通滤波电路，主要目的是允许有用的低频信号通过并放大，而抑制高频信号，将高频信号衰减，从而提高信噪比。同时，采用单电源运放，提升了直流偏置电压。采用反相器则可以产生一路和原信号反相的信号，和原信号一起用于后续电路的正负周期采样。

图 12-17 中(a)为滤波放大电路原理图，由于后面采样电路是对正电压进行采样，而前面的前置放大电路和主放大电路都采取正负双电源供电，因此需要将交流信号的电平进行移位。这里的放大器 U8A 是单电源运放，需要设置直流偏置 G。滤波放大电路中，通过连接电容 C_{11} 进行隔直操作，避免直流偏置的影响。同时，对其数值大小也有要求，应该大于滤波电路中电容的 1000 倍以免影响滤波。本滤波电路是典型的低通滤波电路，对信号进行滤波并放大，且符合上述的条件，放大倍数用式（12-6）表示。采用 Proteus 软件进行仿真。设置 OUT2 端信号频率 f=6Hz，峰值 1.74V，谷值–1.16V，得到 U8A 负输入端信号峰值 4.15V，谷值 1.15V，结果如图 12-18 所示。通过比较 OUT3 输出端结果，峰值 5.02V，谷值 15.75mV，得出放大倍数为 –2 倍。图 12-17 中(b)为反相电路，U8B 和 R_{43}、R_{44} 构成反相器，其中，电阻 $R_{43}=R_{44}$。U8B 的输出端 OUT4 的电压与 OUT3 端电压反向，放大倍数为–1。采用 Proteus 软件进行仿真。设置频率 f=6Hz，峰值 5V，谷值 0V，得到的放大倍数为–1 倍。仿真结果如图 12-18 所示。

$$A_{V3}(s) = \frac{R_{41} // \dfrac{1}{sC_{12}}}{R_{40}} \tag{12-6}$$

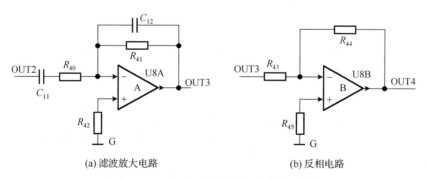

(a) 滤波放大电路　　　　　　　　　　　(b) 反相电路

图 12-17　滤波放大及反相电路原理图

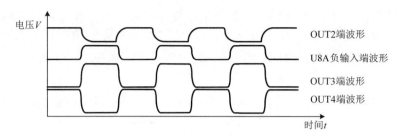

图 12-18 滤波放大及反相电路仿真结果

4. 采样保持电路设计

所设计的驱动电路最终是将传感器接收到的流量信号以频率的形式传送出来，需要进行电压/频率转换。在电压/频率转换过程中，需要设计采样保持电路来保证转换期间电压的稳定性。如图 12-19 所示，为采样保持电路原理图，对经过放大滤波处理后的流量信号进行正负周期采样。CLK1 控制 U4A 和 U4B 的工作，当 CLK1 为低电平且 Ctrl_A 信号为低电平时，U4A 的输出信号 CTL1 为高电平（正向控制脉冲），此时 Ctrl_B 信号为高电平，U4B 的输出信号为低电平；当 CLK1 为低电平且 Ctrl_A 信号为高电平时，U4A 的输出信号 CTL2 为低电平，此时 Ctrl_B 信号为低电平，U4B 的输出信号为高电平（负向控制脉冲）。U9B 和 U9A 为双向模拟开关，控制 OUT1 在信号的正向采样中的导通与截止，控制 OUT2 在信号的负向采样中的导通与截止。OUT5 信号为两次采得的波形，即为采样输出电压。这个电路即是保持电路。当模拟开关 U9B 和 U9A 的选通端为高电平时，模拟开关导通，电容 C_{13} 和 C_{14} 充电；模拟开关选通端为低电平时，模拟开关断开，由于模拟开关断开时电阻高达 $100\text{M}\Omega$ 以上，且运放 U10A 阻抗也大，因此可以在电容 C_{14} 和 C_{15} 上保持信号。U10A 构成的电压跟随器中，R_{48} 作为反馈电阻，目的是平衡运放的偏置电流，因为严格来说，运放需要使正相输入端和反相输入端输入阻抗匹配。电压跟随器起缓冲、隔离、提高带负载能力的作用。

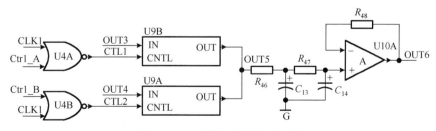

图 12-19 采样保持电路原理图

采用 Proteus 软件进行仿真，得到的正、负脉冲控制信号 CTL1 和 CTL2 波形如图 12-20 所示。设 OUT3 和 OUT4 为幅值 5V，频率 6Hz 并相差半周期的方波信号，得到的采样输出电压见图 12-21，图中波形在方波信号上升和下降沿有尖峰脉冲干扰。采用滤波放大处理后的流量信号时，就可以得到采样输出信号为频率 12Hz 的方波，OUT6 端输出保持电压为 4V 左右的直流电压，如图 12-22 所示。

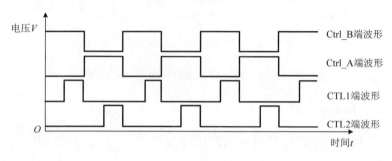

图 12-20　脉冲控制信号波形

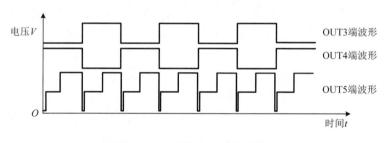

图 12-21　采样电路仿真结果

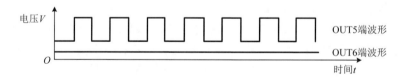

图 12-22　保持电路仿真结果

5. V/F 转换电路设计

信号经过采样保持电路后，就可以将得到的电压信号按线性的比例关系转换成频率信号，V/F 转换电路原理图如图 12-23 所示，这种模拟/数字信号的转换能够增强电磁流量计测量的稳定性。V/F 转换电路（电压/频率转换电路）包括积分器、电平检测比较电路和并联在积分电容两端的模拟开关三部分。运算放大器 U10B 和 R_{52}、C_{15} 构成积分器，U5B 是电压比较器；U4D 是模拟开关。当 U4D 控制端接高电平时，R_{52} 右端接地；当 CD4066 模拟开关控制端接低电平时，模拟开关不导通，呈现高阻态，R_{52} 所在支路相当于断路。在图 12-23 中，当 OUT7 输出为高电平，则

U5B 的 Q 端输出为高电平，SIG 端输出为低电平，而 U5B 的 $\overline{Q}$ 端为低电平，此时 R_{52} 断路，OUT7 端由于电容 C_{15} 充电，逐渐减小；当 OUT7 输出为低电平，U5B 的 Q 端输出为低电平，SIG 端输出则为高电平，而 U5B 的 $\overline{Q}$ 为高电平，此时 R_{52} 接地，OUT7 端电压由于电容 C_{15} 放电，逐渐增大。重复上述过程，电路产生自激振荡，实现电压/频率的转换。进行 Proteus 仿真，设 OUT6 端输入为 2.8V，CLK2 频率为 3kHz，得到各个测试点波形如图 12-24 所示。

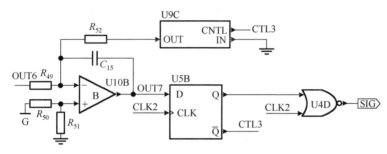

图 12-23　V/F 转换电路原理图

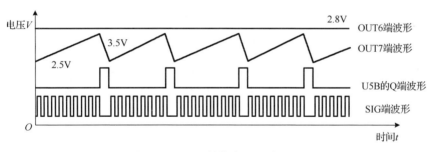

图 12-24　V/F 转换电路仿真结果

6. 电源供电电路及信号输出电路设计

图 12-25 中电路既作为直流供电电路，也包括了信号输出电路，电源供电和信号输出采用同一电缆进行传输，简化了电路结构。从直流供电角度看，DC0 为直流稳压电源输入端，稳压管 Z_1 钳制供电电压，起到保护后续电路的作用。DC1 为直流稳压电源输出端，一方面，输出端连接电阻、稳压管后给低压差线性稳压器供电，另一方面，输出端又连接到方波励磁驱动电路中，为励磁电路提供高电位，保证励磁电路正常工作。作为信号输出电路时，SIG 输入高频信号，当 SIG 为低电平时，Q_2 和 Q_1 均截止，R_2 作为 Q_1 的阻尼电阻，可以防止 Q_1 在截止时由于 DC0 过大而导致瞬间击穿。当 Q_2 导通时，Q_1 基极电压降低，Q_1 饱和导通，Q_1 集电极电压升高，使得 Q_3 瞬间饱和导通，Q_3 的集电极电位由于电容 C_3 的存在不能突变，使得 DC0

端电位通过 Q_3、电阻 R_4 和二极管 D_1 强制降到低电位。通过以上过程，实现 SIG 端频率信号叠加到 DC0 端。

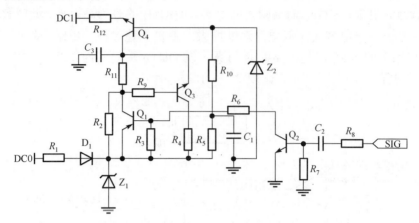

图 12-25　直流供电电路及信号输出电路原理图

当直流供电为 30V 时，图中 SIG 端、Q_1 射极的仿真波形及高低电位如图 12-26 所示，在实际电路测试中，可以看到 Q_1 射极波形的上升沿有尖峰脉冲，这是由于电容 C_3 不能瞬间放电，在 Q_2 截止时电容上仍有电量存在，所以 Q_1 射极在恢复高电平瞬间出现尖峰脉冲，如图 12-27 所示。

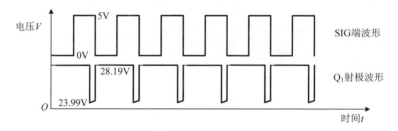

图 12-26　直流供电电路仿真结果

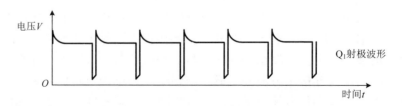

图 12-27　实际测试中直流供电电路波形

由于驱动电路中各个模块电路需要的电源不同，需要设计电源转换电路用于给各个芯片直接供电。测量系统使用到的电源有 ±5V、+2.5V。图 12-28 为电源转换电路，包括+VCC 电源转换电路，虚拟地 G 产生电路和 VSS 电源转换电路。+VCC 电源转换电路中，DC1 串联 R_{16}、稳压管 Z_3 和低压差线性稳压器 U1，产生稳定的+VCC 电压源供给各电路。虚拟地产生电路中，+VCC 通过电阻 R_{17}、R_{18} 分压，并利用放大器 U2A 构成了电压跟随器，产生虚拟地 G。负电源 VSS 产生电路中，U3 的 9 端输出频率为晶振 CRY 的频率，幅值为+VCC 的方波，U4C 起到缓冲和整形的作用。当 U4C 输出为高电平时，D_2 导通，C_4 被充电，这时 D_3 截止。当 U4C 输出变为低电平时，C_4 右端电压不能突变，故此时 D_2 截止，D_3 导通，输出负电压为 VSS，为信号处理电路提供负电压。此外，正负电源端还接有高频旁路电容，作用是把电源中的高频杂波短路到地，降低电源输入对芯片影响。

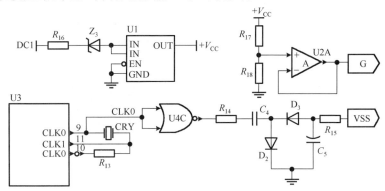

图 12-28　电源转换电路原理图

12.3　动态实验及结果分析

在大庆油田检测实验中心进行了模拟井动态实验，对小管径电磁流量计进行了动态测试。得到的实验数据来自于大庆油田模拟井实测数据，测量装置为油水两相流循环装置，如图 12-29 所示，可以进行单相流、两相流的测试。它主要由内径为 125mm 的有机玻璃测量管、高为 45m 的油水两相流稳定塔、2 个油罐、2 个水罐、4 个油水分离罐等组成，整套三相流循环流动装置由位于地面的流量控制仪调节各相的流量。有机玻璃测量管可以垂直放置也可以在 90°范围内倾斜或水平放置，因此可以在水平井、垂直井和斜井三种情况下进行流量测量。油泵和水泵分别将油罐、水罐中的油、水抽取到距离地面 45m 高度的稳定塔中，混合均匀后的两相流通过下方的旋转流量计流至有机玻璃测量管的底部。测量过程中，有机玻璃测量管内部存在电磁流量计和标准流量计对流体的不同参数进行测量。测量完毕后的油水两相流进入油水分离罐中，经过四次分离，最终分离后的油、水返回到油罐、水罐中，实现了回收。单相流测试时，对清水进行标定，需要关闭油泵，打开水泵和旋转流量计。两相流测试中，选择对油水进行测试时，需要打开油泵、水泵和旋转流量计。

在试验中，分别进行了模拟井垂直单相水流流量测量实验、垂直油水两相流流量测量实验、水平油水两相流流量测量实验。实验中的流体流速调节从 $0m^3/d$ 至 $300m^3/d$，按照 $10m^3/d$ 的速度变化，对不同流量下配制油水两相流，含水情况从半含水到全含水，利用油井综合参数测试采集装置对数据进行采集。

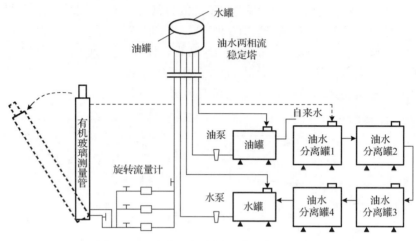

图 12-29　油水两相流循环流动装置示意图

12.3.1　垂直单相水流流量测量实验结果

本节实验采用我们设计的内径 15mm 小管径电磁流量计对垂直井筒中清水流量进行测量，图 12-30 选取了 8 个流量点的测量结果，每个流量点选取的是 150 个采样点的值。可以看出，每天的流量为零，也就是在静水中时，流量计的响应频率在 133Hz 左右，随着流量的增加，仪表响应频率不断增加，仪表响应波动也略有变大，但大致都是围绕某一频率值上下波动，比较稳定。

为了得到清水测量中流速和仪器响应频率的变化规律，设定每个流量点的响应频率值由这个流量点的采样值求平均后得到，画出了不同流量下仪器对应的响应频率，如图 12-31 所示。图 12-31 的直角坐标系中，横轴表示测量系统中清水通过的体积流速，用流体体积与天数之比表示，单位是 m^3/d；纵轴表示每个流量点的仪表响应频率，单位是 Hz。随着流量的增加，流量计的响应频率也增加，并呈线性增加的趋势，仪表的响应频率和流体每天的流量是一一对应的。为了保证数据的准确性，进行了重复性试验，对比图中的两组数据，可以看出，在流量测量范围内，小管径电磁流量计在垂直模拟井对清水的两次测量结果是基本吻合的。定义某一流量下仪器响应频率的样本标准差与仪器响应频率平均值之比为仪器响应离散性误差，图 12-32 给出了误差分布，可以看出在流量测量范围内，仪器响应离散性误差在 0.5%以内，充分说明仪器对单相流进行测量时可以稳定工作。

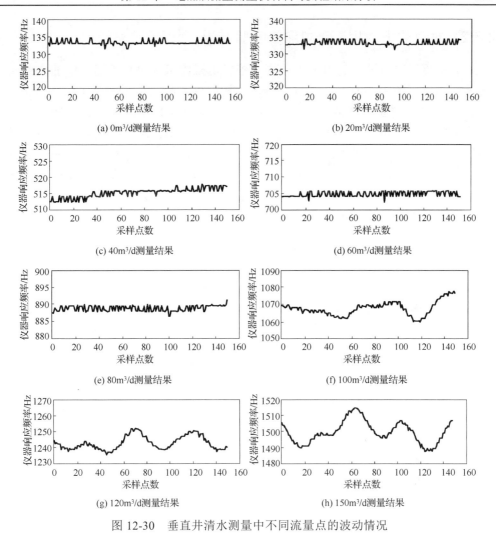

图 12-30　垂直井清水测量中不同流量点的波动情况

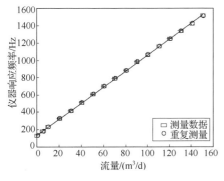

图 12-31　垂直井清水测量结果

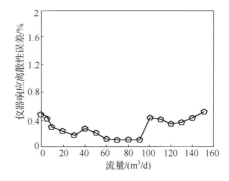

图 12-32　垂直井清水测量离散性误差

12.3.2　垂直油水两相流流量测量实验结果

本节实验采用所设计的内径 15mm 小管径电磁流量计对垂直井筒中油水两相流流量进行测量，图 12-33～图 12-36 所示分别为 100404#（流量测量上限 300m³/d）、100405#（流量测量上限 300m³/d）、100403#（流量测量上限 120m³/d）、100406#（流量测量上限 120m³/d）仪器在油水两相流中的标定结果。图中横坐标为流量，纵坐标为仪器响应频率。可以得出，在含水率相同的情况下，流量线性增大时，响应频率基本上线性增加，响应频率值和清水测量中是基本一致的；在流量相同情况下，含水率分别取 50%、70%、90%，响应频率基本是重合的，说明对于两相流流体测量只与流量大小有关，含水情况对流量测量影响很小。

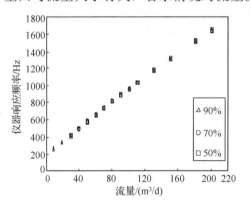

图 12-33　100404#仪器垂直两相流测量结果

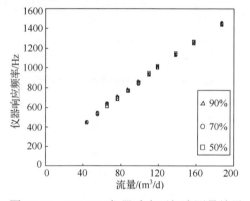

图 12-34　100405#仪器垂直两相流测量结果

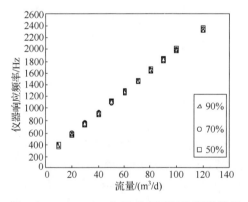

图 12-35　100403#仪器垂直两相流测量结果

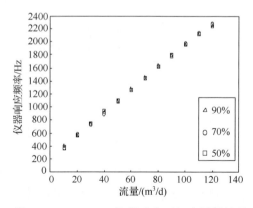

图 12-36　100406#仪器垂直两相流测量结果

为了更清楚地得到含水情况对油水两相流测量结果的影响，选取流速为100m³/d时含水率为 50%、80%、90%、100%四种情况下的测量结果进行比对，如图 12-37 所示。从图中可以很明显地看出，全水情况下的仪表响应频率值是最为稳定的，含水率为 50%时仪表测量结果波动最大，随着含水率的不断增加，测量结果的波动性越来越小，趋于稳定。

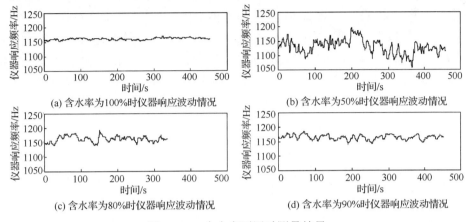

(a) 含水率为100%时仪器响应波动情况　　　　　　(b) 含水率为50%时仪器响应波动情况

(c) 含水率为80%时仪器响应波动情况　　　　　　(d) 含水率为90%时仪器响应波动情况

图 12-37　含水率不同时测量结果

如图 12-38 所示，为仪器在油水两相流中标定时含水率不同情况下数据离散性情况，该图显示当含水率为 100%时，离散性误差接近于零，说明测量数据平稳，仪器状态良好，测量稳定。离散性误差越小，数据越平稳，越有利于测量。低流量时，离散性误差大，数据波动大，不适宜用电磁法进行流量测量。

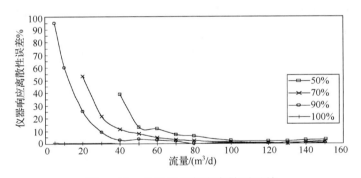

图 12-38　仪器响应频率离散型误差

为了解用清水标定的电磁流量计测量高含水油水两相流时相对误差情况，定义相对误差为清水中响应频率和油水中响应频率的差值与清水中响应频率的百分比。图 12-39～图 12-42 分别为 100404#（流量测量上限 300m³/d）、100405#（流量测量上限 300m³/d）、100403#（流量测量上限 120m³/d）、100406#（流量测量上限 120m³/d）仪器在油水两相流中用清水标定的电磁流量计测量油水两相流流量时相对误差分布情况，图中横坐标为标准流量，纵坐标为测量流量与标准流量间的相对误差。

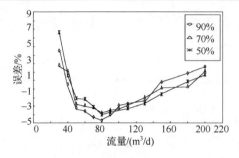

图 12-39　100404#仪器垂直两相流测量误差　　图 12-40　100405#仪器垂直两相流测量误差

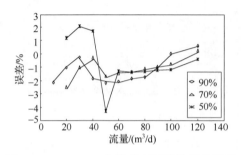
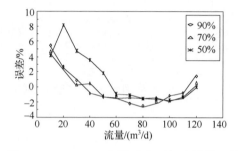

图 12-41　100403#仪器垂直两相流测量误差　　图 12-42　100406#仪器垂直两相流测量误差

分析图 12-39 和图 12-40 得出，流量上限 300m³/d 的仪器在含水率超过 70%，流量超过 50m³/d 时，得到的相对误差不超过±5%；图 12-41 和图 12-42 显示，流量上限 120m³/d 的仪器在含水率超过 80%，流量超过 20m³/d 时，测量误差不超过±5%。通过对小管径电磁流量计测量高含水油水两相流的流量测量误差计算及分析可见，经模拟井检测仪器已经达到流量测量下限 20m³/d±5%的指标。在垂直井筒中，由于仪器下挂加重的限制，没有上限流量 300m³/d 的数据，在水平井中会显示上限流量 300m³/d 的测量情况。

12.4　油田现场试验结果分析

采用电磁流量计在大庆油田进行了现场试验，杏 6-12-E12 井为三元复合驱产出井，井口化验含水 98%，测井当天化验黏度 13.8cP，图 12-43 所示为该井不同深度电磁流量计仪器输出频率，其中 1055m 处为死水区测试结果，没有流量显示。图 12-44 所示为涡轮流量计和电磁流量计在 1023m 处现场测井回放结果，很好地显示了随抽油机冲程的变化情况，表 12-1 和表 12-2 分别为涡轮流量计及电磁流量计的测试结果，对比涡轮流量计及电磁流量计的测试结果，电磁流量计的测试结果均明显高于涡轮流量计的测试结果，合层产液量更明显高于涡轮流量计测试结果。实验结果表明，在高黏度产出液井中，涡轮流量计转速受流体黏度影响，输出结果偏低；而电磁流量计测量结果与流体黏度无关，能正确测量高黏度流体的流量。

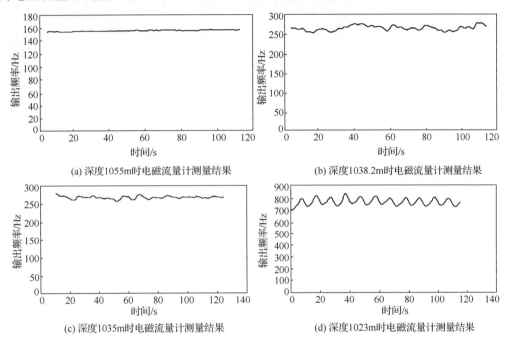

(a) 深度1055m时电磁流量计测量结果　　　　　(b) 深度1038.2m时电磁流量计测量结果

(c) 深度1035m时电磁流量计测量结果　　　　　(d) 深度1023m时电磁流量计测量结果

图 12-43　杏 6-12-E12 井各深度处电磁流量计测试结果

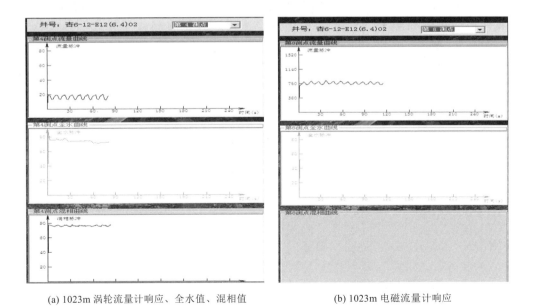

(a) 1023m 涡轮流量计响应、全水值、混相值　　　　　(b) 1023m 电磁流量计响应

图 12-44　杏 6-12-E12 井深度 1023m 现场测试回放结果

表 12-1 涡轮流量计测量结果（杏 6-12-E12）

| 序号 | 测点深度/m | 合层产量/(m³/d) | 分层产量 | | 全水频率/Hz | 混相频率/Hz | 合层含水/% | 合层产水/(m³/d) | 分层含水/% | 分层产水/(m³/d) |
			相对/%	绝对/(m³/d)						
1	1023	18.6	88	16.4	74.5	76.5	98.8	18.4	100	16.4
重复	1023	19.5								
2	1035	2.2	0	0	98.3	141.5	92.5	2.0	0	0
3	1038.2	2.2	11.8	2.2	101.5	130	94.5	2.1	95.5	2.1
4	1055	0	0	0	52	52	100	0	0	0

表 12-2 电磁流量计测量结果（杏 6-12-E12）

| 序号 | 测点深度/m | 合层产量/(m³/d) | 分层产量 | | 全水频率/Hz | 混相频率/Hz | 合层含水/% | 合层产水/(m³/d) | 分层含水/% | 分层产水/(m³/d) |
			相对/%	绝对/(m³/d)						
1	1023	27.2	82.3	22.4	74.5	76.5	98.6	26.8	100	22.5
重复	1023	28.1								
2	1035	4.8	0.4	0.1	98.3	141.5	88.8	4.3	0	0
3	1038.2	4.7	17.3	4.7	101.5	130	92.5	4.3	91.5	4.3
4	1055	0	0	0	52	52	100	0	0	0

杏 2-10-3E12 井为三元复合驱产出井，于 2015 年 6 月 16 日进行测井，在第 1 测点涡轮叶片即被卡死，电磁-阻抗组合测井仪完成测量，井口产量 9m³/d，实测产量 8.8m³/d，化验含水 98.2%，实测含水 96.3%。测试结果如表 12-3 所示，测井解释成果图如图 12-45 所示,电磁流量计很好地完成测井任务。杏 12-1-E3511 井为三元复合驱产出井，井口化验含水 86.9%，测井当天化验黏度 10.5cP，该井测井过程中涡轮流量计无显示，测井完毕检修仪器时发现，涡轮叶片卡住，电磁流量计完成测井任务；表 12-4 所示为该井测井结果表,测井解释成果图如图 12-46 所示。

表 12-3 杏 2-10-3E12 井测试成果表

| 序号 | 测点深度/m | 合层产量/(m³/d) | 分层产量 | | 全水频率/Hz | 混响频率/Hz | 合层含水/% | 合层产水/(m³/d) | 分层含水/% | 分层产水/(m³/d) |
			相对/%	绝对/(m³/d)						
1	1038	8.8	40.9	3.6	149.7	155.7	96.3	8.5	94.4	3.4
2	1042	5.2	0	0.4	150.7	157.1	97.5	5.1	0	0
3	1044	5.2	4.5	0	150.7	157.1	97.5	5.1	100	1.4
4	1047	4.8	12.5	1.1	152.0	159.1	97.3	4.7	100	1.1
5	1051	3.7	42.0	3.7	134.2	139.2	97.7	3.6	97.3	3.6
6	1070				121.8	121.8	100	0	0	0

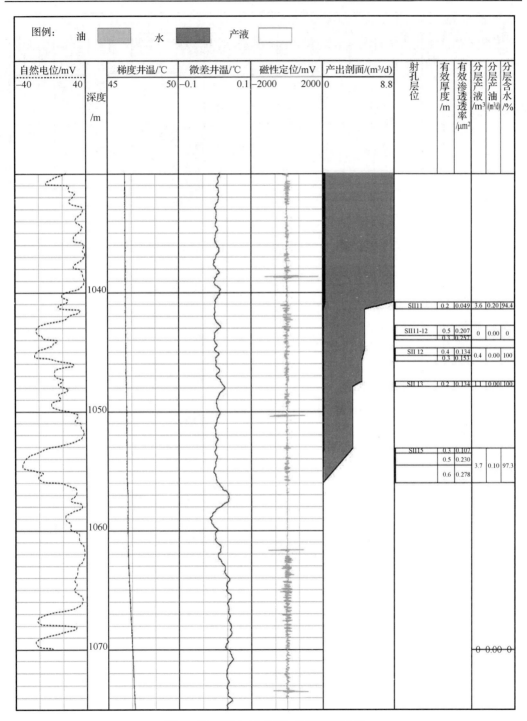

图 12-45　杏 2-10-3E12 井解释成果图

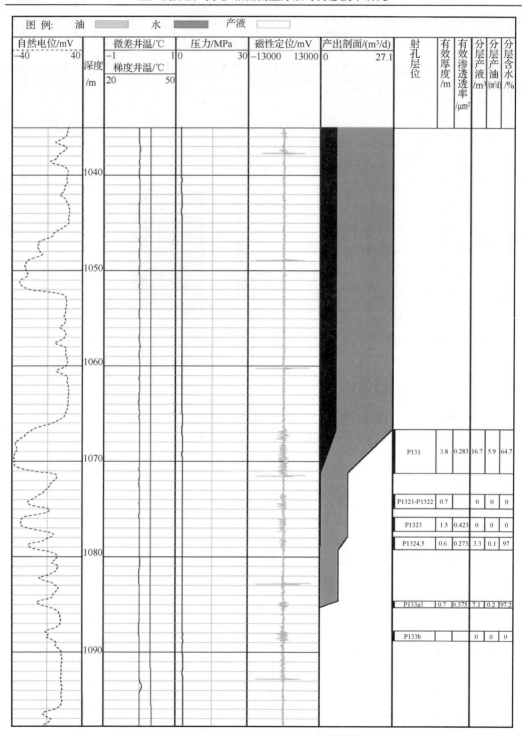

图 12-46　杏 12-1-E3511 井解释成果图

表 12-4　杏 12-1-E3511 井测井结果表

序号	测点深度 /m	涡轮产量 /(m³/d)	电磁产量 /(m³/d)	分层产量 相对 /%	分层产量 绝对 /(m³/d)	全水频率 /Hz	混相频率 /Hz	合层含水 /%	合层产水 /(m³/d)	分层含水 /%	分层产水 /(m³/d)
1	1065.5	0	27.1	61.6	16.7	115.4	169.7	77.0	20.9	64.7	10.8
2	1072.3	0	10.4	/	/	/	/	/	/	/	/
3	1075.4	0	10.4	/	/	/	/	/	/	/	/
4	1077.6	0	10.4	12.2	3.3	104.3	108.0	97.0	10.1	97.0	3.2
5	1081.9	0	7.1	26.2	7.1	80.8	84.6	97.5	6.9	97.2	6.9
6	1086.5	0	0	/	/	/	/	/	/	/	/

现场应用结果表明，高含水油井流量测井仪适合应用于高含水油井两相流的测试，上测及下测结果具有较好的重复性，测井效果较好。在产出液黏度高于 10cP 时，涡轮流量计出现不适应，涡轮测量结果偏低，集流方式的电磁流量计在聚驱及三元复合驱产出井中应用能准确可靠地进行测试。能初步解决聚驱及三元复合驱井产出井测试问题，具有广阔的市场应用前景。

参 考 文 献

[1] 王月明, 孔令富, 刘兴斌, 等. 测井中油气水三相流电磁相关法流量测量模型研究. 仪表技术与传感器, 2014(11): 108-110.

[2] 李英伟, 孔令富, 刘兴斌, 等. 一种电磁流量计驱动电路: 中国, ZL201320162778. 3. 2013-04-01, 实用新型专利.

[3] 李英伟, 孔令富, 刘兴斌, 等. 一种双频电磁流量计驱动电路: 中国, ZL201420368417. 9. 2014-11-15, 实用新型专利.

[4] 孔令富, 孔德明, 孔维航, 等. 一种双频励磁电磁流量计驱动电路: 中国, ZL201420770732. 4. 2015-04-22, 实用新型专利.